Telecommunications

Veröffentlichungen des / Publications of the

Münchner Kreis

Übernationale Vereinigung für Kommunikationsforschung,
Supranational Association for Communications Research

Band / Volume 9

Bürokommunikation
Ein Beitrag zur Produktivitätssteigerung

Office Communications
Key to Improved Productivity

Vorträge des am 3./4. Mai 1983
in München abgehaltenen Kongresses

Proceedings of a Congress
Held in Munich, May 3/4, 1983

Herausgeber/Editor: E. Witte

Springer-Verlag
Berlin Heidelberg New York Tokyo 1984

Münchner Kreis
Übernationale Vereinigung für Kommunikationsforschung
Supranational Association for Communications Research
Barerstr. 14, D-8000 München 2, Telefon: (0 89) 59 25 37

Wissenschaftliche Leitung des Kongresses:
Prof. Dr. Dres. h.c. Eberhard Witte
Institut für Organisation, Universität München
Ludwigstraße 28, D-8000 München 22

CIP-Kurztitelaufnahme der Deutschen Bibliothek
Bürokommunikation : e. Beitr. zur Produktivitätssteigerung ;
Vorträge d. am 3./4. Mai 1983 in München abgehaltenen Kongresses –
Office communications / [Münchner Kreis, Übernationale Vereinigung für Kommunikationsforschung,
München]. Hrsg.: E. Witte. – Berlin ; Heidelberg ; New York ; Tokyo : Springer, 1984.
(Telecommunications ; Bd. 9)

ISBN-13:978-3-540-12459-7   e-ISBN-13:978-3-642-82062-5
DOI:10.1007/978-3-642-82062-5

NE: Witte, Eberhard [Hrsg.]; Münchner Kreis; GT; PT

Offsetdruck und Bindearbeiten: Julius Beltz/Hemsbach
2362/3020/543210

Vorwort

Der MÜNCHNER KREIS wurde im September 1974 auf Initiative von
Persönlichkeiten aus Wissenschaft, Politik, Wirtschaft und den
Medien mit Unterstützung der Bayerischen Akademie der Wissen-
schaften gegründet.
Der Verein dient der Förderung der wissenschaftlichen Erforschung
aller mit der Entwicklung, der Errichtung und dem Betrieb von
technischen Kommunikationssystemen und deren Nutzung zusammen-
hängenden Fragen.Dabei sollen insbesondere die mit der Einführung
neuer Kommunikationstechnologien auftretenden menschlichen,
gesellschaftlichen, wirtschaftlichen und politischen Probleme
behandelt werden.
Die Aufgabenstellung des MÜNCHNER KREISES ist also überdis-
ziplinär. Während die speziellen Fachaspekte, z.B. der Nachrichtentechnik oder der Medienpolitik, in den jeweils spezifischen
wissenschaftlichen Vereinigungen behandelt werden, ist der
MÜNCHNER KREIS bemüht, die Beiträge der wissenschaftlichen
Disziplinen zur Lösung des umfassenden Problems der Kommunikation zu integrieren.
Besonderes Augenmerk wird den Voraussetzungen gewidmet, unter
denen Innovationsschritte der Kommunikationstechnologie erfolgreich vollzogen werden können.

Nach den Produktivitätserfolgen in der industriellen Fertigung
richten sich die Bemühungen um eine weitere Steigerung der
Produktivität auf die Arbeitsprozesse im Büro.
Die herkömmlichen Kommunikationstechniken des administrativen
Schriftverkehrs werden schrittweise in Frage gestellt und durch
neue, weitgehend automatisierte Systeme der Information und
Kommunikation abgelöst. Dabei handelt es sich nicht lediglich um
den Einsatz neuer Techniken, sondern um die Bewältigung neuer

Tätigkeitsfolgen und Organisationsformen. Im Vordergrund der
Betrachtung steht der Wirtschaftlichkeitsaspekt des Büros
der Zukunft.
Um die Vielfalt der Betrachtungsmöglichkeiten und Lösungsansätze
deutlich zu machen, konnten Referenten aus den USA und Deutschland gewonnen werden, die über Erfahrungen zu unterschiedlichen
Systemen und Anwendungsgebieten verfügen. Die Aussagen werden
durch quantitative Untersuchungsbefunde belegt.

In einem weiteren Schritt schließt sich die Frage an, wie die
neuen Systeme der Information und Kommunikation implementiert
und die angestrebten Produktivitätssteigerungen realisiert
werden können.

Den Abschluß des Kongresses bildete ein bewußt kritisch gehaltener
Workshop der Praxis, in dem Anwendererfahrungen ausgetauscht
und Anforderungen an die Weiterentwicklung der Systeme formuliert
wurden.

Mein Dank gilt den Referenten, Diskussionsleitern und den ebenso
fachkundigen wie diskussionsfreudigen Teilnehmern, die den
Kongreß zu einem echten Informations- und Meinungsaustausch
werden ließen.

München, im September 1983   Eberhard Witte

Foreword

The MÜNCHNER KREIS was founded in September 1974 on the initiative
of leading personages in the fields of science, politics, industry,
commerce and the communications media with the wholehearted
support of the Bavarian Academy of Science.
The Association's aim is to promote research in questions connected
with the development, establishment and operation of technical
communications systems and their utilization. Special attention is
to be paid thereby to human, social, economic and political
problems arising out of the introduction of new communications
technologies.
The MÜNCHNER KREIS thus operates at an interdisciplinary level.
Whereas special aspects of, for example, telecommunications
engineering or of policy in regard to the communications media
are the concern of appropriate scientific bodies, the MÜNCHNER
KREIS concentrates on integrating the contributions made by the
different scientific disciplines with a view to finding solutions
to the new communication technologies.
The Association pays special attention to the prerequisities
required if innovations in communications technology are to be
introduced successfully.

Following successful efforts to improve productivity on the shop
floor, increased attention is now being focused on enhancing
office efficiency.
Traditional methods of administrative correspondence and filing
are analyzed and gradually replaced by new largely automated
information and communication systems. Not only new techniques
are applied but also new organizational structures and processes
are developed. Yet the main question deals with the productivity
increase in the office of the future.
In order to demonstrate different viewpoints and alternative

solutions, speakers from the USA and Germany reported about experiences with several systems and user applications. Quantitative research findings support the statements.

Next arises the question how the new information and communication systems could be implemented and how productivity increases could be realized.

The congress was concluded with a practice-oriented, critical workshop, offering participants an opportunity to exchange ideas based on user experience and to formulate user demands on future systems.

I should like to express my gratitude to the authors,chairmen and all of the participants. Due to their experience the congress with its most interesting discussions and intensive exchange of information and viewpoints was made a real success.

Munich, September 1983   Eberhard Witte

Inhalt/Contents

Eröffnung

Dieter v. Sanden, München

Ich möchte damit beginnen, daß ich alle Gäste recht herzlich
begrüße.

Neben den zahlreichen Gästen aus dem Inland freuen wir uns
insbesondere über die Gäste aus Übersee, wobei die meisten davon,
wie zu erwarten, aus den USA gekommen sind. Es wird Sie vielleicht ein wenig wundern, daß Japan heute hier nicht vertreten
ist. Das hat seinen Grund darin, daß zwischen dem Münchner
Kreis und den Japanern im Laufe dieses Jahres noch eine eigene
bilaterale Veranstaltung vorgesehen ist. Meine Begrüßung und
mein Dank gilt insbesondere auch den aktiven Teilnehmern dieses
Kongresses, den Leitern der Sektionen und den Referenten.

Ich möchte nun einige Bemerkungen zum Thema des Kongresses
voranstellen: Jedem von Ihnen ist aus den Statistiken bekannt,
daß der Anteil derjenigen Mitarbeiter, die in den Büros tätig
sind, laufend zunimmt. Und ich glaube auch, Ihnen allen ist
entweder aus der eigenen Praxis oder aus Diskussionen und der
Literatur auch bewußt, daß in dem Sektor Büro noch - darf ich
das mal so sagen - ein gewisser Nachholbedarf an Produktivitätssteigerung vorliegt.

Was ist ein Büro? Erstens möchte ich hier betonen, es gibt nicht
das Büro, ebensowenig wie es die Fabrik gibt, sondern auf der
einen Seite z.B. die Zementfabrik, auf der anderen Seite z.B.
die Automobilfabrik. Eine ähnliche Spannweite gibt es in den
Büros: auf der einen Seite das Einfach-Büro, z.B. ein Schalter
der Lufthansa, auf der anderen Seite ein Konstruktionsbüro.
Aber eins haben sie alle gemeinsam: Jedes Büro ist eine Infor-
mationsverarbeitungsstelle, wobei die Information von außen
hereinkommt und nach außen geht und in größeren Büros innerhalb
der Büros fließt.

Bei der Bedeutung des Themas "Büro" in der heutigen Welt lag es
also nahe, hier im Münchner Kreis, der sich ja dem Kommunikations-
thema verschrieben hat, Bürokommunikation zu einem Kongreßthema
zu machen. Wenn Sie im Thema des Kongresses sehen: "ein Beitrag zur
Produktivitätssteigerung", muß man auch die Frage stellen: Was
ist eigentlich Produktivität im Bürosektor? Nun möchte ich den
nachfolgenden Rednern, die das noch genauer ausführen, nicht
vorgreifen, möchte aber bewußt ein bißchen herausfordernd eine
sehr persönliche Meinung hierzu wiedergeben. Es gibt nach meinem
Eindruck zwei Maßeinheiten für die Produktivität im Büro:

1. Die <u>Zahl der erledigten Bürovorgänge</u> pro Mitarbeiter. Diese
   Einheit ist in vielen Fällen sehr präzise meßbar und dabei
   hat uns die Datenverarbeitung große Fortschritte gebracht.
   Denken Sie an die großen Batch-Prozesse in der Buchhaltung
   oden denken Sie an die Zahl der pro Mitarbeiter produzierten
   Textseiten. Ob alle diese Textseiten zu produzieren letzten-
   endes sinnvoll ist, das ist ein anderes Thema. Je höher aber
   der Kommunikationsanteil zum Herstellen oder zum Erledigen
   eines Vorgangs wird, um so höher werden die Hemmschwellen
   zur Produktivitätssteigerung. Wenn man erst nach draußen
   gehen und nach Südamerika telefonieren muß, dann geht das
   alles nicht mehr so schnell. Dieses steckt also auch im Thema
   des heutigen Kongresses.

2. Nun gibt es - dies ist wiederum meine persönliche Meinung -
   sicher eine zweite Meßgröße für die Produktivität im Büro:
   das ist das <u>Tempo der Erledigung eines einzelnen Vorgangs</u>.
   Ich glaube, jedem von Ihnen ist das schon so gegangen: Wenn
   Sie in irgend einem Büro, sei es ein Reisebüro oder ein Ver-
   triebsbüro, anrufen, und Sie erhalten in vier Minuten eine
   Antwort, so ist das in Ihren Augen ein effektiver Laden.
   Wenn man Ihnen dagegen antwortet: in 3 Wochen erhalten Sie eine
   Mitteilung, so stellt sich bei Ihnen unbewußt der Gedanke ein:
   so ganz up to date sind die offenbar nicht. Ich möchte hier eine
   historische Bemerkung machen. Es gibt in den USA ein großes
   japanisches Importhaus. Das hat in New York ein Büro - sales
   office - und man kann hingehen und sich über Produkte erkundigen.

Nun kommt das Interessante: wenn Sie fragen: "Kann ich bei
Ihnen einen Textautomaten mit den und den Merkmalen kaufen?",
dann wird dies kurz aufgeschrieben und Sie werden aufgefordert:
"Nehmen Sie bitte Platz zu einer Tasse Kaffee". Wenn Sie nun
einwenden: "So eilig ist das nicht, schreiben Sie mir in 3
Wochen einen Brief", dann erfahren Sie: "Das geht nicht,
denn wir haben nur die Möglichkeit, unmittelbar in Japan
nachzufragen. In spätestens 10 - 15 Minuten haben Sie dann
die Antwort." Das wesentliche hierbei ist: irgend ein Vorgang
bleibt in diesem sales office überhaupt nicht zurück. Sie
legen keinerlei Akten oder ähnliches an, alles wird nur in
Japan gespeichert. Das ist ein typisches Beispiel für die
Erledigungsgeschwindigkeit eines einzelnen Vorgangs. Der zweite
Punkt bedeutet also die <u>Produktivitätssteigerung durch das
Tempo der Entscheidungsprozesse.</u>
Bei diesen Prozessen spielt die Güte oder die Hemmung im
Kommunikationssektor eine wesentliche Rolle. Dies ist der
Grund gewesen, weshalb Herr Prof. Witte und ich uns entschlossen
haben, den diesjährigen Kongreß unter dieses Thema zu stellen.
Uns war und ist auch bewußt, daß heute das Thema Bürosysteme
zwei besondere Merkmale hat:

- es steckt voll einer geradezu beeindruckenden Dynamik.
  Typisches Beispiel Hannover Messe: Im Laufe von 4 Jahren
  hat sich die Bürotechnik von erst einer Halle auf heute
  drei Hallen ausgebreitet.

- Die Bürotechnik steckt heute noch voller Unklarheiten.
  Ein Messebesucher, der zum ersten Mal mit diesem Thema
  konfrontiert wird, geht durch die Hallen 1, 2, 3 und 18
  und sieht - grob gesprochen - überall das gleiche:
  Bildschirmtastatur, Floppy usw. Was wirklich an Differen-
  zierung der Angebote dahintersteckt, ist für einen
  flüchtigen Messebesucher nicht zu sehen.

Gerade diese oben erwähnten beiden Punkte haben Herrn Prof. Witte
und mich gereizt, vor diesem Hintergrund einen Kongreß zu dieser
Thematik zu veranstalten. Wir vermuten, daß dieses Kongreßthema
Anlaß zu belebten Diskussionen sein wird.

Ich möchte hier noch eine ergänzende Bemerkung machen: Mit dem
Kongreß ist in den Nachbarräumen eine Ausstellung verknüpft, in
denen einige Unternehmen Produkte vorführen, die zum Kongreßthema
gehören.

In der Hoffnung, daß erstens die Referate, zweitens die Diskussionen
für Sie interessant sind, möchte ich hiermit diesen Kongreß
eröffnen.

Opening of the Congress

Dieter v. Sanden, München

Let me begin by warmly welcoming all our guests: the many
from Germany as well as those from overseas - most, as
might be expected, from the U.S. - whom we are especially
pleased to have with us. You are perhaps surprised to find
that Japan is not represented here today. This is because
the Munich Circle will be holding a separate bilateral
conference with the Japanese later this year. Before
remarking briefly on the topic of this congress, I would
also like to extend a special welcome and word of thanks
to those playing an active role in it - the section heads
and speakers.

Ladies and gentlemen, we all know from statistical sources
that the number of people employed in offices is rising
steadily. And I think we are all aware as well, either
from personal observation or from discussions and acquaint-
ance with the literature, that the office sector has, so
to speak, a certain unsatisfied demand for improved productivity.

What is an office? First, it should be emphasized that
the office does not exist any more than the factory does.
Just as there are cement factories, automobile factories,
and countless other types of factories, so there are offices
of every description - some with relatively simple functions,
like an airline ticket office, and others with highly complex
ones, like an engineering office. But whatever their size
and significance, all offices have one thing in common:
all are places for processing information. Incoming information, outgoing information, and - in larger activity
centers - inter-office information.

In view of the importance of the office in today's world,
the Munich Circle, whose proper object is communications,
thought it appropriate to devote a congress to the topic
of office communications. Before we can legitimately regard
communications as a key to improved productivity, we must
first determine what exactly productivity is in the office
context. Without pretending to be an expert on the subject
or wishing to infringe on the territory of the speakers
who will be dealing with it in detail, I would nevertheless
like to voice a very personal opinion about it. It seems
to me, there are two yardsticks for measuring productivity
in the office.

1. First, the <u>number of office transactions executed</u> per
    employee. Thanks to data processing, this has vastly
    increased and in many cases is precisely measurable.
    Examples that come to mind are large-scale batch pro-
    cessing in the accounting sector, and the increased
    number of text pages produced per employee in virtually
    every sector. Whether it ultimately makes sense to
    produce so many pages of text is another question.
    But it is certa nly true that the larger the role played
    by communications in any office process, the more numer-
    ous will be the obstacles to increased productivity.
    What I mean is immediately clear the moment we are
    forced to venture further afield and, for instance,
    place a phone call to South America - suddenly events
    no longer move as swiftly as before. This too is an
    aspect of the theme being explored at this congress.

2. There is also - and again, this is only my personal
    opinion - a second sure measure of office productivity,
    namely, <u>the speed with which individual procedures</u>
    <u>are completed</u>. I think all of us have at one time or
    another picked up the phone and made a call - maybe
    to a travel agency or a sales office - and had a question

answered for us on the spot. And we were properly impressed. "A very efficient operation," we say to ourselves. On the other hand, if we are told a reply will be forthcoming in three weeks, then willy-nilly we feel that the organization concerned can't be quite up to snuff. Appropos speedy handling, I've run across a real-world example that illustrates the point well. There is a large Japanese import company in the U.S. with a sales office in New York. One can walk in off the street and get information about the company's products. And now comes the interesting part: if you ask whether they offer a word processor with such and such features, they will take down your question and then invite you to be seated and enjoy a cup of coffee while they get the answer for you. If you say, "Oh, there's no hurry. Drop me a line in a week or two," they reply: "Sorry, we can't do that. We have to get the information you want directly from Japan - but that will take only ten to fifteen minutes at the most." What is notable about this whole procedure is that no trace of it remains in New York. The sales office opens no files and keeps no records. All data is stored in Japan. For efficient handling, that's hard to beat.

In essence, then, increasing the speed with which individual procedures are completed means <u>increasing productivity by accelerating decision-making</u>. Where technical communications play a major role in office processes their quality or lack of it can decisively effect productivity. This is why Professor Witte and I decided to make office communications the topic of our congress this year.

The field of office technology is growing dramatically. Four years ago, office systems filled only one exhibition hall at the Hanover Fair. This year, they took up three.

At the same time, office technology remains a book with
seven seals to many prospective buyers. On strolling for
the first time through halls 1, 2, 3 and 18 at the Hanover
Fair, anyone unfamiliar with the field is bound to feel
that everywhere he turns he sees the same thing - terminals,
keyboards, floppys, and similar gear. The differences behind
this seemingly uniform facade are indistinguishable to
the uninitiated.

It was against this backdrop that Professor Witte and I
chose the theme for this congress. We believe it will provoke
some very lively discussion.

To add to your enjoyment of the congress, we have also
arranged for various companies to exhibit products related
to its theme.

In the hope that the papers and discussions will prove
a stimulating source of information for you, I herewith
declare this congress opened.

Opening Address

John Diebold, New York, NY

Good morning. It's a great pleasure to be in Munich, as always,
and it has been a privilege to be a member of the Münchner Kreis
since, I think, it's founding.

I'm in a little bit of a dilemma. I am always proud to follow
precisely the program timings that I'm giving, but that would
mean I've now finished. This brings to mind the only speech I
have ever remembered in total, a speech delivered by Lester
Pearson, the very famous Prime Minister of Canada. We were at
a meeting in Northern Canada and everything was delayed, and he
was to give an after-dinner speech. He said, "According to the
program, if my speech were now to end, our program would be on
time. It has, and we are." I could say precisely the same. I'm
supposed to end at 9:30 a.m. and -- to do proper justice to the
program -- I should end. I'll try to do as much as I can to keep
it close.

What I want to say in keynoting this meeting is really very
simple and can indeed be stated in a very short time. And that
is, that if we are focusing on productivity improvement as an
objective of office automation and office communication, then
our focus should not be on clerical work. Our focus must be on
support systems for management. If you wish to think about
genuine improvement in productivity of an organization by the
use of these developments, the place you have to focus is the
support system for middle management activity, not clerical
work. As much as there are opportunities in clerical work, the
real productivity meaning of developments in office communications is in support of management decisions at a middle level.

The task is enormous, and it is not a technical task. I don't
underestimate all of the technical developments that are needed
and that make it possible, but that's not the biggest problem.
We know very little about what happens in offices, and about

the interaction of people in offices. We have obsolete
methodologies for measuring work of this nature.

I, again, do not in any way underestimate the problems from
the technological standpoint. Obviously, we are moving closer
and closer to the ability to have true voice-interaction with
machine systems. This brings a host of new problems. If you
just look at the new disciplines that are emerging from the
laboratories in the development of these voice systems, you
find more and more people who are dealing with the social
psychology of automation. I think that in itself is symptom-
atic of the fact that while there are all kinds of contiunually
changing technical problems to make the system easier for
people to use, the first problem is understanding what people
<u>do</u> in an office. How can you change what people do? How can
you improve the productivity of middle management people with
these kinds of systems? The results of a good deal of research
we have done in the Diebold Research Program indicate that roughly 60 per cent of an executive's time is spent in communication.
Roughly 60 per cent of his time! The higher you go on the ladder,
the greater the percentage of that time is spent in communication: with co-workers, with subordinates, with people above or
with people outside. That obviously means that the developments
in the field that we are all dealing with have enormous potential.

However, the potential doesn't become reality as long as the
focus is on the individual activities, the individual machines.
The problem is the integration of these, but the integration,
to be meaningful , has to be proceeded by a great deal more analyses of what the problems are within the office. The analytical techniques that have been developed in the data processing
computer field do not have a counterpart in the office function
field. There are very highly developed methodologies that are
used in systems analyses and in systems design in the EDP field
which simply do not have counterparts as yet in the quality of
methodology that we are going to need in terms of office work.

We don't know very much about the processes of administration, administrative work, about the flow of information, about the interaction of one unit with another, the interaction of the individual human being with machines in the office. All this needs a great deal of work.

There is another layer of problems which, again, are human problems, and those are the organizational problems. In most large organizations, as I think you are very much aware, there is usually:

1. An EDP activity which is quite highly developed and has been in existence now for some time.

2. Telecommunications responsibility, typically headed separately from EDP. It depends on the organization. Sometimes the daily communication is handled by EDP, and the voice communication by an administrative activity, but typically the telecommunications function reports to a lower level than EDP and usually along the administrative lines of reporting.

3. Office automation activities. According to very extensive studies in Europe as well as in the States of several hundred very large organizations, the resources that are being applied to the so-called office automation activity are extremely small in relation to the enormous job that has to be done, and organizationally the office automation function tends to be at a very low level. There are, of course, exceptions to everything I'm saying, but this is much more true than not.

4. Factory automation. There is the very important development taking place in factory management in control systems, which will have to be integrated with these other activities. By and large, however, it is just taking place separately; except for a new design-interrelated functions.

5. The end-user management, the departments in a large company such as the marketing or the personal department. These

end-user departments in large organizations are moving
along at a very high rate of speed in the purchase of
personal computers by the thousands. In some companies
they are actually becoming the driving force behind
personal computing.

The organizational task of taking these five organizational
units, which, in the great majority of companies, are indeed
five separate activities (in some cases four, or in some maybe
three) and integrating these tasks is the heart of what's going
to have to happen if we are to profit from the wonderful devices and the splendid technologies and the great insights in
information theory that have been developed by our colleagues
working on the telecommunication side. The objective must be
to really hit high productivity. The effort is not worth the
trouble unless the focus is on support systems for middle
management, and you can't get to that unless very large changes
are made in the organizational structures; unless we put a
lot more resources than are presently being applied into the
methodologies of understanding what people really need, not
what we can technically give them. This otherwise becomes
solutions looking for problems, and that happened in the early
days of computers. You had all kinds of elegant solutions
running around, looking for problems. That is exactly what
can happen in this field.

The problem is to understand what people need in an office,
and what they need is not what the clerk needs, but what is
needed to help support the decision making at a middle level
in management. That's where the very largest gains on productivity will be effected. In return, you can do all kinds of
things at the level of a clerk, but the cost is horrendous,
in terms of the human cost and the effort of doing it. The
place to get the yield is in support systems for management.
So, in opening this conference, that is a thought I'd like to
leave with you.

Grußadresse

John Diebold, New York, NY

Guten Morgen. Es ist wie immer eine große Freude, in München zu sein, und ich betrachte es als Ehre, seit der Gründung zu den Mitgliedern des Münchner Kreises zu gehören.

Ich stehe nun vor einem kleinen Problem. Ich bin nämlich immer stolz darauf, mich an den Zeitplan des Programms zu halten, aber das hieße, daß meine Rede genau jetzt enden müßte. Das erinnert mich an die einzige Rede, die ich in ihrer vollen Länge in Erinnerung behalten konnte, eine Rede von Lester Pearson, dem berühmten Premierminister Kanadas. Ich befand mich auf einer Veranstaltung in Nordkanada, auf der sich alles verspätet hatte, und Mr. Pearson sollte nach dem Essen eine Rede halten. Er sagte nur: "Nach dem Programm wären wir in der Zeit, wenn meine Rede genau jetzt enden würde. Sie tut es, und wir sind es." Ich könnte genau dasselbe sagen. Ich sollte um halb zehn fertig sein und - um dem Programm gerecht zu werden - sollte ich jetzt aufhören. Ich werde mein Bestes tun, um dem möglichst nahe zu kommen.

Was ich als Startschuß für dieses Treffen sagen will, ist wirklich sehr einfach und kann in der Tat in sehr kurzer Zeit gesagt werden. Ich meine, wenn wir unser Hauptinteresse auf eine Produktivitätssteigerung als Ziel der Büroautomatisierung und Bürokommunikation richten, dann nicht mit Blickrichtung auf die reine Verwaltungsarbeit, sondern auf Unterstützungssysteme für das Management. Dort liegt die wirkliche Bedeutung der Bürokommunikation als Möglichkeit zu einer Produktivitätssteigerung im Verwaltungsbereich, bei der Unterstützung von Managemententscheidungen auf der mittleren Ebene.

Diese Aufgabe ist enorm, und es ist nicht etwa eine rein technische. Ich unterschätze nicht die ganze technische Entwicklung, die das alles erst ermöglicht hat, aber sie ist nicht unser Hauptproblem. Das ist ein menschliches Problem, und zwar ein

Führungsproblem und ein analytisches Problem. Wir wissen sehr
wenig darüber, was in einem Büro vor sich geht, über die Interaktionen von Menschen im Büro. Die Methodologie zur Messung
derartiger Arbeit wurde vernachlässigt.

Ich unterstreiche nochmals,daß ich in keinster Weise die Probleme
seitens der Technologie unterschätze. Wir kommen ja der Möglichkeit
zur sprachlichen Interaktion mit elektronischen Systemen immer
näher, was neue Probleme mit sich bringt. Betrachten wir nur einmal die Einbeziehung neuer Disziplinen in den Laboratorien für
die Entwicklung dieser Systeme: Wir finden dort mehr und mehr
Linguisten und Leute, die sich mit den soziologischen und
psychologischen Problemen von Automation befassen. Ich denke,
das ist symptomatisch für die Tatsache, daß neben all den Arten
von wechselnden technischen Problemen mit der Vereinfachung
der Nutzung der Systeme das Hauptproblem in dem Verständnis dafür
liegt, was die Menschen in einem Büro eigentlich tun. Wir müssen
uns dann fragen, wie man das, was sie tun, ändern kann, und wie
man die Produktivität des Mittelmanagements mit Bürokommunikationssystemen verbessern kann.

Die Ergebnisse von ausgedehnten Forschungen, die wir im Diebold
Research Program betrieben haben, zeigen, daß ca. 60 Prozent der
Zeit des Führungspersonals für Kommunikation aufgewendet werden.
Dieser Anteil steigt, je weiter man in der Hierarchie nach oben
kommt. Das bedeutet offensichtlich, daß hier ein enormes Potential
für die Entwicklungen, mit denen wir uns befassen, besteht.

Dieses Potential kann aber nur ausgeschöpft werden, wenn man
den Blick abwendet von Einzelaktivitäten und den einzelnen
Geräten. Das Problem liegt in der Integration, aber eine
wirkliche Integration kann nur durch verstärkte Bemühungen in der
Analyse von Bürotätigkeiten erfolgen. Für die analytischen Verfahren, die auf dem Gebiet der elektronischen Datenverarbeitung
entwickelt wurden, gibt es auf dem Gebiet der Verwaltungstätig-
keit kein Gegenstück. Es gibt sehr hoch entwickelte Methoden, die
bei der Systemanalyse und Systementwicklung genutzt werden, aber
nichts Vergleichbares für die Bereiche, die uns interessieren.
Wir wissen noch nicht viel über Verwaltungsprozesse, Verwaltungsarbeit, über die Interaktionen und den Informationsfluß zwischen
den menschlichen und techischen Einheiten in der Verwaltung.

Es gibt noch ein weiteres Problemfeld, ebenfalls menschliche
Probleme, und das sind die organisatorischen Probleme. Wie Sie
alle selbst wissen, gibt es in den meisten großen
Organisationen:

1. Eine elektronische Datenverarbeitungsanlage, hoch entwickelt,
   und schon längere Zeit im Einsatz.

2. Eine verantwortliche Stelle für Telekommunikation, typischer-
   weise getrennt von der EDV, das hängt von der Organisation ab.
   Manchmal wird die tägliche Kommunikation über die EDV abgewickelt, und die sprachliche Kommunikation gilt als Ver-
   waltungstätigkeit, aber normalerweise untersteht die Tele-
   kommunikationsfunktion einem hierarchisch niedrigeren Niveau
   als die EDV, und verläuft entlang dem Dienstweg des Berichts-
   wesens.

3. Aktivitäten zur Büroautomatisation. Nach ausgedehnten Untersuchungen in Europa und den Vereinigten Staaten bei mehreren
   hundert sehr großen Organisationen sind die Mittel, die man
   für die sogenannten Bemühungen zur Büroautomatisierung auf-
   wendet, extrem klein im Verhältnis zu dieser großen Aufgabe,
   und die entsprechenden Abteilungen werden auf einem organisatorisch sehr niedrigen Niveau angesiedelt.

4. Automatisierung in der Produktion. Sehr wichtige Entwicklungen
   gibt es derzeit bei Kontrollsystemen für das Produktions-
   management, die in die anderen Automatisierungsbemühungen
   integriert werden müssen. Im Großen und Ganzen verlaufen diese
   Aktivitäten jedoch völlig getrennt voneinander.

5. Das End-Nutzer Management, die Abteilungen Marketing und
   Personal in den großen Unternehmen. Diese Abteilungen beschaffen
   derzeit Personalcomputer im großen Stil, sind häufig sogar die
   treibende Kraft in diese Richtung für das **ganze** Unternehmen.

Die Aufgabe, diese fünf organisatorischen Einheiten, die in
der großen Mehrheit der Unternehmen tatsächlich getrennt sind,
zu integrieren, ist der Kern dessen, was wir uns vornehmen
müssen, wenn wir von den großartigen Ergebnissen und Technologien
und dem großen Einblick in die Informationstheorie profitieren wollen,
die unsere Kollegen in der Telekommunikation erarbeitet haben.
Das Ziel muß einfach lauten: Hohe Produktivität!
Der Aufwand lohnt sich aber nur, wenn wir uns ganz auf die
Unterstützungssysteme für das Mittelmangement konzentrieren,
und das kann nur nach erheblichen Änderungen in der Organisationsstruktur gelingen; also nur, wenn wir wesentlich mehr Mittel
als bisher für die Methodologie zum Verständnis dieser organisatorischen Einheiten aufwenden, um zu erkennen, was diese Leute
wirklich brauchen, und nicht , was auf diesem Sektor technisch
machbar ist. In den frühen Tagen der Computerentwicklung haben
wir erlebt, daß man verzweifelt Probleme für technisch elegante
Lösungen gesucht hat. Genau diese Gefahr besteht auch heute wieder.

Wir müssen verstehen, was in den Büros gebraucht wird, und das
ist nicht etwa das, was ein Verwaltungsbeamter braucht, sondern
vielmehr eine Entscheidungshilfe für das mittlere Management.
Hier können die größten Produktivitätssteigerungen erzielt werden.
Anders gesagt: man kann zwar viel tun auf der Ebene der aus-
führenden Verwaltungsarbeit, aber der Aufwand ist erschreckend,
sowohl die finanzielle, wie die menschliche Belastung. Rentabel
verwirklichen lassen sich nur Unterstützungssysteme für das
Management. Diesen Gedanken wollte ich Ihnen zur Eröffnung
dieses Kongresses mit auf den Weg geben.

Produktivitätsmängel im Büro

Eberhard Witte, München

1. Produktivität auch im Büro!

Die Produktivität der industriellen Fertigung ist offenkundig und unbestritten. Erst mit der Industrialisierung sind die Menschen zufriedenstellend ernährt, gekleidet, mobilisiert, gebildet und mit Freizeit versorgt worden. Genauso unstrittig ist aber auch, daß die Forderung nach Produktivität im Dienste des Wohlstands für jedermann nicht auf manuelle, körperliche Arbeit beschränkt ist, sondern auch die an Volumen und Bedeutung ständig zunehmende geistige Arbeit betrifft. Deshalb ist als Voraussetzung und Grundanforderung dieses Kongresses zu nennen: Produktivität auch im Büro!

Mit der vermehrten Technisierung, Automatisierung und Organisation der güterlichen Leistungsprozesse wuchs der Bedarf nach Arbeitsvorbereitung, Ablaufanalyse, Planung, Gestaltung, Kontrolle und Verwaltung. In den Werkstätten sind immer weniger, in den Büros immer mehr Arbeitskräfte, und zwar mit steigenden Ansprüchen an Vorbildung, Mobilität, Konzentration und Belastbarkeit zu finden. Gerade deshalb gewinnt die Frage nach der Produktivität und ihrer Steigerung im Hinblick auf das Büro immer größere Bedeutung. Es ist - im Gegensatz zu den Anfängen von Manufaktur und Industrie - nicht mehr gleichgültig, was Administration kostet.

Wir stehen allerdings keineswegs am Anfang der Produktivitätsbemühungen im Büro. Eine vergleichende Betrachtung der jährlichen Ausrüstungsinvestitionen pro Arbeitsplatz in der Industrie und im Dienstleistungsbereich zeigt, daß die Mechanisierung und Automation im Büro zwischen den Jahren 1975 und 1980 die jährlichen Arbeitplatzinvestitionen der Industrie überholt hat.

<u>Ausrüstungsinvestitionen pro Erwerbstätiger</u>

<u>Produzierendes Gewerbe</u>   (Industrie)

JAHR	INVESTITIONEN IN MRD. DM (IN PREISEN VON 1976)	ZAHL DER ERWERBSTÄ- TIGEN (MIO)	DM/ KOPF	INDEX (1960=100)
1960	28.24	12.50	2259	100
1965	38.53	13.15	2930	130
1970	53.70	13.00	4130	183
1975	44.58	11.61	3840	170
1980	54.08	11.60	4662	206

<u>Dienstleistungsbereich</u>   (Kreditwesen, Versicherungen, Sonst. Dienstleistungsunternehmen)

JAHR	INVESTITIONEN IN MRD. DM (IN PREISEN VON 1976)	ZAHL DER ERWEBSTÄ- TIGEN (MIO)	DM/ KOPF	INDEX (1960=100)
1960	2.23	2.36	945	100
1965	3.92	2.65	1479	157
1970	8.80	2.93	3003	318
1975	11.31	3.21	3520	373
1980	29.98	3.54	7627	807

Quelle: Eigene Berechnung auf der Grundlage von Daten des
Statistischen Bundesamtes in Fachserie 18, Reihe S.5

Diese Entwicklung sagt zwar noch nicht genug über die notwendige und
mögliche Produktivität im Büro aus. Jedoch sollte man vorsichtig sein
mit Sätzen, die behaupten, daß die Produktivitätssteigerung im güterlichen Leistungsbereich außerordentlich hoch und die Produktivitätssteigerung im Dienstleistungsbereich außerordentlich niedrig ist. Ein
Vergleich der Wertschöpfung (Umsatz minus Vorleistung) der Kredit-
und Versicherungswirtschaft einerseits sowie der Industrie und der
Landwirtschaft andererseits zeigt, daß die Wertschöpfung pro Kopf in
den Wirtschaftszweigen mit immaterieller Leistung höher und im Abstand
zur Industrie noch steigend ist.

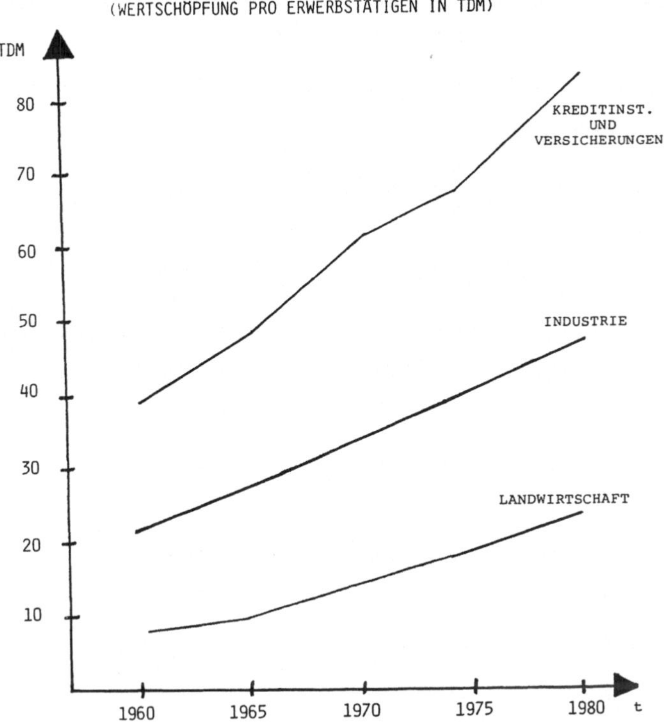

Man muß sich jedoch von dieser branchenbezogenen Betrachtung lösen,
denn die Produktivität der Bürokommunikation ist keineswegs auf den
Kredit- und Versicherungsbereich beschränkt, sondern wirft insbesondere auch im Industrieunternehmen erhebliche Probleme auf. Dort
wurde in einem mir bekannten Unternehmen festgestellt, daß der Ausstoß an DIN-A-4-Seiten in den letzten acht Jahren um 25 % gestiegen
ist, die dadurch verursachten Kosten sich sogar verzweieinhalbfacht
haben. Das Kopiervolumen hat sich nach der Anzahl der Seiten von 1969
bis 1981 versiebenfacht, die dadurch ausgelösten Kosten immerhin noch
vervierfacht. Ist dies Ausdruck einer Produktivitätssteigerung oder
Vorzeichen einer Papierflut, der es Einhalt zu gebieten gilt? Es ist
sehr zweifelhaft, die Produktivität am Mengenausstoß von produzierten

Textseiten messen zu wollen. Wer die Produktivitätsentwicklung kenn-
zeichnen, belegen und fördern will, sollte also zunächst präzisieren,
was er mit Produktivität meint, und wie er sie mißt.

2. Messung von Produktivität und Wirtschaftlichkeit

Die Produktivität ist - wie die Wirtschaftlichkeit - eine Relation
zwischen Output und Input einer betrieblichen Einheit. Der Unterschied
zwischen beiden Begriffen liegt darin, daß die Produktivität eher
Mengenrelationen abbildet, allenfalls gemischte Wert-Mengen-Relationen,
während die Wirtschaftlichkeit ausschließlich in Geld gemessen wird.

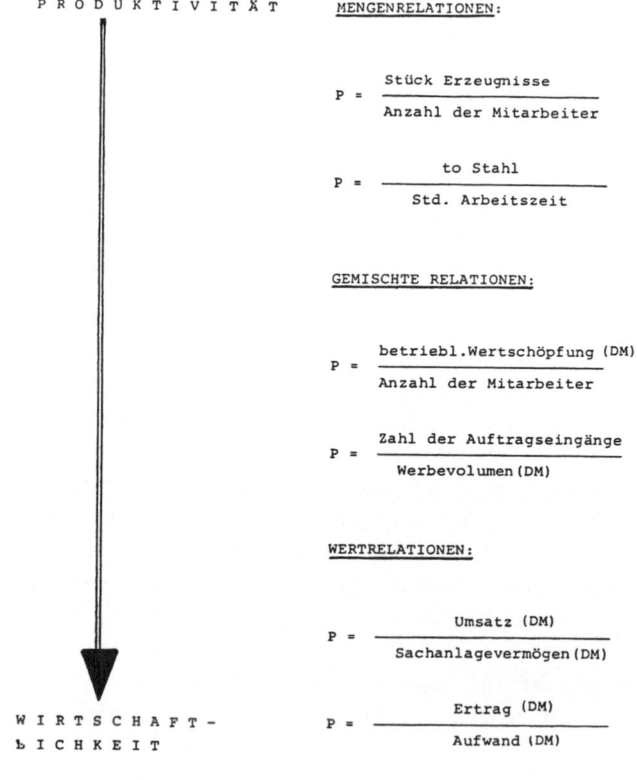

Ein weiterer Unterschied liegt darin, daß die Produktivität auf
partielle Relationen, d.h. auf Teile des Leistungs-Kosten-Gefüges
angewendet wird, z.B. Ausbringung pro Kopf oder pro Arbeitsstunde,
Ausbringung pro Maschinenstunde oder pro eingesetzter Tonne Erz. Die
Wirtschaftlichkeit und noch mehr die betriebswirtschaftliche Gewinn-
und Verlustrechnung betrifft dagegen stets die Gesamtheit der Kosten
und der Leistungen der betrachteten betrieblichen Einheit bis hin
zum Gesamtunternehmen.

Während die Produktivität auf Bemühungen zur Steigerung der Mengenlei-
stung und zur Senkung der Einsatzmenge gerichtet ist, umschließt die
Wirtschaftlichkeit zwar diese Bemühung ebenfalls, erstreckt sich jedoch zusätzlich auf die Erhöhung der Preise von Ausbringungsgütern
und die Senkung der Preise von Einsatzgütern.

Die verschiedenen Kennzahlen der Produktivität offenbaren also
partielle Hinweise in Richtung auf die angestrebte Wirtschaftlichkeits-
steigerung. Produktivität ist der Wirtschaftlichkeit vorgelagert.

3. Marktleistung und Verwaltungsleistung

Das Büro bezeichnet lediglich ein spezifisches Arbeitsumfeld (im
Kontrast zur Werkstatt, zum Labor, zum Lager etc.). Die im Büro her-
vorgebrachte Arbeitsleistung kann jedoch sehr unterschiedlich sein.
Im Grenzfall besteht sie aus einer Dienstleistung, die unmittelbar
an den Markt abgegeben und dort durch einen Ertrag honoriert wird
(Rechts- und Steuerberatung, Softwareproduktion, Lieferung von Informationen und anderen mentalen Hilfen). In diesem Falle ist die
wertmäßige Messung der Leistung kaum problematisch, weil sie durch
einen Geldzufluß repräsentiert wird. Die Gegenüberstellung zu den
verursachten Kosten ist grundsätzlich möglich. Damit kann dieser Betrieb (oder diese Abteilung) als selbständiges Profit center seine
Wirtschaftlichkeit und seinen Erfolg unmittelbar belegen.

Je weiter die Büroleistung vom Markt entfernt ist, indem sie die Hervorbringung der Marktleistung (z.B. eines Industrieproduktes) lediglich verwaltend begleitet, desto mehr liegt ein nur mittelbarer Pro-
duktivitätsbeitrag vor, der seinen Ertrag nicht unmittelbar verdient,
sondern aus der Unterstützung der Marktleistung ableitet. Mit wachsender Marktferne steigen die Probleme der Produktivitätsmessung. Das
Verkaufsbüro bietet zwar nicht seine eigene Leistung, sondern das

Industrieprodukt dem Markt an, ist aber noch so marktnahe, daß die
Deckung der Kosten (auch der Bürokosten) durch die Umsatzerlöse im
Bewußtsein der Bürokräfte wachgehalten ist.

Die der Produktion zugewandten geistigen Hilfsleistungen (Fertigungs-
planung, Fertigungsvorbereitung, Arbeitsstudien, Maschinenbelegung,
Kalkulation und Kontrolle) sind schon weiter vom Markt entfernt. Hier
steht das Bewußtsein im Vordergrund, daß durch die Büroleistung eine
Steigerung der Fertigungsmenge bzw. eine Senkung der Arbeitszeit und
des Materialeinsatzes (also eine erwünschte Verbesserung der Mengenrelationen) erzielt wird.

Die Büroleistung wird vollends von dem eigentlichen Leistungs- und Um-
satzprozeß abgehoben, wenn sie die Leistungsfaktoren Personal, Material
und Kapital verwaltet. Hier dient die Büroleistung der Beschaffung,
der Pflege, Betreuung und Abrechnung der Produktivfaktoren, die ihrerseits in den Leistungsprozeß eingesetzt werden und dort ihre Produkti-
vitätsbeiträge "verdienen".

Die Verwaltung kann also nicht, wie man es früher nannte, als "un-
produktiv" bezeichnet werden. Sie unterliegt der Produktivitätsan-
forderung, indem sie ihre Leistungen dem Produktionsprozeß und den
darin eingesetzten Produktionsfaktoren widmet.

Während also die Produktivität und Wirtschaftlichkeit für die unmittelbar marktfähigen Büroleistungen relativ leicht ermittelt werden
können, ist dies bei den mittelbaren Büroleistungen, die als Verwal-
tungsleistungen zu bezeichnen sind, viel schwieriger. Immerhin steht
hier am Ende des gemeinsamen Bemühens von unmittelbarer und mittelbarer Leistung ein Markt, der über den hervorgebrachten Wert entscheidet. Dies ist in den Verwaltungen der öffentlichen Hand nur ausnahms-
weise (z.B. bei Bahn und Post) gegeben. In den meisten öffentlichen
Verwaltungen fehlt die Bewertung der Leistungen durch die Abnehmer,
so daß hier in noch stärkerem Maße als in der Verwaltung von Unternehmen Hilfsgrößen zur Leistungsmessung herangezogen werden müssen.

4. Verfahren der Produktivitätsanalyse

Um deutlich zu machen, welche Gattungen von Produktivitätsmängeln
existieren, ist ein Blick in die Praxis der Aufdeckung und Behebung
von Produktivitätsmängeln nützlich.

<u>AUFDECKUNG UND BEHEBUNG VON PRODUKTIVITÄTSMÄNGELN IM BÜRO</u>

STRATEGIE	FRAGE ZUR BÜROLEISTUNG	ERGEBNIS
ZERO-BASE-BUDGETING	ZUKUNFTS-ORIENTIERT	Wegfall entbehrlicher Verwaltungsleistungen Schaffung eines innerbetrieblichen Marktes für Verwaltungsprodukte
GEMEINKOSTEN-WERTANALYSE (OVERHEAD VALUE)	OB ? WIE ?	
WERTANALYSE	GEGENWARTS-ORIENTIERT	Automation Verfahrensoptimierung Verbesserung des Kosten-Leistungsverhältnisses
NAIV	WIEVIEL ?	Steigerung der Verwaltungsmenge oder Kostensenkung ohne Rücksicht auf Leistungsabfall
KEINE	TABU	Alles bleibt, wie es immer war

Das Büro wird heute nicht mehr als Arbeitsplatz für gehobene Bürger-
kreise angesehen, die den Anspruch stellen, in Arbeitsrhythmus, Ar-
beitsintensität und hervorgebrachter Leistung unkontrolliert zu
bleiben. Auch die wohlverstandenen Ansprüche, eine geistige Leistung
in einem gewissen Freiheitsspielraum, jedenfalls ohne Streß erbringen
zu können, haben nicht dazu geführt, das Büro aus den Bemühungen um
die Produktivitätssteigerung auszuklammern. Schließlich würde es
eine Fehleinschätzung der zur Humanisierung der Arbeitswelt streben-
den Bewegung bedeuten, wenn man sie als produktivitätsfeindlich bezeichnen wollte. Es ist heute klar, daß die Arbeitsplätze im Vergleich
früherer Jahrzehnte einen Humanitätsrang erreicht haben, den man sich
früher nicht vorstellen konnte und der selbst in anderen hochentwickelten Industriestaaten nicht so selbstverständlich ist. Es ist eben
deutlich geworden, daß eine Produktivitätssteigerung nicht durch Ver-
schlechterung der Arbeitsbedingungen erreichbar ist. Insofern lassen

sich die genannten Ansprüche mit dem Bekenntnis zur Produktivitätssteigerung vereinbaren. Die Produktivität des Büros ist heute nicht
(mehr) tabu.

Auch die naive Bemühung um eine bloße Steigerung der Verwaltungsmenge
(Papierflut) oder um Kostensenkung selbst um den Preis einer über-
proportionalen Leistungsminderung stehen heute so deutlich im Bewußtsein sowohl des Technikers als auch des Betriebswirtschaftlers,
daß eine Nennung dieser Einstellung zur Anprangerung unerwünschter
Produktivitätsbemühungen ausreicht.

Die ernstzunehmenden Produktivitätsstrategien beginnen mit der Wert-
analyse. Hier wird gefragt, w i e eine bestimmte, in ihren Merkmalen
der Menge und der Art festgelegte Leistung, deren Notwendigkeit generell bejaht ist, erbracht werden sollte. Die zunehmende Automation
und die Einführung moderner Verfahren sind nicht Selbstzweck, sondern
dienen der Verbesserung des Kosten-Leistungs-Verhältnisses. Ich werde
gleich darauf eingehen, wie durch den Einsatz von Informations- und
Kommunikationssystemen die Kosten gesenkt und die Leistung gesteigert
werden kann. Jedoch ist zunächst zu fragen, ob diese Leistung überhaupt
benötigt, in dieser Qualität und Quantität gefordert ist.

Hierzu rücken die Gemeinkostenwertanalyse (overhead value) und das
Zero-base budgeting in den Vordergrund der Betrachtung. Während die
Gemeinkostenwertanalyse auch noch die Frage stellt, w i e eine vorge-
gebene Leistung am wirtschaftlichsten erstellt wird, ist die Zero-base-
Betrachtung darauf konzentriert, o b die Leistung in Zukunft überhaupt
benötigt wird, damit also die Kosten möglicherweise vollständig ent-
behrlich sind. Auch wird geprüft, ob die Qualität der Verwaltungslei-
stung unnötig hoch, in Menge und Häufigkeit zu üppig und im Hinblick
auf den zu erfüllenden Zweck sogar behindernd und schädlich ist. Im
Falle der Marktleistung stellt sich diese Frage nicht, denn der Abnehmer entscheidet durch die Bezahlung der Leistung über ihren wirtschaftlichen Wert. Bei mittelbaren Büroleistungen (Verwaltungslei-
stungen) müßten also die operativen Abteilungen der Güterproduktion
und die (verwalteten) Produktionsfaktoren eine Nachfrage nach den
Hilfsleistungen artikulieren. Damit wird ein innerbetrieblicher Nach-
fragemarkt nach Büroleistungen simuliert. Der dienende Charakter der
Verwaltung wird vollends deutlich.

5. Schwachstellen der Produktivität

Die Bemühungen um eine Produktivitätssteigerung haben stets dort anzusetzen, wo Mängel in der Hervorbringung eines materiellen oder immateriellen Produktes erkennbar sind. Deshalb muß nun gerade wegen der positiven Ausrichtung der hier gesuchten geistigen Anstrengung nach negativen Merkmalen gesucht werden, weil sie den Ansatz zur Verbesserung zeigen.

Von der Büroarbeit wird häufig behauptet, daß sie zu teuer ist, also unnötig hohe Kosten verursacht. Diesem Problem hat sich vor allem die Arbeitsgemeinschaft für wirtschaftliche Verwaltung (AWV) gewidmet. Sie arbeitet seit Jahrzehnten erfolgreich im Rahmen des Rationalisierungskuratoriums der deutschen Wirtschaft (RKW) an Wertanalysen, wie übrigens auch die obersten Bundes- und Landesbehörden, die Rechnungshöfe und Wirtschaftsprüfungsgesellschaften. Da die Büroarbeit im wesentlichen aus Informations- und Kommunikationstätigkeiten besteht, ist zur Verdeutlichung ein Beispiel von Noll und Riepel (1979) geeignet. Die kostspielige Handarbeit, insbesondere die mehrfache Erstellung eines Schreibmaschinentextes, dessen Ablage, Korrektur, Wiedervorlage, Versand und Vervielfältigung wurden im Vergleich zum Einsatz eines Textautomaten analysiert.

BEISPIEL: SCHRIFTGUTERSTELLUNG

WIRTSCHAFTLICHKEIT DES TEXTAUTOMATEN BEI 5-JÄHRIGER NUTZUNG	ERSTELLTE SEITEN PRO TAG		
	5	10	20
EINSPARUNGEN INSGESAMT	0	24.000 DM	74.000 DM
AMORTISATIONSZEIT	5 JAHRE	2,3 JAHRE	1,2 JAHRE

Quelle: Noll/Riepl (1979)

Die Investition amortisiert sich ohne Kosteneinsparung innerhalb von
fünf Jahren, wenn nur fünf Textseiten pro Tag hergestellt werden. Die
Amortisationszeit schmilzt bei einer Einsparung von 74.000 DM pro
Jahr auf 1,2 Jahre zusammen, wenn zwanzig Textseiten pro Tag hervorgebracht werden.

Zu einem ähnlichen Ergebnis gelangt Straßmann (1981), nachdem er eine
Kontrollgruppe mit traditionellen Bürogeräten und eine Testgruppe mit
Textverarbeitung und Electronic mail ausgerüstet hatte. Die Testgruppe
hat sowohl einfache Schreiben als auch komplexe Dokumente in einer
signifikant geringeren Arbeitszeit hervorgebracht.

BEISPIEL: PATENTANWALTSBÜRO, KORREKTUR VON SCHRIFTSTÜCKEN

TESTGRUPPE: TEXTVERARBEITUNG, ELECTRONIC MAIL
KONTROLLGRUPPE: TRADITIONELLE GERÄTE

	BENÖTIGTE ZEIT (IN MIN)	
	KONTROLL-GRUPPE	TEST-GRUPPE
EINFACHE SCHREIBEN	4.8	2.9
KOMPLEXE DOKUMENTE	133.3	61.3

DURCH BESSERE GERÄTE-AUSSTATTUNG WIRD DIE LEISTUNG
PRO TAG UM 50 - 100% ERHÖHT.

Quelle: Strassmann (1981)

Hier zeigt sich markant, daß die Produktivität praktisch verdoppelt
werden konnte. Herr Dr. Schwetz wird hierzu in seinem anschließenden
Referat zur Büroökonomie tiefergreifendes Material vorlegen.

Die Produktivitätsmängel und ihre Behebung beziehen sich jedoch nicht
nur auf die augenfälligen Größen wie Arbeitsmenge, Personalkosten,
Ausstoß von Texten und Daten. Vielmehr wird häufig übersehen, daß auch
die Büroleistung insofern zeitempfindlich ist, als es nicht gleich-

gültig ist, w a n n ein geistiges Produkt fertiggestellt und nutzbar
gemacht wird. Reich (1983) hat eindringlich gezeigt, daß allein durch
die Vermeidung von Kommunikationsverzögerungen eine Beschleunigung
des Geldzuflusses und damit ein nicht unbeachtlicher Zinsertrag aus-
gelöst werden kann.

BEISPIEL: ABRUF VON GUTSCHRIFTEN DURCH BELEGVORLAGE

DURCH VERZÖGERTES EINREICHEN DER BELEGE ENTGEHEN ZINSERTRÄGE:	
GESAMTGUTSCHRIFT PRO JAHR:	628.785 DM
DURCHSCHNITTLICHE VERZÖGERUNG:	46,2 TAGE
ZINSSATZ:	12 %
KOSTEN DER VERZÖGERUNG PRO JAHR:	9.590 DM

Quelle: Reich (1983)

Andere Schwachstellen der Produktivität sind nicht quantitativ beleg-
bar, wirken sich aber durch ihre qualitativen Merkmale vielleicht
noch stärker auf die Produktivität aus. Hier ist die Schwachstelle
der Lückenhaftigkeit der Büroleistung angesiedelt: Lückenhafte oder
in Redundanz verpackte, nicht auffindbare, fehlgeleitete und zur
eigenen Rechtfertigung inhaltlich verformte Informationen können erhebliche Schäden anrichten.

Ein weiterer Vorwurf gilt der Weltferne von Verwaltungsstellen. Während das Stehpult unmittelbar in der Fertigung, im Lager und in der
Expedition die körperliche Präsenz des Administrators sicherstellte
und durch seine Unbequemlichkeit sicherstellte, daß er seinen Arbeitsplatz verläßt und sich zum Ort des eigentlichen Produktions- und Um-
satzprozesses begibt, sind unsere Verwaltungsabteilungen heute räumlich konzentriert, oft weit von dem zu verwaltenden Geschehen entfernt

und bilden den sprichwörtlichen "grünen Tisch". Niemand wird empfehlen, zum Stehpult zurückzukehren, jedoch ist sicherzustellen, daß die ursprüngliche kommunikative Einheit von Beschaffung, Lagerung, Fertigung, Absatz und Verwaltung wiederhergestellt wird. Wir verfügen heute über die Instrumente dazu, indem umfassende Informations- und Kommunikationssysteme räumliche und zeitliche Entfernungen überbrücken. Die Verwaltung wird damit aus ihrer starren Aufbauorganisation, in der das Prestigedenken überwog, herausgelöst und sinnvoll in die betriebliche Ablauforganisation einbezogen.

Ein markanter Produktivitätsmangel des Büros ist in seiner oft beklagten Undurchsichtigkeit zu sehen, die eine Kontrolle von Kosten und Leistung erschwert. Damit ist weder eine engstirnige Überwachung, noch eine Einengung der Verhaltensspielräume gemeint. Im Gegenteil: Erst eine sinnvolle und sachliche Kontrolle schafft die Möglichkeit, positive Leistungsbeiträge zu stärken und zu motivieren.

Unüberschaubare, unkontrollierte, unorganisierte Vorgänge lassen sich nicht koordinieren und in ihrer Produktivität steigern.

6. Informations- und Kommunikationssysteme als Produktivitätshilfen

Die Einführung und Weiterentwicklung von Computersystemen war für die Produktivitätssteigerung im Büro genauso wichtig wie die Einführung moderner Telekommunikationssysteme. Eine neue Dimension der Produktivität eröffnet sich durch die Kombination von Informationsverarbeitung und Kommunikation (Compunication). Aus isolierten Insellösungen werden integrierte Systeme, die nach außen offen und uneingeschränkt kommunikationsfähig sind.

Für den Einsatzort kombinierter Informations- und Kommunikationshilfen ist zu differenzieren zwischen Führungskräften, Sachbearbeitern (Experten, professionals) und Assistenzkräften (Sekretariat, Referenten).

Untersuchung	Kommunikationsanteil an der Arbeitszeit von Führungskräften
Carlson (1951)	65% (ohne Telefonate)
Burns (1954)	80%
Walker et al. (1956)	50-80%
Hinrichs (1964)	61%
Stewart (1967)	> 60%
Mintzberg (1973)	75%
Engel et al. (1979)	> 50%

Am höchsten ist der Kommunikationsanteil an der Arbeitszeit bei Führungskräften (Managern). Die vorliegenden Untersuchungen haben gezeigt, daß der Kommunikationsanteil bei Führungskräften zwischen
50 und 80 % liegt.

Produktivitätssteigerung im Büro

Einsparung von Arbeitszeit durch Einsatz von Informations-
und Kommunikationstechniken (Vorher-Nachher-Messung bzw. Schätzung)

	Manager	Experte	Sekretärin
Engel et al. (1979)	5-25%		15-35%
Uhlig et al. (1979)	35%		
Craig (1981)	13%	8%	20%
Strassmann (1981)		50%	13%
Bair (1982)			30%
Poppel (1982)		15%	

Entsprechend läßt sich die Arbeitszeitbelastung, die bei Managern besonders stark ausgeprägt ist, nach den Untersuchungen von Engel, Ulich
und Craig zwischen 5 und 35 % verringern. Bei den Experten (Sachbearbeitern) ist die entlastende Wirkung sehr unterschiedlich, je nachdem welcher Arbeitsinhalt bewältigt werden muß. Bei den Assistenzkräften handelt es sich im wesentlichen um die Erstellung von Schriftgut. Die zeitlichen Einsparungsmöglichkeiten liegen zwischen 13 und
35 %.

Das Problem besteht nun darin, entweder getrennte Systeme für die
einzelnen Benutzergruppen bereitzustellen oder modular aufgebaute,
miteinander kommunikationsfähige Gesamtsysteme mit spezifischen
Nutzereigenschaften für Manager, Sachbearbeiter und Assistenzkräfte
zu schaffen.

Eine entscheidende Voraussetzung für die Realisierung ist allerdings
in den subjektiven Präferenzen der Mitarbeiter zu erkennen.

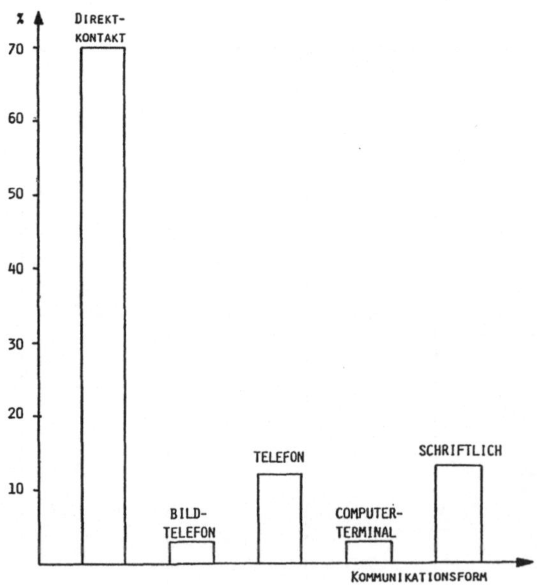

Quelle: Deutschmann (1983)

Deutschmann (1983) hat unter Heranziehung der internationalen Refe-
renzliteratur und eigener Untersuchungen erneut bestätigt, daß der
Direktkontakt (face to face communication) insbesondere vom Manager
nach wie vor bevorzugt wird. Es muß aber gesehen werden, daß die
Telekommunikation gerade dann einen produktiven Nutzen stiftet, wenn
die Kommunikationspartner nicht in der Lage sind, am gleichen Ort oder
zur selben Zeit präsent zu sein. Stellt man die Frage nach der be-
vorzugten Kommunikationsform unter diesem Aspekt, so zeigt sich die
hohe Akzeptanz für das Telefon, aber auch in überraschender Höhe für
das Bildtelefon.

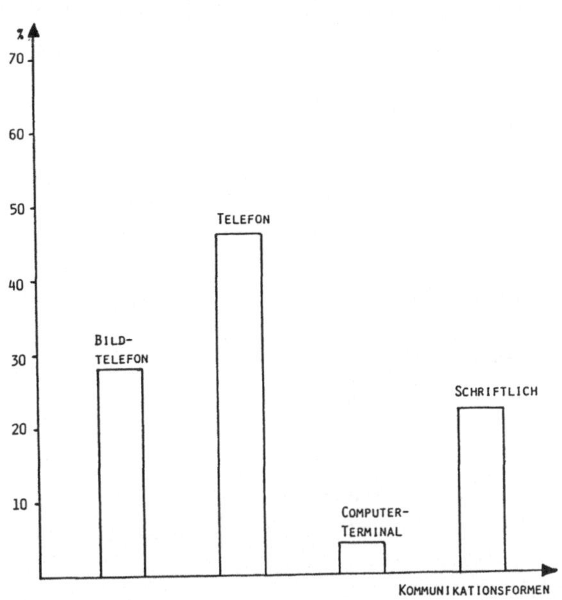

Quelle: Deutschmann (1983)

Die persönliche Präferenz gegenüber bestimmten Informations- und
Kommunikationstechniken sollte allerdings nicht überschätzt werden,
denn mit dem Kennenlernen, dem Erfahren der Nützlichkeit, mit der
Gewöhnung und vor allen Dingen mit der gemeinsamen Benutzung des
Systems durch viele wächst die Akzeptanz. Immerhin muß bedacht werden,
daß in der Einführungsphase die Fluktuationsgefahr der Betroffenen
im Auge zu behalten ist.

	... eines qualifizier- ten Facharbeiters	... einer Führungskraft
GESAMTKOSTEN:	DM 34.551.-	DM 261.800.-
davon:		
ANWERBUNSKOSTEN	DM 290.-	DM 37.000.-
EINSTELLUNGSKOSTEN	DM 490.-	DM 5.600.-
EINARBEITUNGSKOSTEN	DM 23.271.-	DM 120.000.-
ANLERNKOSTEN	DM 2.100.-	
KOSTEN DER MINDER- LEISTUNG	8.320	DM 84.000.-

Quelle: Streim (1982)

Es ist daran zu erinnern, daß die Fluktuationskosten bei einem Fach-
arbeiter etwa 34.000 DM und bei einer Führungskraft über 260.000 DM
betragen.

Neben diesem individualistischen Argument ist die Produktivitätsbe-
mühung im Rahmen des Einsatzes neuer Informations- und Kommunikationssysteme jedoch ausdrücklich auf den Gemeinschaftsaspekt zu richten.
Sowohl zwischen den Büros und zwischen Werkstätten und Büros desselben
Unternehmens als auch vor allem zwischen den Unternehmen (und öffentlichen Verwaltungen) besteht ein Bedarf nach gemeinsamem Kommunizieren.
Die Produktivität des einzelnen Büros kann nicht isoliert gesteigert
werden. Der positive Effekt zeigt sich stets erst im Dialog mit anderen
und in der Erreichbarkeit von vielen.

Der Schwerpunkt der aktuellen Bemühungen liegt auf der Errichtung und
Weiterentwicklung eines leistungsfähigen Text-Kommunikationssystems.
Es hat vor allem dialogfähig in dem Sinne zu sein, daß ein Problem von
räumlich voneinander entfernten Partnern im Frage- und Antwortverkehr
unter Real-time-Bedingungen gelöst wird (Tele-problem-solving). Die
derzeitige Praxis der Briefkorrespondenz, die durch lange Wartezeiten,
damit wiederholte Vor- und Nachbearbeitung, durch Ablage, Wiederzugriff
und hohe Kosten gekennzeichnet ist, kann unter dem Produktivitäts-
aspekt nicht länger akzeptiert werden. Insbesondere ist es notwendig,
für den Textdialog die Brücke zu anderen Kommunikationsformen, wie
Sprache, Daten, Fest- und Bewegtbild zu schlagen und dafür eine erd-
umspannende Infrastruktur aufzubauen.

Deshalb ist es so wichtig, daß in den folgenden Beiträgen Untersuchungen zum Einsatz neuer Informations- und Kommunikationssysteme in verschiedenen Anwendungsbereichen und vor allem im internationalen Vergleich vorgelegt werden. Wir haben versucht, Referenten zu gewinnen,
die eigene quantitative Erfahrungen mit der produktivitätssteigernden
Wirkung neuer Systeme gewonnen haben. Das Problem steht uns deutlich
vor Augen. Seien wir aufgeschlossen, die verschiedenen Lösungsansätze
kritisch zu diskutieren!

Literaturhinweise

Bair, J.H., The Interface to Human-Computer Productivity, Bell
Northern Research, Mountain View, Cal. 1982.

Burns, T., The Directions of Activity and Communication in a De-
partmental Executive Group, in: Human Relations, 1954, S. 73-97.

Carlson, S.,Executive Behavior - A Study of the Work Load and the
Working Methods of Managing Directors, Stockholm 1951.

Craig, L.C., Office Automation at Texas Instruments, Inc., in:
Moss, M.L. (Hrsg.), Telecommunications and Productivity, Reading,
Mass. 1981, S. 202-213.

Deutschmann, J., Management und neue Telekommunikationsformen,
Diss., München 1983.

Engel, G.H., Groppuso, J., Lowenstein, R.A., Traub, W.G., An Office
Communications System, in: IBM Systems Journal, Vol. 18, Nr. 3,
1979, S. 402-431.

Hinrichs, J.R., Communications Activity of Industrial Research
Personnel, in: Personnel Psychology, 1964, S. 193-204.

Mintzberg, H., The Nature of Managerial Work, New York u.a. 1973.

Noll, E., Riepl, K., Prozeßorientierte Wirtschaftlichkeitsbetrach-
tung der Textbearbeitung, in: Zeitschrift für Organisation, 4/1979,
S. 209-214.

Poppel, H.L., Who needs the office of the future?, in: Harvard
Business Review, Nov.-Dec. 1982, S. 146-155.

Reich, A., Betriebswirtschaftliche Auswirkungen einer verzögerten
Informationsübermittlung, Diss., München 1983.

Stewart, R., Managers and their Jobs - A Study of the Similarities
and Differences in the Ways Managers Spend their Time, London 1967.

Strassmann, P.A., Xerox Case Studies with High Performance Work
Stations, Convention Informatique/SICOB, Paris, Sept. 1981.

Streim, H., Fluktuationskosten und ihre Ermittlung, in: ZfbF, 2/1982,
S. 139.

Uhlig, R.P., Farber, D.J., Bair, J.H., The Office of the Future,
Amsterdam u.a. 1979.

Walker, C., Guest, R., Turner, A., The Foreman on the Assembly Line,
Cambridge, Mass. 1956.

Productivity Shortcomings in the Office

Eberhard Witte, München

1. Productivity in the office too!

After the success in increasing productivity in industrial workshops,
in transpost services and storage facilities, efforts are being directed
to further increasing the productivity of work processes in the office.
Office work is characterized by information and communication processes.
The end product consists of schedules, decisions, monitoring records
and administrative documents.

The office is no longer the poor relation of automation. The annual
investment per head for equipment in the service area is now higher
than in the production area. The capital intensity of the office is
catching up on that of the factory. It is nonetheless necessary to
examine the proposition that in the present-day office there are still
serious productivity shortcomings, and that avoidable costs, misinvestment
and unnecessary work produce an unfavorable cost/performance ratio.

2. Measuring productivity and efficiency

Productivity is defined as the ratio of (weighted) performance (output)
to (weighted) elements employed (input). The more the productivity
measurement is restricted to the comparison of quantaties (e.g. output
per head or per machine hour), the closer the measurement approaches
that of a technical dimension. If at the output side, and finally
at the input side also, quantities representing values are included,
the productivity investigation approaches an efficiency measurement.
Efficiency is the comparison of product value with expenditure (performance
and cost).

3. Marketable output and administrative output

An office merely denotes a specific field of work (in contrast to
the workshop, storage, etc.). The output produced in the office, however,
can be very varied. In the limiting case it consists of a service
which can be supplied directly to the market where it is rewarded
by a return (legal and tax consultation, software production, supply
of information and other mental aids). In this case there is scarcely
a difficulty in measuring the value of the output, the comparison
with the costs generated is possible and thus an independent profit
center for measuring effic ency and result can be organized.

The more the output from the office is distanced from the market,
in that it merely accompanies the marketable output (e.g. an industrial
product) in an administrative capacity (purchasing, storage, production
control, sales, accounts), the more the contribution to production
is of an indirect nature, which does not earn a return directly but
derives it from supporting the marketable output. The problems of
productivity measurement increase with growing distance from the market.

4. Productivity analysis methods

Where the output of the office in the desired quality and quantity
is known, efforts to increase productivity are concentrated on the
costs. By means of value analysis and overhead investigation an endeavor
is made to eliminate all that is unneccesary, that has become traditional,
or is dedicated to convenience and self justification, and to limit
activities to the costs necessary to furnish the desired output.

Where the office output is not defined by the income side, but is
merely intended to be useful indirectly as an accompanying administrative
service, each individual administrative action should be investigated
to determine whether or not it is dispensable or whether it can be
changed in quality and quantity. In this context endeavors to increase
productivity extend from the zero-base examination (dispensability)
via the creation of an internal (simulated) market for output to quality
structuring and quality control.

5. Productivity weaknesses

If the office performance is not directly evaluated in the market,
it is difficult to assess appropriate costs. It is then not possible
to ascertain objectively which data must be recorded and processed
with what precision and regularity. The quality of the administrative
output can be disproportionately high, in frequency and quantity too
sumptuous and, in fact, pointless in terms of the purpose to be served.
On the other hand, it is frequently complained that the administrative
output is patchy, naive, opaque and full of errors. At any rate, the
productivity of the office cannot be measured by the number of pages
of text produced, the number of completed entries or schedules and
monitoring documents. A naive efficiency exercise aimed solely at
minimizing cost can be just as wrong as a simple increase in the volume
of the administrative output.

6. Information and communication systems as productivity aids

The introduction and further development of computer systems was just
as important for increasing productivity in the office as the introduction
of modern telecommunication systems. A new dimension in increasing
productivity opens up as a result of the combination of information
processing and communication (compunication). Isolated solutions will
develop into integrated systems capable of transparent and unlimited
external communication. In this connection it is important to investigate
seriously at the outset what type and quantity of information and
communication capacity is necessary and useful. The criterion for
answering this question is the purpose for which the office output
is required, i.e. its marketability or company internal utility. Instead
of improvised office work, a planed, documented and verifiable output
is aimed at.

Büroökonomie

Roland Schwetz, München

Seit Jahren widmet man auf Tagungen Informations- und Schulungsveran-
staltungen zum Thema "Büro der Zukunft" den grössten Teil der Vor-
tragszeit dem Problemkreis Local-Area-Network (LAN) und Stern-, Ring-,
Bus- usw. Techniken. Anwender dagegen artikulieren sich nicht oder
nur sehr verschwommen und verhalten sich nach wie vor eher irritiert
als informiert.

Dies ist nicht verwunderlich. Die ständige Diskussion über LAN ist
doch offensichtlich eine Art Ersatzdiskussion von sich gegenseitig
überbietenwollenden Technikspezialisten, die nur deshalb ständig
ausgeweitet wird, weil man über den Nutzen von Bürotechnik am Platz
des Anwenders sogar in Herstellerkreisen oft nur diffuse, in An-
wenderkreisen gänzlich unzureichende Vorstellung hat.

Deshalb werden im folgenden die Grundzusammenhänge zwischen ökonomischen Aspekten der Erledigung von Büroarbeit und den wichtigsten
Leistungsmerkmalen moderner Bürotechnik verdeutlicht.

Zielgruppenbestimmung

In vielen Wirtschaftsunternehmen stellen seit einiger Zeit die Personalkosten im Bürobereich den grössten Kostenblock dar. Aus Wett-
bewerbsgründen und zur Sicherung der Wettbewerbsfähigkeit muss man
sich deshalb massiv mit der Eindämmung des Kostenwachstums im Büro
befassen. Auch auf öffentliche Verwaltungen werden die Steuerzahler
(hoffentlich bald) entsprechenden Druck zur Minderung der Verwaltungskosten ausüben.

In allen Bürobereichen stellt sich die grundsätzliche Frage,ob man
die erzielten Arbeitsergebnisse nicht auch mit niedrigeren Kosten erreichen kann.

Rund 65% der Kosten verursachen Sachbearbeiter und Assistenzkräfte.
Deshalb muss der Sachbearbeiterbereich in Zukunft die Zielgruppe für
den Einsatz produktivitätssteigernder Systeme sein.

Dies ist ein relativ neuer Aspekt, denn die Büromaschinenindustrie
hat sich, abgesehen von der Datenverarbeitung für Massendaten, in
den letzten 50 Jahren im wesentlichen nur auf das Segment der Assi -
stenzkräfte konzentriert.

Der überwiegende Teil der Arbeitszeit wird von Sachbearbeitern, von
Fachkräften bzw. Spezialisten und von Assistenzkräften für das Erar-
beiten, Formulieren und Dokumentieren von Informationen verwendet.
Weitere Tätigkeiten zur Recherche, Ablage, Archivierung sowie zum
Versand von Unterlagen gehören untrennbar dazu (Bild 1).

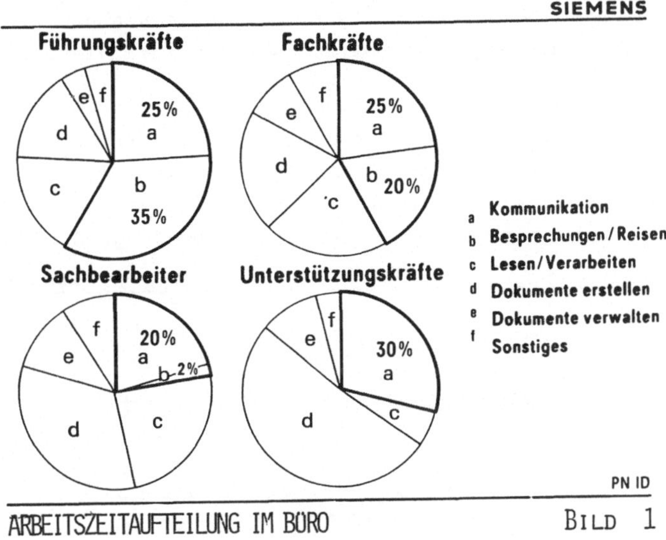

ARBEITSZEITAUFTEILUNG IM BÜRO   BILD 1

Deshalb steht das Aufgabenfeld "Dokumenterstellung" im zentralen
Punkt. Nota bene, der Begriff Dokument ist hier nicht im juristi-
schen Sinne aufzufassen, sondern als Sammelbezeichnung für Erzeugen
und Bewältigen der schriftlich (Texte, Daten) oder bildlich (Grafi-
ken) fixierten Informationsmenge verwendet.

Ökonomische Schwachstellen und ihre Ursachen

Bevor man im Aufgabenfeld "Sachbearbeitung" die Situation verbessern
kann, muss man die ökonomischen Schwachstellen definieren. Nur aus
Kenntnis der Ursachen für unproduktive Arbeitsausführung lassen sich

auch gezielt Wünsche und Forderungen an unterstützende Technik ableiten.

Welche Schwachstellen gibt es also?
Es gibt primär zwei störend auffallende Fakten:
Zu hohe Kosten und zu lange Erledigungszeit eines Vorgangs, im folgen-
den als Durchlaufzeit bezeichnet.

Die Aussage "zu hohe Kosten" kann häufig nur subjektiv begründet werden. Offensichtlich fällt es schwer für das Bearbeiten eines bestimmten Vorganges ein Kostenlimit zu setzen. Denn abgesehen von Einzel-
fällen ist es sehr schwierig den Nutzen einer einzelnen Büroarbeit
und dadurch die zulässigen Bearbeitungskosten festzulegen.

Auf dieser Generallinie kommt man deshalb nicht zum gewünschten Ziel.
Man kann aber den aus der Arbeitswirtschaft im Fertigungsbereich bekannten Weg gehen, die Vorgangsbearbeitung in ihre Teiltätigkeiten
zu zerlegen. Anschliessend lässt sich durch Analyse der Tätigkeiten
sehr schnell herausfinden in welchem Umfang unnötige Handhabungen

SIEMENS

Arbeitszeit im Verhältnis zum
Wert des Ergebnisses   **zu hoch**

Gründe:

- "Individuelle" oder statusbezogene Arbeitsorganisation
  → Wiederholtätigkeiten ohne Wertzuwachs

- partiell "optimierte" Technikunterstützung
  → zusätzliche Rüst-, Vor- und Nachbearbeitungszeit

Ökonomische Schwachstellen der Büroarbeit (I)   BILD 2

vorgenommen werden. In der Regel handelt es sich im Büro in diesen
Fällen um Wiederholtätigkeiten, die für das Endergebnis keinen Wertzuwachs bedeuten. Wiederholtätigkeiten sind Folgen einer arbeitsplatzbezogenen, individuellen Arbeitsorganisation oder eines unzweck-
mässigen, in der Regel zentralisierten Technikeinsatzes (Bild 2).

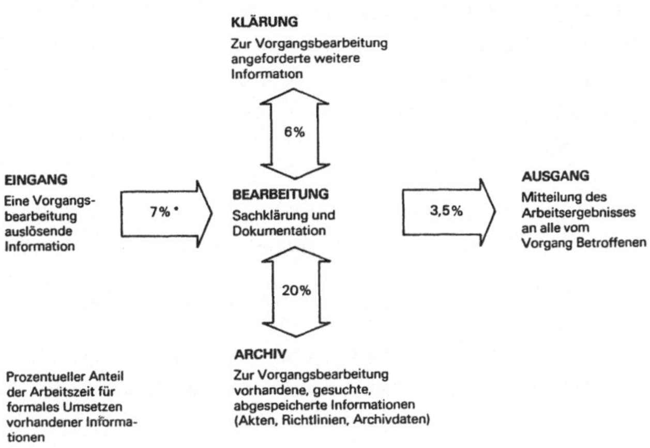

Arbeitszeit (%) für überwiegend formales Umsetzen von Informationen　　BILD 3

In beiden Fällen werden Informationen vor oder auch nach der Bearbeitung ohne jede Veränderung auf andere Medien personell übertragen.
In Bereichen mit individuellem Schriftverkehr wird bis zu 80% des gesamten Schriftgutes mindestens zwei Mal erfasst bzw. abgeschrieben.

Wiederholtätigkeiten ohne Wertzuwachs verbrauchen einen beträchtlichen
Anteil der Arbeitszeit. Sehr detaillierte Untersuchungen haben folgende Arbeitszeitanteile ergeben: (Bild 3).

- 7 % vor der eigentlichen Bearbeitung.
  Beispiele: Übertragen von Informationen aus einem Formular
  in ein anderes, Abschreiben von Daten zum Zwecke der späteren Eingabe in einen Rechner usw.

- 3,5% nach Abschluss der Bearbeitung.
  Beispiele: Auszugsweises Übertragen einer Rechnerergebnis-
  liste in ein Schriftstück oder Formblatt, auszugsweises Abschreiben des Ergebnisberichtes zur Übermittlung über Telex
  usw.

- 20% in der Arbeitszeit für das Umsetzen von bereits vorhandenen, aber nicht in benötigter Form vorliegenden Unterlagen.
  Beispiele: Übertragen von Mikrofilminformation in Rechner,
  Übertragen von Schnelldruckerausgaben in Tabellen usw.

Selbst wenn man unterstellt, dass von den insgesamt 36% Arbeitszeit
die Hälfte schon einer Sachklärung dient, wird in Summe 18% der täglichen Arbeitszeit für reines Informationsumsetzen ohne Wertzuwachs
für den zu bearbeitenden Vorgang verbraucht. Dies stellt ein Rationalisierungspotential dar, welches aus ökonomischen Gründen <u>unbedingt</u>
angegangen werden muss.

Wegfall von Wiederholtätigkeiten verkürzt natürlich auch die Durchlaufzeiten der Vorgänge. Um Faktoren grössere Durchlaufzeitkürzungen
sind aber bei Anreicherung der Arbeitsinhalte und gleichzeitig ver-
änderter Mengenzuteilung je Sachbearbeiter zu erreichen. Dies scheint
zunächst paradox, denn vielfach wird doch in der möglichst weiten Be-
grenzung auf ein Teilarbeitsgebiet eine Vorraussetzung für "optimale"
Abarbeitung und Techniknutzung gesehen. Dies trifft jedoch in der Regel nicht zu (Bild 4).

SIEMENS

Durchlaufzeit im Verhältnis zu
Arbeitszeit und Wert des Ergebnisses   **zu lang**

Gründe:

● "Optimiertes" Erledigen von Teiltätigkeiten
  ➤ zusätzliche Vor- und Nachbearbeitungstätigkeiten

● Kostenoptimale Techniknutzung
  ➤ Arbeits"puffer", Liege- und Transportzeiten

● Überzogene Spezialisierung
  ➤ hohe Arbeitsteilung,
     vervielfachter Anteil "geistiger Rüstzeit",
     Transport- und Liegezeit,
     zusätzliche Kontroll- und Kommunikationszeiten.

Ökonomische Schwachstellen der Büroarbeit (II)   BILD 4

Denn der gravierendste Grund für lange Durchlaufzeit ist arbeitstei-
lige Vorgangserledigung! Arbeitsteilung bedeutet zwar, dass die
spezielle Teilaufgabe sehr effizient, schnell, in der Regel auch mit
hoher Qualität ausgeführt wird. Aber bei der Weitergabe des Vorganges
zwischen verschiedenen Arbeitsplätzen treten nicht nur erhebliche
Transportzeiten ein, die fälschlicherweise häufig als des Übels Kern
gesehen werden. Liegezeiten bis zum Beginn der Bearbeitung sind in

der Regel in der gleichen Grössenordnung wie Transportzeiten anzutreffen. Und auch die Liegezeiten nach der Bearbeitung bis zur Einleitung des Transportes sind beträchtlich.

Es gibt aber noch einen weiteren Zeitanteil, den man sich im Büro nur selten bewusst machte.

Aufgrund der mentalen Anforderung kann Büroarbeit nur dann arbeitsteilig ausgeführt werden, wenn an jedem betroffenen Arbeitsplatz der gesamte Vorgangsinhaltbekannt ist. Der Sachbearbeiter muss sich also zur Erledigung seiner speziellen Teiltätigkeit in den Vorgang einarbeiten. Er wendet, mit Begriffen der Arbeitswirtschaft ausgedrückt, einen erheblichen Anteil an "geistiger" Rüstzeit auf. Sie verlängert die Durchlaufzeit ebenfalls nennenswert!

Ohne Arbeitsteilung lässt sich umfangreiche Büroarbeit natürlich nicht bewältigen. Sinnvolle Arbeitsteilung bedeutet objektbezogene Mengenteilung mit einer möglichst weiten Durcharbeit eines Vorganges an einem Arbeitsplatz! Denn übertriebene Spezialisierung und Zerstückelung ist im Büro völlig falsch verstandener unökonomischer Taylorismus.

Fälle, in denen Bearbeiter arbeitsteilig durch sehr gut vorgedachte Organisation Vorgänge ohne Einarbeitung erledigen können, sind kein Gegenbeweis. Dort hat man nur versäumt,diese formalen Arbeiten Datenverarbeitungsanlagen zu übertragen.

Im folgenden geht es um den Anteil von immerhin 6o - 7o% aller Büroarbeitsplätze, an denen der Sachbearbeiter während der Vorgangserledigung aufgrund seines Fachwissens und unter Kenntnis der aktuellen Geschäftsziele eine Aufgabe individuell löst. Diesem Heer der Büroangestellten gilt es ökonomischere Arbeitsweisen zu ermöglichen durch eine Unterstützung der ständig wechselnden Tätigkeiten der Kommunikation, der Be- und Verarbeitung und des Ablegens von und Wiederzugreifens auf Unterlagen.

<u>Ansatzpunkte zur Produktivitätssteigerung</u>

Moderne Bürosysteme müssen helfen, die Hauptursachen für unökonomische
Büroarbeit:

- Verluste an Arbeitszeit durch unnötige Wiederholtätigkeiten und

- oft hausgemachte Verlängerung der Durchlaufzeit durch unüberlegte
  Arbeitsteilung

zu beseitigen.

Welche Leistungsmerkmale die gewünschte Unterstützung geben, lässt
sich deutlich bei dem am häufigsten anzutreffenden Vorgang des Er-
stellens eines schriftlichen Dokumentes zeigen.

In der klassischen Form werden Schriftstücke arbeitsteilig erstellt
(Bild 5). Der Sachbearbeiter konzipiert einen ersten Entwurf. Die
Schreibkraft überträgt ihn in die erste Reinschrift. Der Sachbearbei-
ter korrigiert diese. Die Schreibkraft schreibt die neue Fassung usw.
Liegt nach mehrmaligem Durchlaufen ein zufriedenstellendes Resultat
bereit, wird der Vorgang versandt und eine Kopie abgelegt.

Der Empfänger analysiert das eingegangene Schreiben, übernimmt vielleicht sogar Teile des Textes in seine Arbeitsunterlagen, lässt sein
Konzept schreiben, korrigiert es, lässt die Korrektur schreiben usw.

Die im Bild aneinander gereihten Kästen deuten in ihrer Länge ungefähr
die Dauer der Tätigkeiten an. Berücksichtigt sind nur Arbeitszeiten,
keine Transport-, Liege- und Rüstzeiten. Letztere werden später getrennt betrachtet.

Installiert man nicht kommunikationsfähige, aber speichernde Schreibsysteme, z.B. Speicherschreibmaschinen, Textautomaten oder Textsyste-
me, verkürzt sich selbstverständlich die Zeit für die Ersterfassung
um 25%, weil das Beseitigen von Tippfehlern und kleinen Schönheitsfeh-
lern keine zusätzliche Arbeitszeit mehr erfordert. Besonders wirksam
werden die Systeme beim Anfertigen der 2. und weiterer Reinschriften,
da ja nur die korrigierten Sätze oder Wörter des Schriftstückes behandelt werden müssen. Für den Autor des Schriftstückes ergibt sich

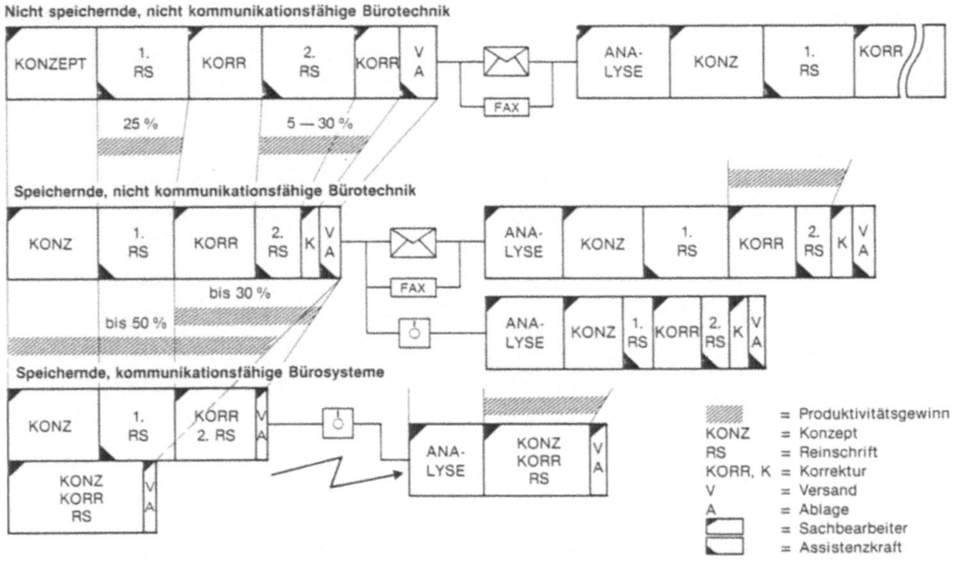

Einfluß von Speicher- und Kommunikationsfähigkeit auf BEARBEITUNGSZEIT Bild 5

auch eine Zeitersparnis, weil er in der Regel bei späteren Korrekturphasen das Schriftstück nur noch in den geänderten Passagen kontrol-
lieren muss.

Speicherfähigkeit verringert also den Arbeitszeitaufwand sowohl beim
Sachbearbeiter als auch bei den Assistenzkräften um einen Betrag in
der Grössenordnung von bis zu 2o%.

Erhält der Empfänger das Schriftstück in Papierform, läuft bei ihm
die Weiterverarbeitung bei Einsatz eines speichernden Systems mit dem
gleichen Vorteil wie eben geschildert ab.

Ein weiterer Vorteil ist für die empfängerseitige Weiterbearbeitung
eines Schriftstückes gegeben, wenn anstelle von Papier die "elektronische" Form des Dokumentes zur Verfügung gestellt wird. Vorausgesetzt,
der Empfänger besitzt kompatible Technik, kann er die gespeicherte
Information entsprechend den Erfordernissen partiell elektronisch in
sein neues Dokument übertragen. Abschreibezeiten in der Konzeptphase
sowie in den Reinschrift- und Korrekturphasen werden vermieden.

Speichernde und kommunikationsfähige Systeme, bei denen Sachbearbeiter wie Assistenzkräfte die Informationen im Direktzugriff von ihrem Arbeitsplatz aus speichern und wieder abrufen und verändern können, erlauben einen weiteren grossen Schritt zur Verkürzung der Bearbeitungszeit.

Allerdings muss dann die bisherige strenge Arbeitsteilung zwischen Sachbearbeiter und Schreibkraft - der erstere formt das Dokument inhaltlich, die zweite in der äusseren Form - aufgegeben werden.

Aus Volumengründen wird man zwar häufig Konzepterstellung und erste Reinschrift noch in der bewährten Arbeitsteilung durchführen. Danach ist aber kein Grund mehr vorhanden, die übrigen Korrekturen nicht unmittelbar vom Sachbearbeiter am Bildschirm gleich in dem elektronisch gespeicherten Schriftstück ausführen zu lassen. Dadurch wird in 2facher Weise Arbeitszeit verkürzt:

- Der Zeitaufwand der Schreibkraft zum Umsetzen/Abschreiben des bereits mit erheblichem Zeitaufwand vorgenommenen Korrekturkonzeptes entfällt und

- das nochmalige Aufsuchen der zu korrigierenden Textstelle im elektronisch abgespeicherten Dokument durch die Schreibkraft ist nicht mehr erforderlich.

Noch grössere Arbeitszeitersparnisse werden erreicht, wenn bei überschaubarem Sachverhalt die Sachbearbeiter auf ein Konzept verzichten können und ihren Entwurf aus dem Kopf heraus selbst in ein speicherndes System eingeben.

Auf die häufig bei solchen Überlegungen angestellte Betrachtung über die sog. Unzumutbarkeit der Tastaturbedienung durch den "kreativen Sachbearbeiter" wird am Schluss noch eingegangen.

Der Vergleich der zuletzt besprochenen Arbeitsausführung mit der konventionellen Aufgabenabwicklung zeigt sehr deutlich, dass man mit kommunikationsfähigen, speichernden Systemen den gleichen Aufgabenumfang in doch erheblich kürzere Zeit und damit ökonomischer bewältigen kann.

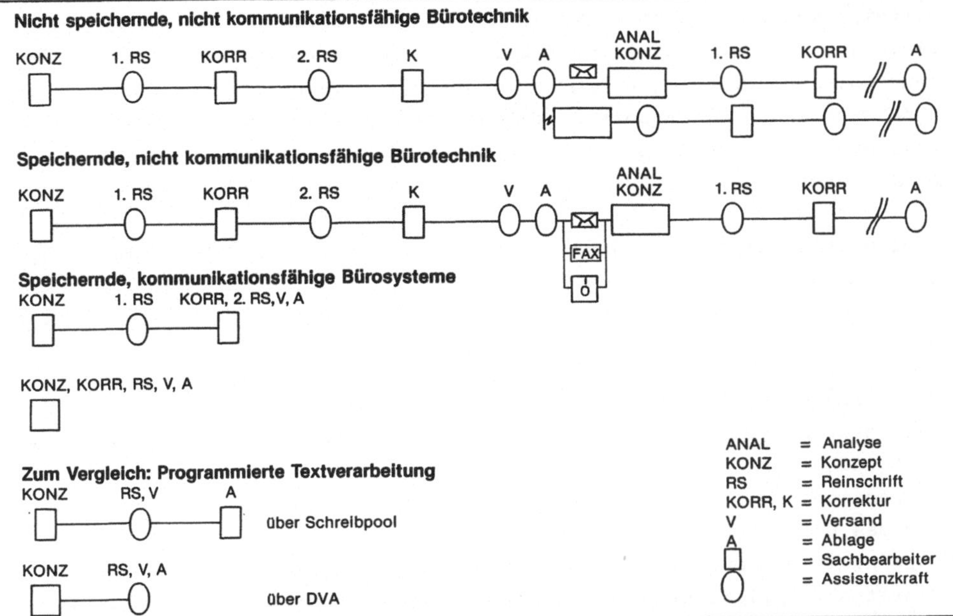

Einfluß von Speicher- und Kommunikationsfähigkeit auf DURCHLAUFZEIT   BILD 6

Wie verändert sich durch diese Technik die Durchlaufzeit?

Die Darstellung in Bild 6 berücksichtigt die unterschiedlichen Arbeitszeiten in den einzelnen Phasen nicht mehr. Bei der Durchlaufzeit
wird die in der Regel zutreffende Annahme unterstellt und durch die
Länge der verbindenden Striche ausgedrückt, dass zwischen jeder der
arbeitsteilig ausgeführten Tätigkeiten fast immer die gleiche Zeitspanne in der Grösse eines Tages, in kleineren Unternehmen bei Normal-
beschäftigung vielleicht nur in der Grössenordnung von 3 bis 4 Stunden
verstreicht.

Anders als bei der Arbeitszeit hat der Ersatz nicht speichernder
Schreibsysteme durch speichernde nahezu keinen Einfluss auf die Durchlaufzeit! Dies gilt insbesondere dann, wenn man die Errungenschaften

des zentralen Schreibpools beibehält! Bei zentral aufgestellten Textsystemen kann man nicht einmal mehr die oft gegangene Notlösung praktizieren, den Sachbearbeiter die letzte "Eilkorrektur" an einer kleinen Schreibmaschine in der Ecke seines Büros vornehmen zu lassen.
Denn wenn schon elektronisch speichernde Systeme verwendet werden,
will man natürlich auch die letzte authentische Fassung elektronisch
archivieren.

Schlagartig ändert sich die Situation erst dann, wenn man kommunikationsfähige Systeme einsetzt und zu der vorher beschriebenen veränderten Arbeitsteilung bzw. überhaupt zum <u>schreibenden Sachbearbeiter</u>
übergeht.

Natürlich haben Organisatoren schon in früheren Jahren diese Schwachstelle erkannt. Deshalb hat man standardisierbares Schriftgut in sog.
Texthandbüchern aufbereitet und in Textsystemen abgespeichert. Die
Konzeptionsarbeit des Sachbearbeiters wurde dadurch zur Codierarbeit
und das Briefeschreiben zum Briefegenerieren. Kontrollesen konnte entfallen. In vielen Organisationen ist aber ein grosser Anteil des
Schriftgutes nicht standardisierbar oder es wandelt sich inhaltlich
in kurzer Zeit sehr stark. Dann lohnt sich für eine zeitlich sehr begrenzte Nutzungsperiode die relativ hohe Standardisierungvorleistung
nicht. Für diesen grossen Bereich des individuellen Schriftgutes bietet kommunikationsfähige, speichernde Technik jetzt die gleichen ökonomischen Vorteile, die bisher den Spezialfällen der computergestützten Textverarbeitung (CTV) vorbehalten war!

Kommunikationsfähige Technik eröffnet aber noch andere ökonomische
Vorteile. Dies zeigt ein Vergleich von Stapel- gegenüber Dialogdatenverarbeitung (Bild 7).

Bei der Stapelverarbeitung bereitet die Fachabteilung das Datenmaterial
auf. Eine Erfassungsstelle bringt es in rechnerlesbare Form. Das Rechenzentrum führt die Verarbeitung durch. Die Stapelverarbeitung, straff
durchorganisiert, erscheint in der Regel sehr ökonomisch, ist es aber
nur in bestimmten Fällen.

Vergleicht man die Arbeitsschritte zur Erledigung der gleichen Aufgabe
in einer Batchlösung mit den Tätigkeiten bei Einsatz eines kommunikationsfähigen Dialogverfahrens, erkennt man gravierende Nachteile der
Stapelverarbeitung.

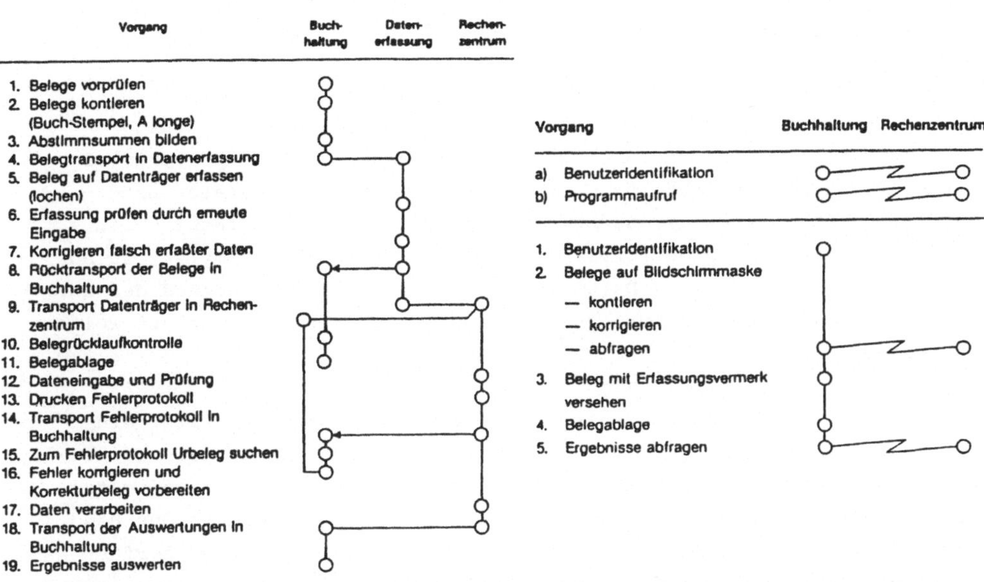

- Der Belegdurchlauf durch mehrere Abteilungen erfordert nur
  wegen des Abteilungswechsels eine Reihe von Kontroll- und
  Abstimmvorgängen, die bei Dialogverarbeitung vom Lösungs-
  prinzip her unnötig sind.

- Die Korrektur von Eingabefehlern, die in der Regel erst bei
  der Verarbeitung im Rechenzentrum erkannt werden, verviel-
  facht die Sachbearbeitungszeit, während bei einer Dialogein-
  gabe durch einen sofortigen Hinweis am Terminal der Sachbearbeiter, noch vóll in den gerade bearbeiteten Fall einge-
  arbeitet, nahezu ohne weiteren Zeitaufwand verbessert.

Bei Dialogverfahren fallen also nicht nur Wiederholtätigkeiten weg.
Durch kommunikationsfähige Systeme wird auch eine Reihe von zeitauf-
wendigen Kontroll- und Abstimmtätigkeiten überflüssig, die nur aufgrund des Belegwechsels zwischen einzelnen Arbeitsplätzen notwendig
sind.

Wie die Gegenüberstellung zeigt, fällt u.U. eine ganze Dienstleistungs-
einheit, im Beispiel die Datenerfassung, weg. Dies wirft insoweit Prob-

leme auf, als auch die zugehörigen Führungspositionen nicht mehr notwendig sind, weshalb bei Einführung solcher Lösungen noch ganz andere
Widerstände auftreten, als wenn es nur um "Bereinigung" im Sachbearbeiterbereich geht.

Neben den eben geschilderten ökonomischen Vorteilen wirkt dialog-
unterstützte Bearbeitung aber auch motivierender als Stapelverarbeitung. Bevor man Teilarbeiten automatisierte oder mit Geräten unterstützte, fühlte sich der Sachbearbeiter terminlich und fachlich für
einen Vorgang vollverantwortlich. Er hatte einen Fall komplett zu analy-
sieren, alle notwendigen Daten zu recherchieren, entsprechend der Sach-
lage den Fall fachlich durchzuarbeiten und den Vorgang komplett weiter-
zuleiten.

Mit Einführung der Stapelverarbeitung wurde dem Sachbearbeiter ein
Teil der Fachaufgabe genommen. Stattdessen wurden ihm Assistenzarbei-
ten, wie beispielsweise das Ausfüllen von Codierformularen und dergl.
übertragen. Er hatte den Fall auch terminlich nicht mehr in der Hand,
da er nur unzureichend auf die nachfolgenden Funktionen Datenerfassung und Rechenzentrum Einfluss nehmen konnte.

Ausserdem muss er sich sehr oft 2 - 3 Tage nach der Erstbearbeitung
in einen längst erledigt geglaubten Fall erneut einarbeiten, weil
erst dann die Fehlermeldung aus dem Rechenzentrum eintrifft. Bei etwas
umfangreicherer Eingabedatenkonstellation müssen im übrigen auch heute
noch häufig 15 bis 25% der Fälle nachbearbeitet werden.

Diese Demotivation des Sachbearbeiters - letzten Endes hat er bald
das Gefühl, dass nicht der Rechner für ihn, sondern er für den Rechner arbeitet - wird bei Dialogverarbeitung wieder aufgehoben. Denn
bei Einsatz von Terminals kehrt man zum alten Arbeitsstil zurück. Der
Sachbearbeiter erledigt in einem Zuge den Vorgang, weil er auftreten-
de Fehler bereinigen kann, solange er noch mit dem Vorgang vertraut
ist.

Zwar muss er auch jetzt Fakten/Daten aus den Unterlagen extrahieren
und in den Rechner eingeben. Die Hinweise der Maschine im Zuge des
Dialog empfindet er aber in der Regel als willkommene Unterstützung.

Dialogverarbeitung erfordert natürlich eine höhere, verfügbare Maschinenleistung als Stapelbetrieb, weil die Leistung spontan abgefordert grossen augenblicklichen Schwankungen unterliegt, deshalb auf den Spitzenbedarf hin geplant werden muss. Weil dadurch höhere Rechenzeitkosten entstehen wird Dialog oft noch als unökonomisch und "unerschwinglich" abgelehnt.

Dies ist jedoch falsch. Ein Kostenvergleich (Bild 8) muss sich nämlich über den gesamten Prozess erstrecken, wenn man eine reale Aussage über die Ökonomie der Aufgabenabwicklung gewinnen will.

	Batch (1x täglich)		Dialog (4h)	
	HW-Aufwand	DM	HW-Aufwand	DM
1. Verarbeitung				
CPU sec.	53	27,60	240	101,80
Ein/Ausgabe	15 000	15,70	24 000	20,40
Logon Zeit	0,28 h	2,70	4 h	24,—
Belegungszeit				
2 Mplatten	0,28 h	15,90	4 h	181,60
Druckausgabe	1500 Zeilen	6,30		
Σ Verarbeitung		68,20		327,80
2. Datenerfassung	75 000 Z	397,50		
Terminal			25	137,50
Σ Datenerfas.		397,50		137,50
3. Datentransport	3 Transporte á 5 Min.	15,—		
	int. Sammlg.+ Verteilung Kontrolle	25,—		
Leitungskosten			25 Leitungen	38,—
Σ Transport		40,—		38,—
		505,70		503,30

Vergleich Abwicklungsaufwand Batch-Dialog (Beispiel)   BILD 8
Aufwand: Abwicklung

Beim Prozessschritt Datenerfassung ergeben sich bei Dialog grosse Vorteile. Beim Stapelprozess addiert sich zusätzlich zu den Stunden, die die Sachbearbeiter für das Ausfüllen der Erfassungsvordrucke aufwenden, noch die gesamte Arbeitszeit in der Datenerfassung. Beim Dialogverfahren fällt diese zusätzliche Erfassungszeit weg, denn die Sachbearbeiter benötigen nur den gleichen Zeitanteil für die Dateneingabe über Terminal wie vorher für das Anfertigen der Erfassungsbelege. Allerdings sind im Sachbearbeiterbereich entsprechende Amortisationskosten für die Datenendgeräte zu tragen.

Die dritte Leistungskategorie "Transport" wird häufig bei Kosten-
gegenüberstellungen nur bei Dialogverfahren betrachtet.

Für jedes Terminal fallen selbstverständlich Leitungskosten an. Der
Datenträgertransport bei Batch wird dagegen häufig aus dem Kostenvergleich mit dem Hinweis ausgeklammert, eine Hauspost gäbe es ja
ohnehin. Der Grundsatz, alles vorhandene nicht näher zu betrachten,
ist natürlich der Todesstoß für jeden ökonomischen Fortschritt!

Die Kostensumme über die drei Leistungsarten: Rechenzentrum, Erfassung
und Transport zeigt, dass der Bearbeitungsprozess im Dialog auf keinen
Fall teurer abgewickelt wird als im Batch. Er wird sogar mit Sicherheit ökonomischer durchgeführt, wenn man auch noch alle nicht berück-
sichtigten Handhabungstätigkeiten im Sachbearbeiterbereich für das
Aussortieren alter Unterlagen, das Ablegen neuer Rechnerlisten und
vor allen Dingen für das Führen von Aufzeichnungen zwischen zwei Rech-
nerläufen bewertet. Ganz zu schweigen von der zusätzlich aufzuwenden-
den Arbeitszeit für die Korrektur von bereits fälschlicherweise ein-
geleiteten Maßnahmen, weil trotz Zwischenaufschreibungen entscheidende Information eben doch nicht in dem Aktualitätsgrad zur Verfügung
steht wie bei Dialogverarbeitung.

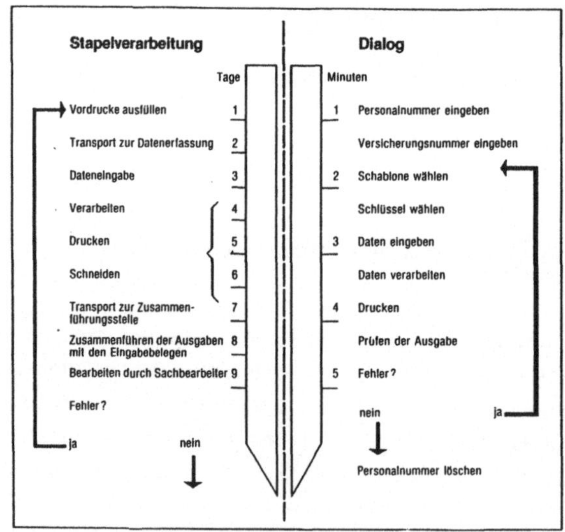

Ablaufvergleich BfA
Quelle: Rohrlach, BfA informiert aktuell und schnell, data report 16 (1981) Heft 6

BILD 9

Die Durchlaufzeitbeschleunigung durch Dialog muss bei der Ökonomiebetrachtung ebenfalls berücksichtigt werden. Das Beispiel aus der Bundesversicherungsanstalt für Angestellte (Bild 9) weist eine gewaltige Durchlaufbeschleunigung eines Vorganges von vorher 9 Tagen auf nachher 5 - 6 Minuten auf. Um einen Fehlschluss vorzubeugen, sei darauf hingewiesen, dass die Verkürzung der Durchlaufzeit um den Faktor 1000 natürlich nicht eine entsprechende Reduzierung der Sachbearbeiterzahl bedeutet. Der 9 Tage durchlaufende Vorgang wurde de facto ja auch nur 6 - 7 Minuten bearbeitet!

Die wirtschaftlichen Vorteile des beschleunigten Durchlaufes kann man sich am ehesten verdeutlichen, wenn man bedenkt, dass in Wirtschaft und Verwaltung gekürzte Durchlaufzeit in vielen Fällen in Zinsvorteile umgesetzt werden kann.

Probleme bei Einführung ökonomischer Arbeitsweisen

Wie eingangs ausgeführt, liessen sich alle bisher ökonomischen Überlegungen zum sog. Office of the Future anstellen, ohne dabei den Begriff LAN oder Netz auch nur erwähnen zu müssen. Den Nutzen moderner Technik erkennt man nicht durch Diskussion angewandter Technologien, sondern indem man Bürotätigkeiten eigentlich nur ganz normal arbeitswirtschaftlich als Arbeit und nicht als Beschäftigung betrachtet!

SIEMENS

Wertbewußtsein schaffen	:	Wieviel **Aufwand** darf ein bestimmtes Arbeitsergebnis kosten?
Ökonomische **"Leckstellen"** im **Büro sichtbar machen**	:	Wieviel Aufwand ist **Rüstzeit** (unproduktiv) und **Wiederhol-** und **Nacharbeit** ("roter" Lohn!)? Welcher Aufwand wird **verschrottet**?
Qualifikationsmaßstab zeitgemäß **anpassen**	:	Einstufung und Entlohnung <u>nicht nur</u> nach Vorbildung und Sachgebietskenntnis, <u>sondern auch</u> nach **Fähigkeit und Willen, ökonomisch zu arbeiten!**
Unbegründete **Vorurteile ausräumen** neuen **Anforderungen Rechnung tragen**	:	Tastaturbedienung ist keine "niedere" Assistenzarbeit! Zur Ausbildung in "Büroberufen" gehört qualifiziertes Wissen über und Umgehenkönnen mit modernen Systemen!

Voraussetzung für das Einführen ökonomischer Arbeitsweisen   BILD 10

Ist also ein Umdenkprozess notwendig? Sicher ja, aber ein evolutionärer Prozess, der so schnell nicht ablaufen kann, weil eine Reihe von Hinderungsgründen gegeben sind (Bild 10).

a) Im Büro fehlen in der Regel die Indikatoren, die auf Schwachstellen hinweisen. Denn im Gegensatz zur Fertigung schreibt man im Büro keine roten Löhne für Nacharbeit als Folge unzureichender Erstbearbeitung. Rüstzeiten werden nicht von eigentlicher Arbeit unterschieden. Eine Nutzenwertung der Tätigkeiten unterbleibt. Wiederholtätigkeiten ohne Wertzuwachs rangieren gleichberechtigt zu wertsteigernden Aktionen.

Präzise Aufschreibungen im Fertigungsbereich führten dazu, dass man monatlich, wöchentlich, täglich, manchmal sogar stündlich ökonomische Leckstellen sofort erkennen und zielgerichtet beheben kann. Dies ist die Grundlage für den gewaltigen Produktivitätsfortschritt im Fertigungsbereich. Sie muss im Bürobereich erst noch geschaffen werden!

b) Aus verständlichen Gründen wurde im Bürobereich immer die Kreativität der Arbeit in den Vordergrund gerückt. Die ebenso wichtige und Qualifikation erfordernde Assistenztätigkeit wird gerne als zweitrangig betrachtet.

Äusserliches Kennzeichen von Assistenztätigkeit ist in den Augen vieler das Handhaben von Tastaturen.

Hoffentlich ist diese lebensfremde Einstellung nur noch ein kurzzeitiges Generationsproblem! Zukünftige Büroarbeiter werden auf alle Fälle Tastaturen bedienen müssen und sie werden es auch wollen. Sie lehnen es heute eigentlich nur ab, weil sie nicht profund gelernt haben damit umzugehen.

Dies ist an sich eine Ungeheuerlichkeit! Mit welchem Recht wird eigentlich aus vielen Berufsausbildungen die Pflicht zum Erlernen des Schreibmaschinenschreibens ausgeklammert, wenn oft der ganze Berufsstand seinen Lebensunterhalt ausschliesslich durch Erarbeitung von Textdokumenten verdient?

c) Im Bürobereich wird man ähnlich wie in der Fertigung in Zukunft die Mitarbeiter nicht nur danach einstufen und bezahlen dürfen,

wie gut sie ihre Arbeit fachlich meistern, sondern auch danach,
ob sie sie durch Anwenden moderner Mittel auch entsprechend produktiv verrichten.

Auch im Büro setzt die Einführung ökonomischerer Arbeitsweisen
die volle Mitwirkung der Führungskräfte voraus.

Mit Bedauern stellen wir fest, dass viele Büroleiter und oft sogar das Topmanagement sich gerne und jederzeit mit vollem Herzen
der Lösung von Fachproblemen widmet, die Gestaltungsaufgabe im
Bürobereich dagegen nicht oder nur unzureichend wahrnimmt! Nur
zu gerne überlässt man diese wichtige Aufgabe Spezialisten, die
sie aber nicht lösen können. Denn ökonomischer arbeiten <u>heisst</u>
<u>eben nicht nur Technik kaufen,</u> <u>sondern vor allem das Umfeld schaf-</u>
<u>fen</u> in punkto Organisation, Arbeitsstil und -methodik sowie per-
sönlichen Anreiz!

d) Das Umfeld schaffen kann wegen der organisatorischen Konsequenzen
nur das Management. Denn kommunikationsfähige und speichernde Technik erlaubt auch ökonomischere, vorher ohne Technikeinsatz nicht
praktikable Formen der Strukturorganisation (Bild 11).

Strenge funktionale Gliederung behindert naturgemäss die Abwicklung gerade der Aufgaben, für deren Erledigung das Unternehmen/
die Verwaltung entstanden. Sie ist ohne kommunikationsfähige
Technik in dieser Form notwendig, weil sonst die funktionale Information nicht genügend schnell aktualisiert und in der Anwendung kontrolliert werden kann.

Kommunikationsfähige Technik erlaubt aber, räumliche funktionale
Zusammenfassung aufzugeben, denn mit ihr kann von einem kleinen
Spezialistenpool aus ohne Zeitverzug neue Funktionsinformation
überall zur Verfügung gestellt werden. Für die Bedienung der
Kunden und Bürger sinnvollere Strukturorganisationen lassen
sich damit schaffen.

<u>"Lassen"</u> wohlgemerkt! Sie müssen nicht sofort als Voraussetzung
zur Anwendung neuer Technik geschaffen sein. Man kann die Organisation ohne Überstürzung dahin entwickeln. Und aus ökonomischen
Gründen sollte man mit neuer kommunikationsfähiger und speichernder Bürotechnik diese neuen Organisationsformen auch anstreben!

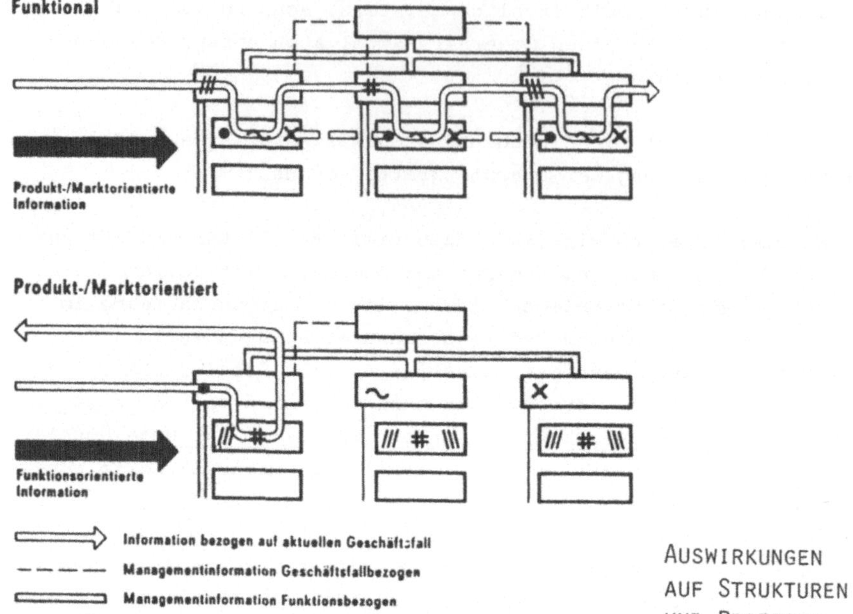

AUSWIRKUNGEN
AUF STRUKTUREN
UND PROZESSE

BILD 11

<u>Ausblick:</u>

Mit diesem Beitrag wurde versucht darzustellen, dass kommunikationsfähige Technik in der Büroarbeit eine sehr grosse Hilfe darstellen
kann, wenn es gelingt, auch das Umfeld entsprechend in Ordnung zu
bringen.

Ferner war es das Anliegen,die heute gegebenen Schwachstellen in
der Büroarbeit offenzulegen. Bewusst wurde das Thema "Arbeitsteilig-
keit" sehr ausführlich besprochen, weil Statusdenken, Spezialisten-
überheblichkeit, falsche oder fehlende Wertung der Büroarbeit sowie
die persönliche Angst vor ungewohnter, weil nicht erlernter Technik-
bedienung nur einen langsamen, mühsam zu erreichenden Wandel erwarten lassen.

Die aktive Mitwirkung der Verantwortlichen ist unerlässlich. Der
Lohn für die Mühe sind letztlich humanere und ökonomischere Arbeitsbedingungen im Büro.

Man sollte deshalb nicht zögern, das Werk zu beginnen.

Office Economics

Roland Schwetz, München

o <u>Economic situation and consideration of target groups</u>

   - economic effect of office costs on competitiveness/ profitability
     of a business concern

   - distribution of costs to employee groups and principal costs

   - activity profile of employee groups
      specialists - knowledge workers - assistants

o <u>Economic weaknesses in the office and their causes</u>

   - weak points

     . excessive time investment and thus excessive production costs
       in relation to the usefulness of the output

     . excessive throughput time

  - causes of uneconomic work processing

     . relatively high time component for (repetitive) activities
       without increased value, caused by

       a)   partial technical support of only a subprocess neccesitating
           additional pre-operation and post-operation work

       b)   partial optimization (usually centralization) of subprocesses

. high time component for additional

    c)   "mental" preparation time with a further division of
        work frequently initiated by b)

    d)   checking and supervisory activities

. infrastructure additional to that necessary for "optimizing"
  subprocesses which is generally a burden

o Starting points for increasing productivity

- fundamentally uniform and thorough examination of all 3 basic
  activities at a workstation

- avoidance of change or interuption of media by

  . strict exploitation of the communication capability of modern
    processing technology

  . direct operation of supporting technology by the specialist

- cost analysis of the entire procedure instead of just sections
  of it

o Examples and consequences of economic, system-supported work methods

- text production as a process based on the division of labor
  with correction phases (generally uneconomic because performed
  with the same division of the process) compared with direct
  correction by the knowledge worker using an electronic office
  system incorporating filing and mailbox functions

- batch processing with numerous uneconomic checking, repetition
  and familiarization activities which, in total, are more expensive
  than conversional processing.
  The later is also more motivating than batch processing

o <u>Problems on the introduction of economic working methods</u>

- unfamiliar value analytical attitude to cost and benefit

- absence of differentiated cost/benefit recording of

  . manual and mental preparation times

  . revision costs

  . "scrapping" of output

- false assessment of creative compared with knowledge-based tasks

  . at management level

  . at knowledge worker level (remuneration based on knowledge
    and not on ability to use the means of production)

- unfounded prejudice against "keyboard operation" partly as a
  result of neglected training in operating skills

- opposition of the initiators themselves (because of consequences
  for their own work and position) delays or prevents the development
  from a specialised-field oriented functional organization to
  a customer-oriented, object-related organization

Information Systems and Office Productivity

George R. Serpan, Basking Ridge, NJ

Businesses in the 1980s have the potential to achieve substantial productivity improvements in their offices. Technology in the form of information systems will be critical in achieving this potential. However, customers and office product vendors have found that the introduction of new technology into the office environment has been an evolutionary rather than a revolutionary process; consequently, implementation of information systems into offices has been difficult and slow. This paper discusses target areas for office productivity improvement, the difficulty of implementing information systems, solutions to some of the problems and the AT&T approach to automating the office.

1. INTRODUCTION

For nearly a decade the promise of "the office of the future" has been presented to business as the vehicle to improve office productivity. Even today, the automated office is still more of a promise than reality. Office equipment vendors and customers alike have been frustrated in their attempts to implement the office of the future.

To understand why the implementation process has been evolutionary rather than revolutionary, customer issues associated with the office of the future have to be understood. The major customer issues center around the management and acceptance of new technology in a way that will achieve office productivity goals.

Technology has progressed to the point where information systems are feasible and can be implemented. Information systems are the aggregate of components and utilities which bring the correct information to the appropriate personnel in a timely fashion for their use. The crucial concepts are: correct information, appropriate personnel and timely fashion. All three have to be present to provide a useful office information system.

To the extent that the use of information systems enhances the quantity, quality and timeliness of office workers' output, productivity improvements will be achieved. It sounds simple but experience has shown that effective implementation is not easy; hence, the evolution mentioned earlier. The office equipment vendors and customers alike have a tremendous stake in speeding up the evolutionary process. New technology and business needs are the forces at work. As a result, the office of the future may be finally at hand.

2. NEED FOR PRODUCTIVITY IMPROVEMENT

The push for office productivity improvement is driven by factors which are changing the environment of the traditional office. There is an information volume explosion. The transition of the work force from manufacturing to service and information industries has increased the universe of knowledge workers. Low office productivity rates and high office costs have become significant issues in business profitability.

The volume of information has been growing at a tremendous pace. While all recorded information doubled between 1800 and 1900, the volume of recorded information has been doubling every six years since 1950. In 1982 a single clerical worker filled five file cabinets with new paper. By the middle of the decade the same clerical worker will fill ten file cabinets. The volume of information has increased tremendously, but so has the difficulty in using it effectively. In order for managers to make good decisions, appropriate and timely information is required; or it is useless.

In industrialized countries, the work force has been shifting from manufacturing to service and information industries. In 1965, 55% of the United States workforce was employed in manufacturing and 45% in the office. By 1988 it is estimated that 55% of the workforce will be in the office and 45% in manufacturing, a significant shift.

Between 1970 and 1980 the productivity increase, per hour, of the manufacturing workforce was 90%. For the office worker the productivity increase during the same time period was 4% per hour.

The combination of a larger portion of the workforce being employed in the office and the relatively stagnant productivity of the office worker has led to increases in office costs with the resultant negative effect on profitability.

Total office costs for the United States, according to a 1982 Booz, Allen, & Hamilton study, was $1,070 billion. The results of this study are shown in Figure 1. It is instructive to analyze individually some of the components.

71% ($760 billion) of the total represents salaries and benefits of white collar workers, excluding secretaries. This cost element not only represents the largest component in office costs, it is the fastest growing one as well, growing at a 12-15% compounded annual rate.

Support purchased from the information industry such as office automation and information systems tools and services being offered by office equipment vendors represented 10% of the total office costs. As can be seen from the cost distribution figure, the primary beneficiaries of these tools and services are the clerical workers. A major cost element group in the office are the executives, managers and the knowledge workers (non-managerial professionals). This group, however, has been only marginally supported and affected by the tools and services offered by the information industry.

These factors point to a need for improved office productivity particularly in the group comprised of executives, managers and knowledge workers. However, to date, the needs of this group have not been addressed successfully. The successful companies of the 1980's will be those that effectively solve this office dilemma.

3. INFORMATION SYSTEMS

Information systems provide the necessary tools and services needed to bring improvements in office productivity. Successful information systems, those that provide timely information in a cost effective manner require the successful integration of computers, communications facilities and office automation components, i.e. word processors and work stations. The technology of the three components have evolved to the point where successful integrated information systems are feasible.

Computers have entered their fourth generation and have increased capabilities and storage capacity. Computers available to users range from micros to very large mainframes. The evolution of general purpose computers from monolithic mainframes to bus-oriented architectures has allowed users to address their needs in a modular fashion. Modules containing elements such as application-oriented software, text and image processing, combined with the more traditional data processing functions via the bus, have allowed end users to tailor and fit processing capability to meet their requirements.

Typically, dedicated communications networks have evolved from individual networks for voice, telex, data, etc. to two coexistent networks, one handling all data communications and the other handling all voice communications for a business. Technology is making possible the merging of these two coexistent networks into a single integrated digital network which will handle all information needs: voice, image, data, message, etc.

Similar to communications networks, office automation has followed a similar path from discrete units to coexistent systems to integrated system. The traditional office is composed of discrete functional units such as: data processing, telephone (voice), mail, etc. The flow and availability of information in these offices is compartmentalized and departmentalized. Coexistent systems, typically found in the current office, allow some information movement throughout the company through well defined discrete interfaces. The evolving office is composed of integrated equipment which allows full information movement throughout the company.

4. OBSTACLES

The need for improvement in office productivity is clearly evident and technology has provided the components to build information systems. Yet implementation of these systems has by and large not taken place. What are the obstacles which have delayed and impeded the implementation of the office of the future?

The primary obstacle is the office worker. The human factor has not been adequately addressed. The end user is the most important part of the system and can make or break it. Office equipment vendors have attempted to provide individual products as replacements for discrete office tasks (i.e., word processors) which by and large have not resulted in significant office productivity increases. As we have seen, the largest cost element in the office is the salaries and benefits of executives, managers and knowledge workers. Only by improving the productivity of this group and thereby controlling or reducing the cost element associated with it, can significant overall office productivity be gained. In designing office information systems for the executive, managerial, and knowledge worker group their concerns have to be taken into account. Issues such as job design, skill degradation or enhancement, responsibility vs. autonomy, job security and just plain resistance to change become paramount. Unless these concerns are sucessfully addressed, information system implementation will miss the target.

The implementation of information systems means departure from the structure and operation of the traditional office, and the implementor (vendor) is a key player in bringing about this change.

Economic considerations are important obstacles in the implementation of office information systems. Corporate management traditionally has not been accustomed to large capital investments for offices, but implementation of these systems usually require large initial capital investments. There are also on-going costs associated with these systems not normally encountered in the traditional office, primarily with communications usage and time share access to service bureaus. Most businesses are profit oriented entities. They require that outlays of funds be rigorously justified and a positive return on investment demonstrated. Preparation of the business case for office information systems is difficult and returns hard to demonstrate because office workers' output consisting of data, information, and decision making, is not readily quantifiable.

Numerous products from a variety of vendors are available to the office customer. Most of the products offered are incompatible with one another and follow different standards and protocols. Furthermore, little or no consideration has been given to integrating existing equipment, applications and usage characteristic with next generation equipment and services. Systems have not been designed to grow gracefully. Differing, or lack of common worldwide protocols and standards have presented another layer of technical complexity, increased cost and delay in the implementation process of office information systems.

5. SOLUTIONS

How can the obstacles described above be overcome? First and foremost, human factors must be considered. Rather than modifying the office operation to fit the information system, the structure of the system has to fit the office. The key is to understand the formal and informal activities which take place. Office operations do not consist of the well ordered and repetitive sequences of an assembly line. They are much more complex. Starting with the office mission and function, detailed observation and analysis of operations will lead to an understanding of loosely structured and poorly defined procedures, identification of real problems and opportunities, and an appreciation for human and organizational agendas.

An AT&T study into the time distribution of office workers, shown in Figure 2, presents information on the activities of the executive, managerial and knowledge worker group that we are interested in. Approximately 25 percent of this group's time is spent handling documents, a prime target for office automation. A very significant portion of this group's time is spent in face to face and telephone meetings, ranging from 69 percent for executives to 40 percent for knowledge workers. The need for these meetings in conducting everyday business is essential. However, significant reductions in the cost associated with these activities can be achieved through the use of office information functions such as teleconferencing and electronic mail. Only by understanding, and integrating the human factors with the structural and operational office factors into a system will these obstacles be overcome.

Economic considerations play an important part in system implementation. The initial investment and the recurring costs coupled with the difficulty in quantifying office productivity gains, causes difficulties for the system implementor. However, if low cost shared systems and tools are available which allow the user to experiment, and familiarize himself with the system on a small scale, with little or no capital investment, the economic hurdle can be overcome. The user can allocate and control his expenditures, minimize his risk and tailor the system to fit his needs.

Components of information systems are provided by a large number of vendors with different interfaces, communications protocols and incompatible applications. Integrated systems with standard interfaces and protocols are required which allow the user to upgrade their systems and applications when existing system capability is exceeded.

The optimum solution is a system which has incorporated the end user's needs and requirements is modular and allows graceful expansion, contains all the components to form an office information system and can be configured to justify the user's economic investment.

6. AT&T SOLUTION

The obstacles to the implementation of office information systems and characteristics for solutions have been discussed in the preceding paragraphs. The AT&T approach to office automation starts with our strength in telecommunications, and builds on the experience gained in several internal trials. For example, one trial supervised by Bell Telephone Laboratories is being conducted among several hundred middle level managers with the objective of demonstrating the feasibility of office of the future information systems for this category of workers.

Our systems approach is designed to meet the following criteria:
-   distribute the information to the actual user.
-   provide a synergistic approach among the components of the system.
-   use a common system architecture and operating system (UNIX)*.
-   utilize consistent human interfaces.
-   provide various economic alternatives to the user.

An important component in our information system approach is NET 1000. NET 1000 is a distributed information processing system which provides shared user access. The various components (Figure 3) of NET 1000 include the storage and processing component which allows the user

------

*UNIX is a trademark of Bell Telephone Laboratories, Inc.

to remotely process and store information, the access component which provides the user communications link to the NET 1000 node on a shared and as needed basis, and the transport component which distributes the information to other computers or information systems. NET 1000 addresses the need for a low capital, entry level system which allows users to experiment with various applications for his information system requirements. Configurations can be developed to meet the user's budgetary requirements as well as allowing the user to develop his own applications or use the application packages resident on the system. In other words, the system can be tailored to fit the user's needs. When the number of users and applications reaches the level where a dedicated system, located on the business premises, is needed and can be economically justified, the Dimension®* family of premises controllers is the next graceful growth step.

The Dimension® family of controllers is a premises dedicated system which provides the following functions:
- communications transport inside and outside the premises for both voice and data
- integration of teleconferencing, computers, CRTs and word processors, printers, voice terminals, sensors and security systems and other office equipment
- information management through the access, processing and storage of information.

The various components and functions of the Dimension® family of controllers is shown in Figure 4. The ability to network controllers and link them to NET 1000 allows expansion of the system gracefully with application portability.

Applications, user interfaces and equipment are consistent when system expansion or integration takes place. The synergy between the shared and dedicated systems offered by the Bell System in the United States results in the following advantages to the end user: solutions are

---

*Dimension® is a trademark of the American Telephone and Telegraph Company.

sized to the business' needs, user operations are consistent, and single vendor support is provided. Because of the emphasis on the communications and total systems approach, the products and services from the Bell System present palatable options to the end user of information systems.

7. CONCLUSION

Though the office of the future is yet to realize its full potential for improving business productivity, the tools and services to enable businesses to reap these benefits are available. Like any new concept, information systems in the office of the future have to evolve and be accepted by the people they are designed to serve. The human interface, both in the design of the system and its implementation, plays a major role.

The Bell System through a synergistic approach to information systems provides the tools to allow businesses to start easily and grow gracefully into an automated office environment designed to address productivity needs now and in the future.

REFERENCES

1. "The Promise and Pitfalls of the Future Integrated Information Office," Joseph Robertson, <u>Communications News</u>, November 1979.

2. "Who Needs The Office of the Future?," Harvey L. Poppel, <u>Harvard Business Review</u>, November-December 1982.

3. "Information Management and the Automated Office," R. C. Hawk, F. R. Zitzman, <u>Proceedings of the Sixth International Conference on Computer Communications</u>, September 1982.

	Managers (Includes Executives)	Non-Managerial Professionals	Clerical Workers
Compensation And Fringe Benefits Total = $760	37%	42%	21%
Internal Support Total = $207	49%	34%	17%
Support Purchased Information Industry Total = $103	16%	13%	71%

Total Office Expenditure = $1,070 Billion

FIGURE 1: Annual cost to U.S.business of white collar workers
(Billions of Dollars)
Source: 1982 Booz, Allen & Hamilton Study

Activity	Executive	Manager	Knowledge Worker	Secretary
Face To Face	53%	47%	23%	Negl.
Document Handling	25%	23%	29%	55%
Voice	16%	9%	17%	20%
Total	94%	79%	69%	75%
Creative And Production	6%	21%	31%	25%
Total Hours Per Day	8.9	8.8	8.5	8.0

FIGURE 2: Time distribution of office workers

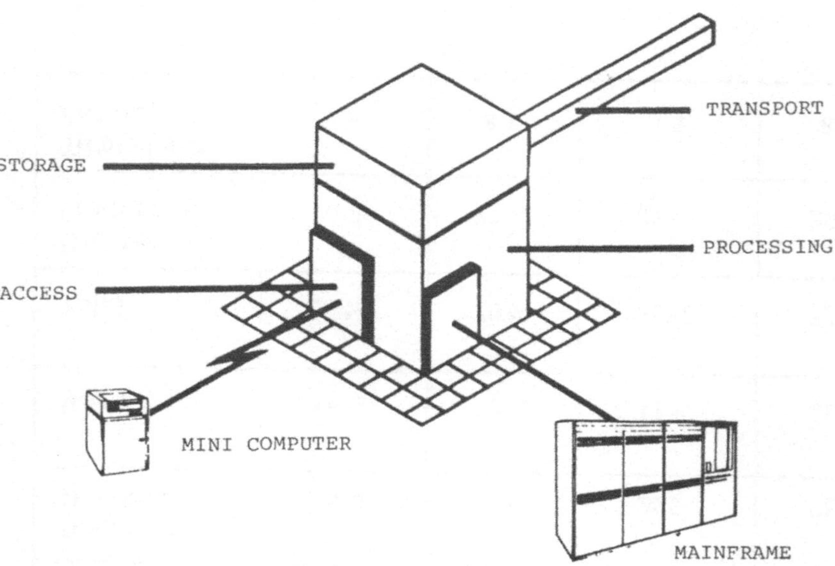

FIGURE 3: Net 1000 the "network computer"

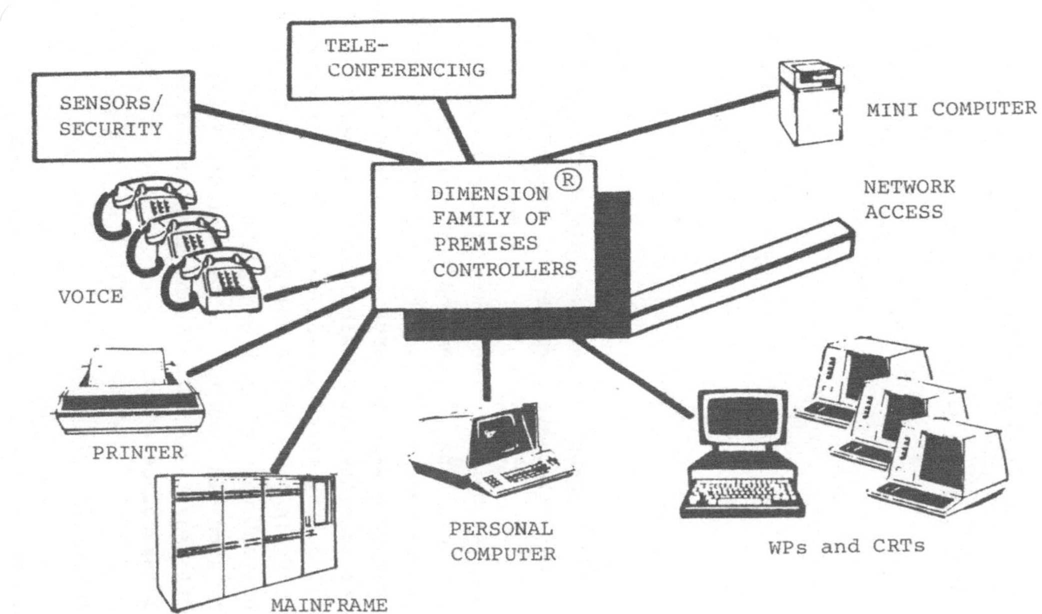

FIGURE 4: Premises Controller/Gateway

Informationssysteme und Büroproduktivität

George R. Serpan, Basking Ridge, NJ

Einleitung

In den achtziger Jahren haben Unternehmen die Möglichkeit,
beträchtliche Produktivitätssteigerungen in ihren Büros
zu erzielen. Der Einsatz von Technologie in Form von Informationssystemen ist bei der Erreichung dieses Zieles
von entscheidender Bedeutung. Kunden und Anbieter von Büro-
artikeln haben jedoch festgestellt, daß die Einführung neuer
Technologien in das Büro weniger durch umwälzende Veränderungen als durch eine schrittweise Entwicklung gekennzeichnet
ist, und die Realisierung von Informationssystemen in einem
schwierigen und langwierigen Prozeß abläuft. Diese Vortrags-
kurzfassung informiert über die Notwendigkeit, Büros produktiv zu gestalten, über die Schwierigkeiten bei der Realisierung von Informationssystemen, über Lösungsmöglichkeiten
und die von Bell angebotene Lösung.

Steigerung der Produktivität im Büro

Die Notwendigkeit zur Produktivitätssteigerung wird von
Faktoren bestimmt, die das herkömmliche Bild vom Büro
verändern. Dazu gehören das ungeheure Anwachsen des Infor-
mationsvolumens, die Umsetzung von Arbeitskräften vom Produk-
tions- in den Dienstleistungs- und Informationsbereich,
geringe Produktivität im administrativen Bereich sowie der
Faktor der Verwaltungskosten.

Das Informationsvolumen hat sich seit 1950 alle sechs Jahre
verdoppelt. Seit dem zweiten Jahrhundert wurde für die Auf-
zeichnung und Speicherung von Informationen immer das gleiche
Medium verwendet, nämlich Papier. Die Produktivität von
Büroangestellten ist beträchtlich hinter der von Land- und
Industriearbeitern zurückgeblieben. In den Industrieländern
findet eine Verlagerung der Arbeitskräfte vom Produktionsbereich
zum Dienstleistungs- und Informationsbereich statt. In den
Vereinigten Staaten werden 1988 55 % der Beschäftigten in
Büros tätig sein.

Die Gesamtbürokosten (total office costs) in den Vereinigten
Staaten betrugen nach einer 1982 von Booz, Allen & Hamilton
durchgeführten Untersuchung 1.070 Milliarden Dollar. Davon
entfielen 760 Milliarden Dollar (71 %) auf Gehälter und
Lohnnebenkosten für Angestellte, ausschließlich Sekretärinnen.
Darüber hinaus steigen die Gehälter und Lohnnebenkosten
mit einer Jahresrate von durchschnittlich 12 - 15 %.

Angesichts dieser Zahlen ist es unerläßlich, Produktivitätssteigerungen im Büro anzustreben, und die erfolgreichen
Unternehmen der achtziger Jahren werden jene sein, die bei
der Produktivitätssteigerung im Büroumfeld die besten
Ergebnisse erzielen und dadurch ihre Administrativkosten
in Grenzen halten können.

Informationssysteme

Einrichtungen und Dienste zur Steigerung der Büroproduktivität
stehen in den Informationssystemen bereit. In den Informationssystemen sind Rechner, Kommunikationseinrichtungen
und Anlagen der Büroautomation integriert. Dies ermöglicht
dem Benutzer, die richtige Information zur rechten Zeit
abzurufen. Die Technologie dieser drei Elemente ist bis
zu einem Punkt gediehen, an dem die Bereitstellung von Informationssystemen möglich ist.

Probleme

Bei der Realisierung von Informationssystemen sind folgende Probleme zu berücksichtigen: Schwierigkeiten des Endbe-
nutzers oder menschliche Faktoren, wirtschaftliche Gesichtspunkte, mangelnde Integrationsfähigkeit angebotener oder
vorhandener Produkte. Der Endbenutzer ist wichtigster Teil
des System und es hängt von ihm ab, ob das System ein Erfolg
oder ein Mißerfolg wird. Zu den Problemen der Endbenutzer
gehören: Arbeits- und Arbeitsplatzgestaltung, Einführung
von Neuerungen und Änderungen und Widerstand dagegen, Ausführung von Tätigkeiten, die weniger oder höher qualifiziert
sind, als die vorherigen, risikoträchtige Eigenverantwortung
gegenüber risikofreier Arbeitsplatzsicherheit. Erst wenn
diese Probleme berücksichtigt und gelöst worden sind, ist
die Einführung und Realisierung von Informationssystemen
auf breiter Basis möglich.

Eine weitere Hauptschwierigkeit bei der Realisierung von
Informationssystemen ist der wirtschaftliche Faktor, da
verhältnismäßig hohe Einführungskosten anfallen. Mit den
Investitionskosten gehen systembezogene laufende Kosten
einher, die im herkömmlichen Büro in der Regel nicht anfallen.
Solche Kosten entstehen vorwiegend im Zusammenhang mit den
Kommunikationseinrichtungen und dem Zugriff auf Datenbanken
im Teilnehmerbetrieb.

Der Kunde kann unter zahlreichen Produkten und Firmen wählen,
wenngleich die angebotenen Produkte im allgemeinen nicht
miteinander kompatibel sind. Der Integration vorhandener
Einrichtungen, Funktionen oder Verfahren in die nächstfolgende
Generation von Einrichtungen und Diensten wurde wenig oder
gar keine Beachtung geschenkt.

<u>Lösungen</u>

Wie können derartige Schwierigkeiten überwunden werden?
Zunächst und an erster Stelle sind die menschlichen Faktoren
zu berücksichtigen. Statt den Bürobetrieb dem Informationssystem anzupassen, sollte die Struktur des Systems entsprechend den Bedürfnissen und Gegebenheiten des Büros geändert
werden. Der Schlüssel dazu sind genaue Kenntnisse über Struktur und Ablauf der Büroarbeiten. Da Bürotätigkeiten meist
nicht in systematischen, sich wiederholenden Abläufen erfolgen, setzt eine bessere Kenntnis des Bürobetriebs folgendes
voraus: Genaue Beobachtung und Analyse der Tätigkeiten,
Verstehen lose strukturierter und nicht deutlich abgegrenzter
Vorgänge, Verdeutlichung von Auftrag und Aufgabe des Büros,
Erkennen bestehender Probleme und Möglichkeiten, Berücksichtigung menschlicher und organisatorischer Tagesabläufe. Wirtschaftliche Überlegungen spielen bei der Realisierung dieser

Systeme eine wichtige Rolle. Unternehmen sind ihrer Definition nach gewinnorientiert. Investitionen erfordern daher eine genaue Begründung und Rechtfertigung. Hinzu kommt die Schwierigkeit, eine Steigerung der Büroproduktivität zu quantifizieren. Die Neueinführung eines Systems ist somit keine leichte Aufgabe. Stehen jedoch kostengünstige Systeme und Einrichtungen für Teilnehmerverfahren zur Verfügung, die ein Unternehmen im kleinen Maßstab kennenlernen und erproben kann, ist die wirtschaftliche Hürde zu nehmen. Der Benutzer kann die Kosten umlegen und überwachen, sein Risiko auf ein Minimum beschränken und das System seinen Bedürfnissen anpassen.

<u>Die AT&T-Lösung</u>

Das Bell System versucht diese Probleme auf der Grundlage der vorhandenen Kommunikationsstärke und entsprechend den in mehreren internen Versuchen gewonnen Erfahrungen zu lösen, wobei folgende Grundsätze beachtet werden:

- Verteilung der Informationen an den tatsächlichen Benutzer,
- Zusammenarbeit der Systemteile nach synergistischem Muster,
- Verwendung eines einheitlichen Systemaufbaus und Betriebssystems (UNIX)*
- Einsatz einheitlicher Benutzerschnittstellen,
- Angebot verschiedener Alternativen zur Lösung der wirtschaftlichen Frage

Das erste Systemteil im Informationssystem ist NET 1000. NET 1000 ist ein allgemeines Informationsverarbeitungssystem mit Zugriff auf Datenbanken im Teilnehmerbetrieb. Es erfüllt das Bedürfnis nach einem kostengünstigen Einstiegssystem, mit dem die Benutzer die verschiedenen Teile von Informationssystemen erproben können. Hat die Anzahl der

Benutzer und Funktionen einen Stand erreicht, an dem
ein auf die Bedürfnisse des Unternehmens zugeschnittenes
System auf dem Gelände des Kunden notwendig und wirtschaft-
lich gerechtfertigt erscheint, wird eine Gerätefamilie von
Steuereinheiten - "die Dimension family of premises
controllers" - eingesetzt. Diese Gerätefamilie von
Steuereinheiten ist ein betriebsbezogenes System mit folgenden Funktionen: interne und externe Nachrichtenübermittlung,
Integration von Telekonferenz, Rechnern, Sichtgeräten und
Wortprozessoren, Druckern, Sprechstellen, Sensoren und
Sicherheitssystemen. Die Möglichkeit, die Steuereinheiten
untereinander zu verbinden und an NET 1000 anzuschließen,
erlaubt den allmählichen Ausbau des System bei Übernahme
der Funktionen. Benutzerschnittstellen und Einrichtungen
gehen nicht verloren, wenn das System erweitert wird.

Schlußbemerkung

Wenn auch das Potential zur Steigerung der Büroproduktivität
im Büro der Zukunft erst noch voll ausgeschöpft werden muß,
stehen den Unternehmen doch schon die Einrichtungen und
Dienste zur Nutzung dieses Potentials zur Verfügung. Wie
jede neue Idee müssen sich auch Informationssysteme im Büro
der Zukunft erst allmählich entwickeln und von den Menschen,
denen sie dienen sollen, akzeptiert werden. Die Benutzer-
schnittstelle spielt dabei eine wichtige Rolle, und zwar
sowohl bei der Konstruktion des Systems als auch bei seiner
Realisierung.

Das Bell System, nach synergistischen Gesichtspunkten entwickelt, liefert die Einrichtungen, die den Unternehmen
einen leichten Start zum schrittweisen Aufbau eines automati-
sierten Büros ermöglichen, das heutige und künftige Produk-
tivitätserfordernisse erfüllt.

Office Automation to Enhance Productivity in a Research and Development Environment

Addie Mattox, South Laguna, CA

INTRODUCTION

This paper examines the potential productivity gains from office automation on managerial and professional staff in a research and development environment. It also describes the measurement techniques used to identify these benefits. Our consulting firm was hired to assist this technical organization several ways:

- Identify and quantify needs for office automation

- Implement a pilot system

- Estimate the pilot system's effectiveness.

First, it is worth outlining a few characteristics of the organization's environment:

- Long term projects, typically 300 in progress at any one time

- A total of 3000 employees, with a low ratio of secretaries to managers, scientists and engineers

- A matrix approach to staffing projects

- Heavy requirements for technical documentation

- Volumes of administrative paperwork

- Geographically widespread - buildings up to 35 miles apart.

- Administrative approval procedures involving several signatures before action can be taken.

At the time of the study, the organization was faced with a hiring freeze. Due to their inability to add staff, they could not pursue additional contracts, which limited their gross revenues. Top management looked to office automation to increase the amount of work the organization could produce without hiring more people. As a second objective, management hoped that office automation would reduce paperwork, photocopying and filing.

The feasibility study was conducted in two phases: a pilot group of 30 people; interviews with 243 employees from a wide range of departments.

A highly technical department was chosen as the pilot group. (They actually volunteered.) Their management selected 30 positons to be studied in the initial phase:

    12 managers/administrators
     6 technical/project managers
    12 support staff

For the 243 structured interviews, individuals with the following titles participated:

<u>Managers/Administrators - 29%</u>

Directors and Associate Directors
Department and Associate Department Heads
Division and Associate Division Heads
Heads of Staff
Administrative Officers
Staff Personnel (Planners, Special Projects, etc.)

<u>Technical/Technical Administrators - 37%</u>

Branch Heads
Section Heads
Data Managers
Operations Researchers
Program Managers
Project Managers
Nonsupervisory Computer Technicians
Scientists and Engineers

<u>Support - 34%</u>

Heads of Support Departments
Technical Publications Managers and Staff
Support Departments Administrative Staff
Secretaries and Clerks
Technical Writers and Editors
Librarians

<u>METHODOLOGY</u>

Our methodology consisted of several activities:

- Seminars open to everyone where the concept of office automation was presented

- Reviewing the results from the company-wide word processing study our firm had conducted previously

- "Shadowing" pilot group members

- Structured interviews with pilot group members

- Structured interviews with 243 people representing
  every department in the organization

- Application and information flow analyses.

Shadowing involved individual analysts from our firm who
followed and observed each pilot participant - two days
withmanagers, administrators and technical positions; 1 day
with support staff. When an analyst shadows someone, he/she
observes and records what the participant does and how long
it takes to complete each activity. When necessary, the
analyst discusses the activity with the participant to
determine the potential for automation. Before beginning to
shadow, the analyst conducted a structured interview with
the participant. At the end of each day, the individuals
discussed how typical the day had been, what was unusual,
what was missing, etc.

The pilot group were shadowed twice; the second time
occurred eight months after the initial time. Analysts were
rotated to avoid shadowing the same participants. There was
a high correlation between the results of the two data
points. In the few situations where the correlation was
low, we found that the participant was working on a
new phase of his/her project.

In the structured interviews, we discussed:

- Job responsibilities
- Verbal communication patterns
- Written communication patterns
- Special trips to other locations on-site
- Sources of information
- Distribution systems
- Administrative paperwork
- Use of computer and word processing equipment
- Administrative support: meetings, calendars, follow
  up, telephone, filing, travel arrangements
- Estimates of how time is spent
- Frustrations
- Activities to automate.

When we discussed communication patterns, interviewees were
asked to describe the kinds of exchanges they normally
conduct: requests for status information, setting up
meetings, clarification, collaborating with colleagues, etc.
In addition, participants were asked to estimate what
percentage of their telephone calls, notes, memos, special
trips, could be eliminated if the information could be
exchanged or made available electronically. Our analysts
made no attempt to convince the interviewees that office

automation would improve their effectiveness. Estimates of
potential time savings came from the study participants
themselves. Our role was to compare the estimates from the
interviews with actual time recorded during the shadowing.
The results are discussing later in this paper.

<u>Conclusions about Methodology</u>

Over several years of consulting, we have used various data
collection techniques. Our conclusion about the combined
shadowing, structed interviews and information flows is that
all three methods are important. Most analysts appreciate
the value of interviews and information flows as ways of
understanding current systems; but few have used the
shadowing technique because of the time and related expense.

We found that direct observation offers:

   - Continuity - We were able to see how one action
     triggered another, i.e., a phone call resulted in a
     meeting, which led to a special report.

   - Realistic projections for savings - From first hand
     observation it was apparent that many traditional
     methods of communication would never be replaced by
     technology.

   - Credibility - Because we actually took the time to
     learn about the pilot group's jobs, our credibility
     with the participants was extraordinarily high when
     it came time to present our findings and
     recommendations. It is difficult to understand the
     culture of a department without actually working with
     the people on a daily basis. Shadowing allowed us to
     attend their meetings, observe their frustration when
     higher management called for non-existent
     information, note how frequently the telephone went
     unanswered, watch as someone combed through stacks of
     unfiled papers to find the one page with the
     important item.

On the negative side, we are certain that people being
observed act differently from their normal mode to some
extent. However, we found that although the person being
shadowed may have altered his behavior or routine, the
people working with him do not. Our pilot participants were
constantly interrupted, called into meetings, responded to
requests for information on the telephone, made special
trips to expedite action, etc. And after a few hours of
being watched, we suspect they returned to their normal work
habits.

Appendix 1 compares the way the pilot group actually spent their time with the way interviewees estimated their time allocation.

STUDY RESULTS

Because time means money to this organization, we first analyzed how the pilot group spent their time. See Appendix 2 for a graphic illustration of the results. The Department Head, the highest ranking manager, spent the majority of his time (71%) in meetings. The second in command spent even more time in meetings (77%). Middle managers, Division Heads, spent 40% of their time in meetings; secretaries 23%.

These statistics led to a more careful examination of meeting activities. We found that the "meeting" category was too broad to reflect the types of face-to-face communication that occurred during the shadowing. As a result, we developed three subcategories of meetings:

- Formal meetings - scheduled meetings

- Informal meetings - unscheduled discussions initiated by the person being shadowed

- Interruptions - unscheduled discussions initiated by someone else.

Appendices 3 & 4 illustrate the breakdowns of time spent on meetings. It was interesting to observe how differently the Department Head and his assistant spent their meeting time. The top person was in formal meetings most of the time; while the assistant acted as a buffer who intercepted people trying to see the Department Head. This is a good example of how valuable the shadowing technique was to our analysts, who were responsible for designing work flow procedures for the automated system several months later. They built the same screening function into the electronic mail system to protect the Department Head from the many people who wanted his attention.

Our analysts observed all the informal meetings and were allowed to attend most of the formal meetings with their shadow participants. After days of observation, we concluded that the pilot group preferred face-to-face communication over other modes for several reasons:

- Tight deadlines encouraged verbal rather than written communication to save time

- Management style at top levels was verbal rather
  than written

- Several people were involved in these meetings
  since the work was project oriented

- Material discussed was frequently sensitive

- The people enjoyed seeing each other.

It was interesting to see how little time managers and
technical staff spent on generating paperwork: Department
Head 3%, Division Heads 12%. As the study progressed, we
found that the amount of time doing paperwork was in part
attributable to the personal styles of the higher levels of
management. It was the lower and middle managers and the
technical people who spent much larger portions of their
time generating and revising paperwork - up to 35% of their
time.

One category of activity that we had not anticipated became
important in our cost justification analysis - special
trips. When something needed immediate attention from upper
management (a signature to authorize a special purchase, for
example), middle managers frequently "walked through" the
paperwork, i.e., hand carried paperwork to the people with
authority.

We shadowed middle managers who walked or drove to other
buildings to obtain approvals. They realized they could not
get an appointment on such short not ce, so they waited
outside closed doors until there was a break in the meeting
or an opportunity to interrupt and e plain the situation.
Middle managers explained to us that if they sent someone
lower in the organization, the executives' secretaries would
not allow them access to the manager. Consequently, well
paid middle managers spent hours acting as couriers.

We asked the 243 interviewees to estimate the hours they
spend on special trips. The average hours per month totaled
2,057, or the equivalent of nearly 13 full time positions
dedicated to hand carrying paperwork.

The following table summarizes our estimates for potential
time savings resulting from office automation, mainly
electronic mail. The 19% - 21% figures are conservative,
since we identified only the activities that would readily
lend themselves to automation. Whenever there was the
slighest indication that face-to-face or interactive

communication was preferable, we excluded these situations from our projections.

<u>Total Potential Time Savings*</u>

	(71) Managers/ <u>Administ.</u>	(90) Technical/ Technical <u>Administ.</u>	(82) <u>Support</u>
Telephone Calls	6%	5%	8%
Informal Meetings	7%	6%	3%
Formal Meetings	2%	2%	5%
Mail	1%	1%	2%
Special Trips	<u>3%</u>	<u>5%</u>	<u>3%</u>
TOTALS	19%	19%	21%

* Assumes an 8-hour day, 20-day month

The greatest benefit of office automation for this organization is to put control of the individual's day is his or her hands and minimize the current reactive environment. New technolgoy offers alternatives to telephone calls that interrupt planning and thinking; reduces the time spent on sorting through mail that is not pertinent; eliminates the need to hand carry paperwork that needs immediate attention.

The time savings identified in the table above come from quantifiable activities. However, there are important unquantifiable benefits as well:

- Better decisions based on accurate, up-to-date information.

- Ability to react quickly to changes and requests for information.

- Higher quality documentation due to the ability to draft and edit material before sending it to a secretary.

- Reduced turnaround time for technical reports. The
  technical staff avoid the long wait to see the
  typed version of their work.

- Convenience and ease of setting up meetings.

- Shorter formal meetings due to background material
  being distributed electronically before the meeting
  begins.

- Improved communication for technical staff who
  work together on projects and collaborate on
  reports.

We developed an automtion "wish list" based on our analysis
of users' needs and their opinions on the factors that
impede their working effectively. See Appendix 5. The most
important capability was electronic mail. The second most
critical requirement was access to financial and other data
bases.

THE SYSTEM AND ITS USE

The Xerox Ethernet system with 63 Star workstations has been
installed in the pilot group and in several other locations,
mostly at technical staffs' and department managers' desks.

The following table summarizes the use of Star workstations
approximately six months after installation:

PILOT GROUP PARTICIPANTS' USE OF STARS

Title	Average Hrs. Use/Week
Department Head	7
Associate Department Head	3
Division Heads (3 people)	6
Administrative Officer	28
Technical Program Manager	20
Secretaries (6)	9

Appendix 6 summarizes the pilot group's use of the Star for various applications. Appendix 7 provides the same information for the users who were not part of the pilot group. Until the system is expanded to the organization as a whole, it is premature to speculate on its total impact. Early results indicate that the most used application is word processing, particularly by middle managers and technical staff. The pilot group uses Star to generate 53% of their written work. Technical reports that previously took one month to produce are being completed in 5-7 days.

The second most popular application is graphics. Not all users need graphics, but the ones who do are extremely enthusiastic about creating graphs and charts at their workstations. The turnaround time to prepare viewgraphs (transparencies) had radically decreased from 5-10 days using the Publications Department to 2 hours using the Star.

In talking to users about their low usage of electronic mail, we found that not enough people have workstations to make electronic transfer effecient. Users have to send material to some people electonically, and to others via the local mail service. A second complaint was the slowness and unreliability of the software. As time passes, users have become increasingly comfortable with electonic mail, and its usage is rising each month. Appendix 8 looks at Star usage by the percentage of time spent on various applications.

Our initial estimate of a 19% time savings for this organization continues to look realistic. Individual users report that they have saved at least 10% in the first six months of operation. However, until a network of workstations is installed throughout the organization, the savings will be limited to the individual's unshared work.

OBSERVED TIME — ESTIMATED TIME

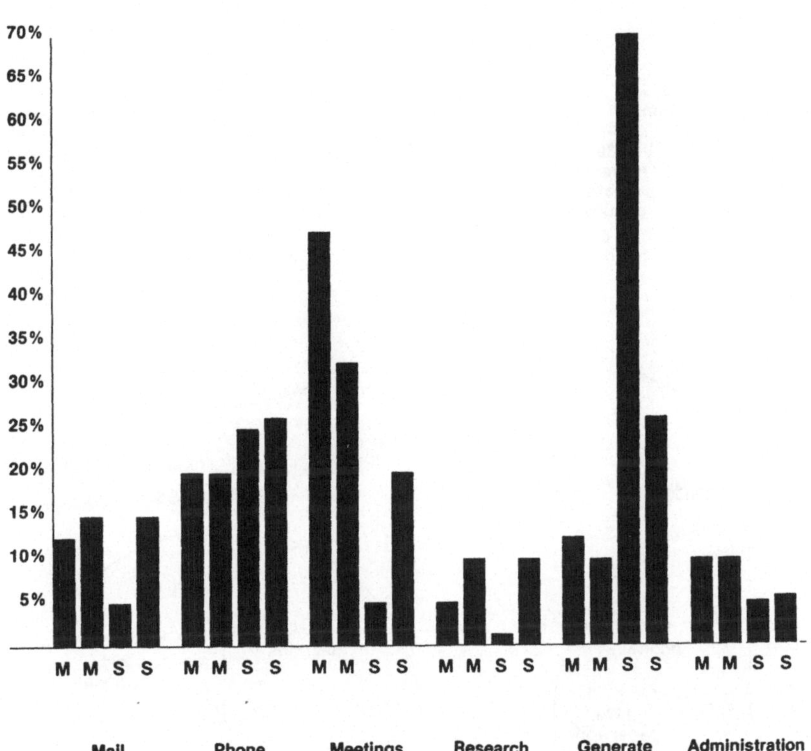

PILOT GROUP STUDY RESULTS
OBSERVATIONS

Department Head

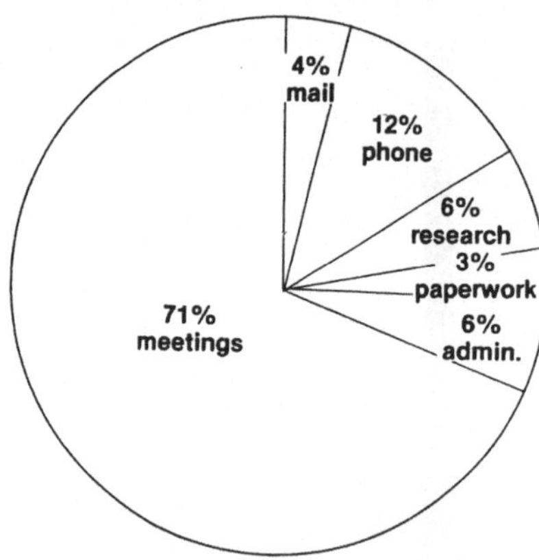

Associate Dept. Head

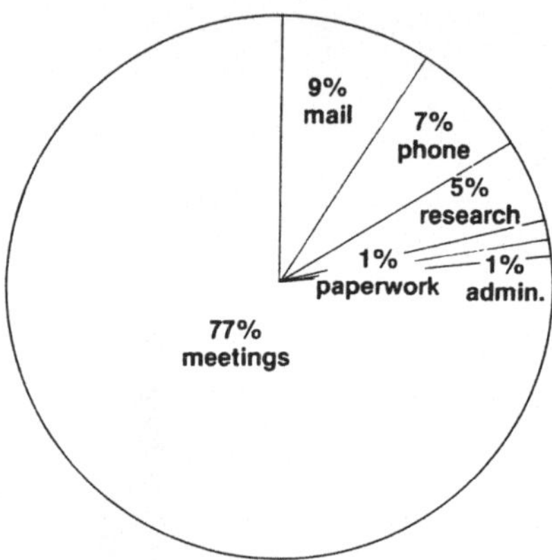

Division Heads

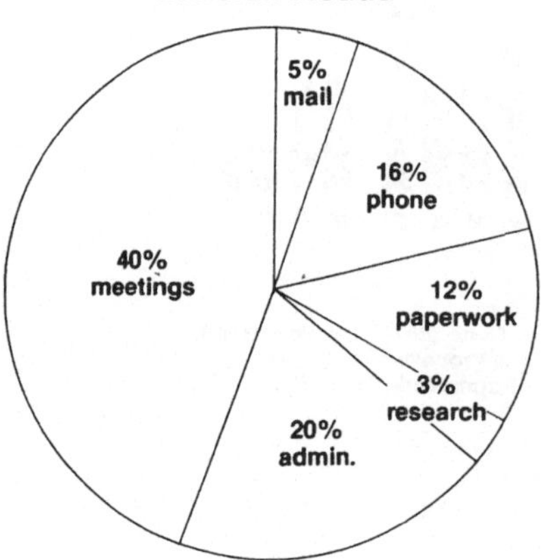

Secretaries

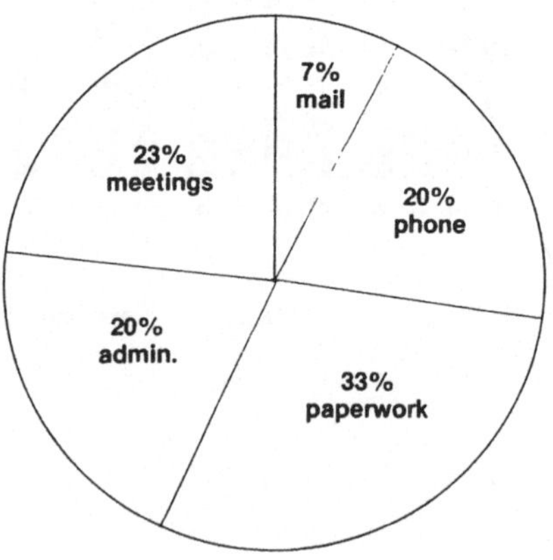

MEETINGS

Dept. Head

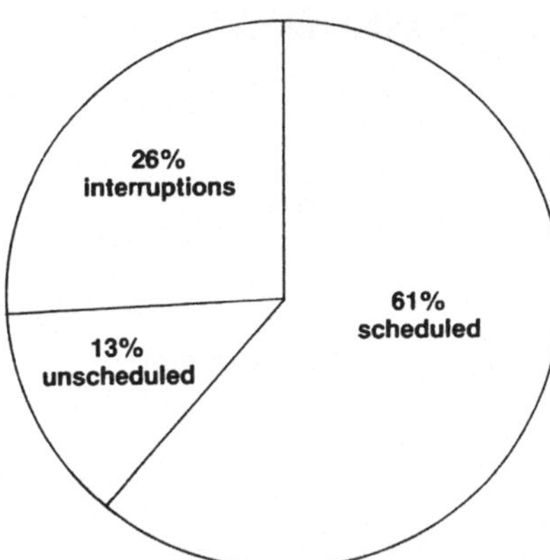

Associate Dept. Head

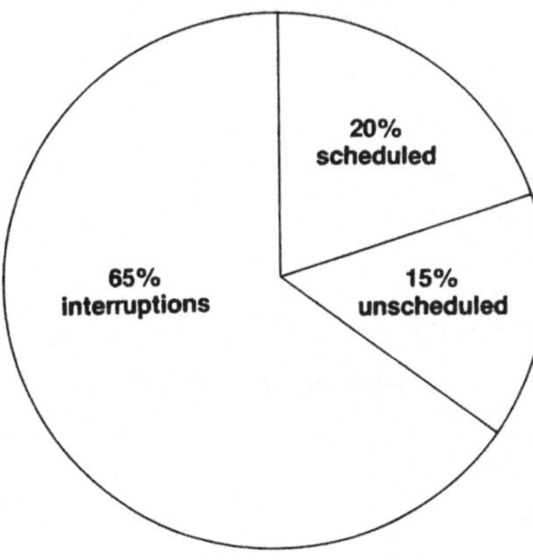

MEETINGS

Division Heads

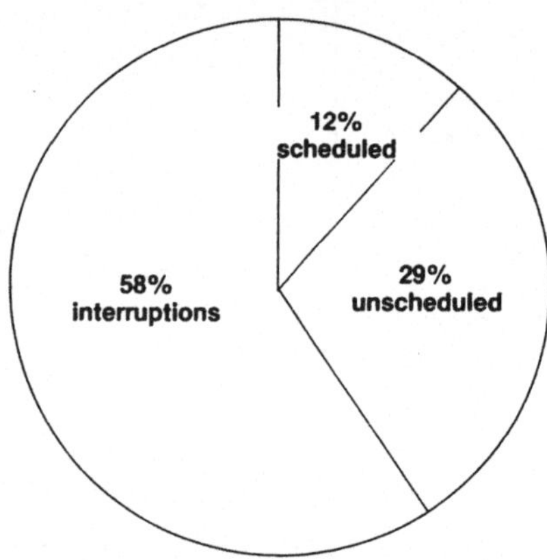

Secretaries

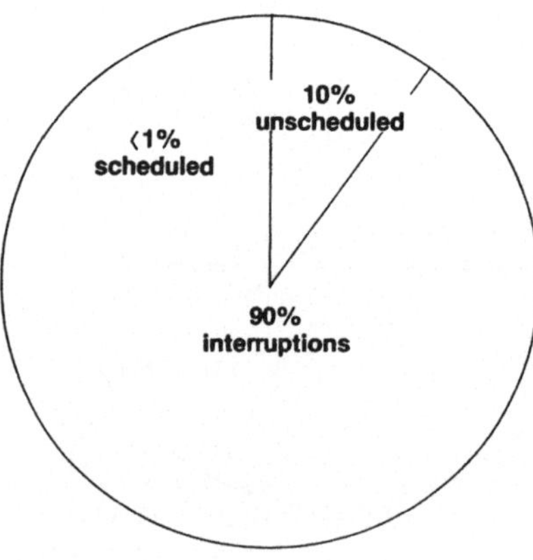

AUTOMATION WISH LIST

- electronic mail
- interface with budget/financial data bases
- interface with purchasing
- individual data bases
- word processing
- interface with personnel data base
- improved travel system
- calendar
- graphics
- general information
- project management — "what if"
- interface with technical data bases & libraries

Pilot Group Estimates of Impact of STAR

Automated Activity	No. Responses	% of Total Mentions by Frequency of Use*			
		Daily	Weekly	Monthly	Never Use
Electronic Mail	13	(8%)	(31%)	(8%)	(54%)
Send Electronic Messages (Rather than phone)	13	(8%)	(8%)	(15%)	(69%)
Originate material on STAR	13	(46%)	(8%)	(8%)	(38%)
Create Viewgraphs/ Use Graphics	13	(8%)	(8%)	(25%)	(58%)
Edit material On-line that was typed on another STAR or 860	13	(8%)	(0%)	(15%)	(77%)
Convert Documents Between 860 or STAR	13	(0%)	(0%)	(8%)	(92%)

*Each respondent chose only one category of frequency, e.g. the same person could select "daily" or "weekly", but not both for a single activity.

Activities that Have Been Automated

Automated Activity	No. Responses	# and % of Total Mentions by Frequency of Use*			
		Daily	Weekly	Monthly	Never Use
Electronic Mail	84	9 (11%)	30 (36%)	22 (26%)	23 (27%)
Send Electronic Messages (Rather than phone)	84	5 (6%)	13 (15%)	15 (18%)	51 (61%)
Originate material on STAR	84	38 (45%)	28 (33%)	9 (11%)	9 (11%)
Create Viewgraphs/ Use Graphics	59	5 (8%)	14 (24%)	18 (31%)	22 (37%)
Edit material On-line that was typed on another STAR or 860	83	5 (6%)	9 (11%)	27 (33%)	42 (51%)
Convert Documents Between 860 or STAR	78	1 (1%)	3 (4%)	13 (17%)	62 (79%)

*Each respondent chose only one category of frequency, e.g. the same person could select "daily" or "weekly", but not both for a single activity.

Star Usage by Equipment Capability

Capability	Managers (15)		Technical (34)		Support (22)	
	Hrs/wk.	% of Total Use Time	Hrs/wk.	% of Total Use Time	Hrs/wk	% of Total Use Time
Word Processing: (Memos, Reports, statistical/tabular)	86	70%	222	48%	168	61%
Graphics/Viewgraphs	27	22%	179	38%	35	13%
Management Tools (Calendar, Things To Do, Action Item Log)	3	2%	10	2%	9	3%
Electronic Mail	7	6%	26	6%	19	7%
Equations	0	0	10	2%	34	12%
Fill-in Fields	0	0	17	4%	10	4%
TOTALS:	**123**	**100%**	**464**	**100%**	**275**	**100%**

Büroautomatisierung zur Produktivitätssteigerung im Forschungs- und Entwicklungsbereich

Addie Mattox, South Laguna, CA

In diesem Aufsatz werden die potentiellen Produktivitätsgewinne
durch Einführung eines Bürokommunikationssystems in einem Unternehmen des Forschungs- und Entwicklungsbereichs anhand einer
Fallstudie dargestellt. Dabei werden die Methoden zur Aufdeckung
und Quantifizierung dieser Produktivitätsgewinne ausführlich beschrieben.

Die auftraggebende Organisation wollte mit unserer Hilfe folgende
Teilschritte durchführen:

1. den bestehenden Bedarf nach Büroautomatisierung identifizieren
   und quantifizieren,

2. bei entsprechenden Erfolgsaussichten eine Pilotinstallation
   durchführen, und

3. vor Einführung eines Bürokommunikationssystems im ganzen Unternehmen nochmals dessen Effizienz mit Hilfe des Pilotsystems
   abschätzen.

Die in Frage kommenden Möglichkeiten wurden in zwei Phasen unter-
sucht:

Zunächst wurde eine Pilotgruppe von etwa 30 Personen zur Untersuchung herangezogen, später 243 Beschäftigte aus den verschieden-
sten Abteilungen des Unternehmens.

Dabei kamen folgende Methoden zur Anwendung:

- Seminare, in denen das Konzept einer Büroautomatisierung präsen-
  tiert wurde und an denen jeder Interessierte teilnehmen konnte.

- Durchsicht der Ergebnisse einer früheren Untersuchung unseres
  Hauses über Textverarbeitungssysteme.

- "Beschattung" von Mitgliedern der Pilotgruppe.

- Strukturierte Interviews mit den Mitgliedern der Pilotgruppe,
  um eine Tätigkeitsanalyse durchführen zu können.

- Strukturierte Interviews mit einer Stichprobe von 243 anderen
  Beschäftigten, um ein repräsentatives Bild für die gesamte Unternehmung zu erhalten.

- Analyse des Informationsflusses und der Informationsverwendung
  im Unternehmen.

Die Auswertung der so gewonnenen Daten zeigte das Kommunikations-
und Informationsverhalten auf den verschiedenen Managementebenen
und bei den technischen Stäben und ermöglichte eine detaillierte
Schätzung über die möglichen Zeitersparnisse, die mit Hilfe eines
Bürokommunikationssystems realisierbar erschienen.

Nach Einführung eines XEROX Ethernet/Star-Systems in der Pilotgruppe
wurde die Nutzungsintensität in den verschiedenen Abteilungen gemessen und den Ergebnissen gegenübergestellt, die bei Beschäftigten
außerhalb der Pilotgruppe ermittelt worden waren. Die positiven
Auswirkungen, die sich in der Voruntersuchung ergeben hatten, wurden
bestätigt, so daß die Einführung eines Bürokommunikationssystems
in der gesamten Organisation eingeleitet wurde. Da die Implementierung dieses Systems noch nicht als abgeschlossen betrachtet werden
kann, läßt sich auch noch kein endgültiges Ergebnis formulieren.
Allerdings ist erkennbar, daß die Hauptanwendung und der auffälligste
Produktivitätsgewinn im Bereich der Textverarbeitung liegen, wobei
sich z.B. der zeitliche Aufwand für die Fertigstellung technischer
Berichte von einem Monat auf fünf bis sieben Tage reduziert hat.
Für die (vorläufig) zweitwichtigste Anwendung, die Erstellung von
Graphiken, konnte die notwendige Zeitspanne von fünf bis zehn
Tagen auf durchschnittlich zwei Stunden gesenkt werden. Für die
überraschend niedrige Nutzungsintensität des elektronischen Post-
systems kann man die Hauptursache in der noch mangelnden (dezentralen) Geräteausstattung sehen, weil durch die teilweise nötige Weiter-
verwendung des herkömmlichen Postweges nicht das volle Rationalisierungspotential dieser Nutzungsmöglichkeit ausgeschöpft werden
kann. Dies dürfte sich allerdings mit dem weiteren technischen

Ausbau und der noch andauernden Umstellung der Benutzer bessern.

Insgesamt kann man sagen, daß die anfängliche Schätzung einer
19 %igen Zeitersparnis in dieser Organisation weiterhin realistisch
erscheint und damit das eingeführte technische System und die ver-
wendeten Methoden für die Unternehmenspraxis geeignet erscheinen
läßt.

Bürokommunikation im Teletexdienst – Produktivitätsmessungen im Feldexperiment

Ralf Reichwald, München

0. Zur Problemstellung des Beitrags

Die Frage der Messung von Produktivitätseffekten durch Einsatz neuer Kommunikationsmedien im Büro soll mit diesem Beitrag kritisch beleuchtet werden. In einem ersten Abschnitt werden die grundsätzlichen Bedingungen für eine Quantifizierung von Faktoreinsatz und Faktorertrag in der Büroarbeit betrachtet. Dem Problemaufriß folgt im zweiten Abschnitt die Beschreibung eines Untersuchungsansatzes für die Produktivitätsmessung im Feldexperiment, aus dem in einem dritten Teil "Meßergebnisse" vorgelegt werden. Das empirische Material zeigt die Grenzen der Quantifizierbarkeit von Input- und Outputeffekten der Kommunikationstechnik ; gleichzeitig werden Gefahren verdeutlicht, die sich aus einer "Quantifizierungsideologie" für die Bürorationalisierung und für die Einführung der technischen Bürokommunikation ergeben. Schlußfolgerungen für die Produktivitätsdiskussion in der Bürorationalisierung leiten sich daraus ab.

1. Das Problem der Messung von Input und Output in der Büroarbeit

Der Bürobereich steht unter steigendem Rationalisierungsdruck. In derselben Zeit, in der die industrielle Produktion durch Technisierung und Automation Produktivitätssteigerungen in beachtlichem Ausmaß erzielen konnte, hat der Bürobereich gegenläufige Tendenzen aufzuweisen. Die Beschäftigtenzahlen sind nicht nur relativ,sondern auch absolut gestiegen. In noch stärkerem Maße haben sich die Verwaltungskosten sprunghaft entwickelt. Dieser Trend hat zu Forderungen nach Produktivitätssteigerungen im Büro geführt, die primär auf einen Abbau der Personal- und Verwaltungskosten abzielen.

Häufig aufgestellte Produktivitätsvergleiche zwischen industrieller Fertigung und Büro sollen verdeutlichen, welche vermuteten Produktivitätsreserven im Verwaltungsbereich liegen (z.B. Prognos 1978, S. 168). Bürorationalisierung durch "Automatisierung der Informationsverarbeitung", Personalabbau durch "Ersetzung von menschlicher Arbeit durch Informationstechnologie", dieser Denkansatz für eine Arbeitseffektivierung ist für den überwiegenden Teil der Büroarbeit nicht brauchbar. Die Defizite der Input-Outputbeziehungen im Büro liegen mehr auf der Leistungsseite, in der Vielfalt der qualitativen und quantitativen Leistungskomponenten.

In der Betriebswirtschaftslehre fehlen bis heute die definitorischen Grundlagen, um den Bürobereich abgrenzbar zu beschreiben. Überwiegend wird versucht, durch eine Aufzählung heterogener Organisationsfälle die Vielfalt dieses Arbeitsbereiches zu charakterisieren (z.B. Picot 1979, S. 1146). In der Palette von Büroarbeiten finden sich solche, die als Dienstleistungen direkt auf dem Markt abgesetzt werden (z.B. Makler, Steuerberater). Mehrheitlich sind Büroarbeiten nur mittelbare Beiträge zur betrieblichen Leistungserstellung,wie etwa die der Verwaltung der Unternehmung. Sie wirkt koordinierend zwischen Beschaffung, Produktion und Absatz der Industriegüter, sie ergänzt die Teilaufgaben der Leistungserstellung und stellt somit sekundär die Produktionsaufgabe sicher. Szyperski kennzeichnet die betriebliche Verwaltung als das "integrierende Bindeglied zwischen Teilen des Managements, Management und Basissystem, Unternehmung und Umwelt" (Szyperski 1974, S. 458). Das Ergebnis dieser Arbeit schlägt sich nicht unmittelbar in zählbaren Größen nieder, was die Messung von Produktivitäten im Büro- und Verwaltungsbereich als Mengenrelation von Output und Input oder,in bewerteter Form,als Relation von Leistung zu Kosten (Wirtschaftlichkeit) besonders problematisch werden läßt. Diesen Sachverhalt belegen spezielle Verfahren in der Wirtschaftlichkeits"rechnung" für den

Büro- und Verwaltungsbereich, die versuchen, den Besonderheiten Rechnung zu tragen. Einen Überblick über diese Verfahren gibt der Beitrag von Witte in diesem Tagungsband. Die Messung von Produktivitätseffekten durch den Einsatz von Telekommunikationsmedien im Büro ist verstärkt mit dieser Problematik konfrontiert.

Bürotätigkeiten sind informationsbezogene Vorgänge, Aktivitäten der Informationsverarbeitung und des Informationsaustausches, der Dokumentation und Ordnung von Informationen, wobei Inhalt und Ablauf dieser informationsbezogenen Prozesse je nach Sachprogramm und Aufgabenstellung erheblich variieren können (Grochla 1971). Teilweise läuft Büroarbeit - besonders auf der operativen Ebene - als standardisierbarer Informationsverarbeitungsprozeß ab und kann nach festen Regeln organisiert, programmiert und mit Hilfe der elektronischen Datenverarbeitung auch automatisiert werden. Dieser Typ von Büroarbeit wird anteilmäßig auf maximal 30% geschätzt. Im übrigen Bereich läuft Büroarbeit als überwiegend individueller Vorgang der Informationsverarbeitung ab, die Problemstellungen wechseln, der Informationsbedarf ist relativ schlecht planbar, und die Aufgabenabwicklung verlangt intensive Kooperation zwischen mehreren Aufgabenträgern. Diesem Sachverhalt entspricht der empirische Befund, wonach zwei Drittel aller Tätigkeiten im Büro kommunikative Tätigkeiten sind (Bair 1979, Picot 1982). Der Kommunikation kommen je nach Aufgabe sehr unterschiedliche Funktionen zu, wie z.B. Abstimmung, Absicherung, Anweisung, Bestätigung . Für diese (kommunikationsbezogenen) Aktivitäten stehen auch heute schon unterschiedliche Kommunikationswege zur Verfügung (z.B. Telefon, Brief, Gespräch), und es eignen sich keineswegs alle gleichermaßen gut für die jeweils zugrundeliegende Problemstellung.

Möglichkeiten, die Produktivität im Büro durch neue Medien der technischen Kommunikation zu erhöhen, sind von der Aufgabenstellung anzugehen. Es ist zu untersuchen, ob eine bestimmte Aufgabe mit geringerem Input (Kosten), bzw. ob bei gleichem Input ein erhöhtes Ergebnis erzielt werden kann. Für die Untersuchung stellt sich die Frage, wie der relevante Faktorverzehr für eine Leistungseinheit zu messen ist und in welchen Größen sich die Büroleistung konkretisiert. Eng damit verbunden ist die Problematik der Abgrenzung von Ursache und Wirkung des Einsatzes von Kommunikationstechnik in der Organisation.
Diesen Fragestellungen wurde speziell für die neuen Kommunikationsdienste Teletex und Telefax im Feldversuch Bürokommunikation nachgegangen.

2. Zur Anlage der Produktivitätsmessung im Feldexperiment

Abbildung 1 skizziert das Untersuchungsfeld der Teletex-Feldversuche.
Auftraggeber war das Bundesministerium für Forschung und Technologie
(Programm " Technische Kommunikation"). In ausgewählten Organisationsbereichen mit relativ geschlossenen Kommunikationsbeziehungen und
schriftgutintensiven Aufgaben wurden 80 kommunikationsfähige Speicherschreibmaschinen an etwa 30 Standorten in der Bundesrepublik Deutschland und Berlin implementiert. Für Sekretärinnen, Schreibkräfte, Sachbearbeiter und Führungskräfte bildeten die neuen Kommunikationssysteme
zusätzliche Möglichkeiten für die Abwicklung kommunikativer Bürotätigkeiten. Die Kommunikationssysteme waren Pilotentwicklungen für den
Teletexdienst, für den Feldversuch bereitgestellt von der Firmengruppe
Olympia/AEG-Telefunken / T&N und der Siemens AG München. Das Untersuchungsfeld "industrielle Büroorganisation" stellte der Unternehmensbereich "Kommunikation" der Siemens AG München, das Untersuchungsfeld
"Dienstleistungsbüro" die Allianz-Versicherungsgruppe Stuttgart und
München. Die Feldexperimente wurden in enger Kooperation von zwei Hoch-
schulinstituten durchgeführt: Vom Institut für Unternehmensplanung -
Unternehmensführung und Organisation an der Universität Hannover
(Leitung Prof. Dr. Arnold Picot) sowie dem Institut für Produktions-
wirtschaft und Marketing an der Hochschule der Bundeswehr München
(unter der Leitung des Verfassers). Die Institute waren mit eigenen
Kommunikationsstationen in das Untersuchungsfeld einbezogen.

Abbildung 2 zeigt die hierarchische Ebene der in die Untersuchung ein-
bezogenen Nutzer (Sachbearbeiter, Führungskräfte) der Kommunikationstechnik. Es handelt sich um Personen, die ihre Arbeit regelmäßig in
intensiver Kooperation mit Assistenzkräften (Sekretärinnen, Schreibkräfte) abwickeln.

Für die Produktivitätsmessung wurde ein Untersuchungsansatz gewählt,
der insbesondere drei Gesichtspunkten Rechnung tragen sollte:

1. Da im Untersuchungsfeld die Büroleistungen indirekte Leistungsbeiträge waren, für die keine Markt- oder Verrechnungspreise vorlagen,
   mußten output- wie inputbezogene <u>Ersatzindikatoren</u> gefunden werden.

2. Da die Wirkungen der neuen Kommunikationsmedien sich auf Arten und
   Häufigkeiten einzelner Arbeitsvorgänge, auf die Vorgangszeiten und
   auf die Ergebnisse der Büroarbeit niederschlagen konnten, mußte das
   Indikatorensystem Meßgrößen für <u>Effekte in quantitativer, zeitlicher
   und qualitativer Hinsicht</u> umfassen.

3. Bei der Erfassung von Effekten und der Bildung von Input-Output-
   Relationen war das <u>Zurechnungsproblem</u> zu lösen. Output- und Input-
   größen wurden auf verschiedenen Organisationsebenen gegenübergestellt.

<u>Bezugsgrößen</u> für die Produktivitätsmessung waren:

Ebene 1: das Kommunikationssystem am Arbeitsplatz,
Ebene 2: eine kooperierende Arbeitsgruppe als organisatorisches Sub-
         system,
Ebene 3: die Gesamtorganisation und
Ebene 4: die Gesellschaft.

Abbildung 3 verdeutlicht das methodische Konzept der Produktivitätsmessung. Das zugrunde gelegte Analysekonzept basiert im wesentlichen
auf einem Untersuchungsansatz für die Wirtschaftlichkeitsbeurteilung
alternativer Schreibdienstorganisationen in obersten Bundesbehörden
(Picot/Reichwald u.a. 1979). Auf der Stufe 1 wurden Input- und Output-
größen analysiert, die sich allein auf das Kommunikationssystem "Tele-
tex-Technik" beziehen lassen.

Auf der Ebene 2 steht dagegen die organisatorische Arbeitsbeziehung im
Vordergrund. Entscheidend für die möglichen Input- und Outputeffekte
auf dieser Ebene sind das Einsatzkonzept der Technik und die Aufgabenstruktur der Arbeitsorganisation.

Auf der Ebene 3 wird die Gesamtorganisation als Bezugsgröße gewählt.
Hier gilt es, vor allem die Auswirkungen auf die langfristige Funk-
tionstüchtigkeit und Leistungsfähigkeit einer Organisation zu erfassen.
Organisationsstrukturelle Veränderungen der Flexibilität, der Stabilität und der Arbeitssituation stehen im Vordergrund.

Auf der Ebene 4 gilt es schließlich, positive und negative externe
Effekte zu erfassen, die sich auf dem Arbeitsmarkt, im Sozialsystem
oder in anderen gesellschaftlichen Größen niederschlagen. Diese Ebene
wurde nur theoretisch in die Produktivitätsbetrachtung einbezogen.
Feldexperimentell konnten hier keine Messungen vorgenommen werden.

Eine ökonomische Gesamtbeurteilung des neuen Telekommunikationsmediums
im Feldexperiment erforderte die Gegenüberstellung und stufenweise
Aggregation aller unmittelbar und mittelbar auf den Technikeinsatz zu-
rückführbaren Effekte. Es war zu erwarten, daß die Schwierigkeiten der
Messung und Bewertung von Ebene zu Ebene zunehmen. Um dieser Problemstellung Rechnung zu tragen, wurde ein breiter methodischer Ansatz gewählt, der das nachfolgend skizzierte Indikatorensystem ausfüllen sollte.

Variable P I	Konkretisierung der Variable
Kommunikations-kanäle	Haus- und Briefpost Telex Telefax (Gruppe 2 und 3) } textorientierte Teletex Superteletex/ Textfax } Kanäle face - to - face } mündliche Kanäle Telefon

kanalorien-tierte
 	
Leistungs-
 	
merkmale
	Übertragungsmöglichkeit (-technik)
	Übertragungsgeschwindigkeit/Schnelligkeit
	Rückkopplungsmöglichkeit (-notwendigkeit)
	Zuverlässigkeit/Störanfälligkeit
	Sicherheit,(Rechtsverbindlichkeit) und
	   Vertraulichkeit
	Qualität der äußeren Form der übertragenen
	   Infomationen ("Repräsentativität")
	Bequemlichkeit
	Erreichbarkeit von Kommunikationspartnern
	   (Netzstruktur)
	Integrationsfähigkeit vor- und nachgelagerter
	   Tätigkeiten

Anwendungs- potential (Teletex/ Telefax)	Telexaufkommen organisationsinterne Haus- und Briefpost } Struktur- organisationsexterne Haus- und Briefpost } merkmale/ Empfänger fernmündliche Kommunikation face - to - face Kommunikation Datenübertragung induziertes Kommunikationsvolumen

kanalorien-tierte
 	
Kosten
	Endgeräte (AfA/Leasing/Wartung) } "wesentliche"
	Postgebühren (fixe/variable) } Kommunikations-
	(anteilige Personalkosten) } kosten
	
	Texterstellungsmittel } Textbearbeitungskosten
	anteilige Personalkosten
	
	Einrichtungs- bzw. Anschließungs-
	   gebühren
	Schulungs und Implementierungs } "sonstige"
	   kosten } Kommunikations-
	Materialverbrauch } kosten
	anteilige Gemeinkosten

Abb. 4: Untersuchte Variable der Produktivitätsstufe I

Um die eher quantitativen und zeitlichen Effekte zu erfassen, wurden
Analysen (Tätigkeits-, Kommunikations-, Schriftgut- und Schriftgutfluß-
analysen), Zählungen und Zeitmessungen in den untersuchten Arbeitsbe-
reichen durchgeführt. Um die qualitativen Effekte zu erfassen, wurden
Befragungen in strukturierter und nicht-strukturierter Form durchge-
geführt. Insgesamt erstreckten sich die Erhebungen über einen Zeitraum
von zwei Jahren (zum Methodenkonzept: Picot, A./Reichwald, R. u.a. 1980).

Vorweggenommen sei die Erkenntnis, daß die Messbarkeit von Produktivitätseffekten i.S. kardinaler und ordinaler Meßwerte auf Ebene 2 u.3 nur mit
erheblichem Aufwand und nur für Teilkomponenten des Inputs und des Out-
puts möglich ist. Die Wirkungen der Kommunikationstechnik auf der Orga-
nisationsebene P III , teils auch auf der Ebene P II zeigen sich eher im
Bereich qualitativer Outputeffekte, die lediglich einer nominalen Erfassung zugänglich sind. Dieser Sachverhalt läßt die (primär auf quantitative
Größen ausgerichtete) Produktivitätsfixiertheit der Organisationspraxis
in problematischem Lichte erscheinen. In der betriebswirtschaftlichen
Bewertung des Rationalisierungsnutzens von Kommunikationstechnik muß
von einem zu engen "Zahlendenken" abgerückt werden, wie die nachfolgen-
Ergebnisse nahelegen. Sie entstammen sämtlich dem Forschungsberichts-Band
"Kommunikationstechnik und Wirtschaftlichkeit" (Bodem/Hauke/Lange/
Zangl 1983), der demnächst veröffentlicht wird. Sie können das Gesamt-
resultat der Produktivitätsmessungen nur punktuell und beispielhaft
wiederspiegeln.

3. Ausgewählte Ergebnisse der Produktivitätsmessung

3.1. Isolierte technikbezogene Produktivitätseffekte

Auf der Ebene 1 wurde das Leistungspotential der neuen Kommunikationsdienste im Vergleich zu bestehenden Kommunikationskanälen erfaßt und
den technikbezogenen Kosten gegenübergestellt. Abbildung 4 verdeutlicht die Variablenliste dieser Produktivitätsebene. Abbildung 5
zeigt die Leistungsmerkmale der untersuchten Kommunikationskanäle. Auf
der Lokalseite ist das Leistungspotential von Teletex-Systemen (Ausstattung der Basistechnologie) wegen der möglichen variablen Systemge-
staltung nicht allgemein beschreibbar. Zu den bekannten Leistungsmerkmalen von Textsystemen kommen gegebenenfalls die Möglichkeiten einer
EDV-bezogenen Weiterverarbeitung von Schriftgut und die Schriftguterstellung über elektronische Ablageorganisationen hinzu.

Auf der Kostenseite liegt beim derzeitigen Preisniveau für Teletex-Endgeräte und bei den gültigen Postgebühren für Anschluß- und Leitungskosten die Kostenschwelle bei ca. 30 Versendevorgängen (Normalbriefe)

pro Tag. Bei eiligem Schriftgut wird der "break-even-point" bereits
mit fünf Versendevorgängen erreicht. Wird ein Mischverhältnis von 20%
eiligen Briefen und 80% Normalbriefen unterstellt, so liegt der break-
even-point bei 10 Versendungen pro Tag. Auf dieser Ebene lassen sich,
wie Abb. 5 verdeutlicht, zahlreiche quantitative Messungen durchführen,
ohne daß hierzu Feldexperimente erforderlich wären. Allerdings bleibt
bei den Messungen der organisatorische Kontext i.d.R. unberücksichtigt.

3.2. Subsystembezogene Produktivitätseffekte

Büroarbeit ist fast immer ein Prozeß, an dem mehrere Personen beteiligt
sind. Wenn eine Sekretärin einen Brief schreibt, dann steht der Brief
im Zusammenhang mit der Aufgabenerfüllung ihrer Chefs. Wenn sie ein
Telefonat entgegennimmt, eine Nachricht weitergibt, Schriftstücke ab-
legt, wieder heraussucht, dann geschieht dies regelmäßig im Zusammenhang mit einer Problemlösung der Auftraggeber. Welcher Art die Arbeits-
verteilung ist, ob es sich"nur"um Delegation rein operativer Funktionen handelt, kann nicht immer bestimmt werden. Über die Art der Beiträge von Assistenzkräften an der Aufgabenerfüllung im Führungs- und
Sachbearbeitungsbereich besteht in der Organisationswissenschaft und
in der Organisationspraxis wenig Wissen. Neuere Untersuchungen zeigen,
daß eine Intensivierung solcher Formen der Arbeitsteilung einen erheblichen Beitrag zur Leistungssteigerung in der Sachbearbeitung und besonders im Management bewirken (Reichwald/Sorg 1982). Insofern ist es
von Bedeutung, Arbeitsbeziehungen zwischen den Partnern zu erkennen, die
erkennbaren Effekte der Technik über den Einsatzort der Bedienperson
hinaus zu erfassen und Produktivitätseffekte für einen Arbeitsver-
bund, ein organisatorisches Subsystem,zu erfassen. Diesem Ansatz wurde auf der Meßebene II Rechnung getragen. Abbildung 6 zeigt das Modell
für die zeitbezogenen Messungen. Gemessen wurden Kommunikationsvorgänge
zwischen Sender und Empfänger, die jeweils im Kooperationsverbund mit
Assistenzkräften (Bedienkräfte) der Kommunikationstechnik ihre Arbeit abwickeln. Als wichtigstes Ergebnis stellte sich heraus, daß die
organisatorischen Rahmenbedingungen für den Einsatz des neuen Kommuni-
kationsmediums eine wesentliche Einflußgröße für die zeitlichen, aber
auch quantitativen und qualitativen Produktivitätseffekte darstellen.
Weitere Einflußgrößen der Nutzung sind die Erreichbarkeit der Partner
sowie Merkmale des Kommunikationsinhalts (vgl. Abb. 7).

Grundsätzlich lag im Untersuchungsfeld das Anwendungspotential für die
elektronische Textkommunikation zwischen 20 und 60% des gesamten
Schriftguts. Die durchschnittliche Zeit für die organisatorische

Schriftgut-Versendung per Teletex konnte gegenüber der Briefpost von
durchschnittlich 55 auf 6 Stunden verringert werden (bei unternehmens-
interner Hauspost von durchschnittlich 42 Stunden auf 6 Stunden). Trotz
dieses erheblichen Rationalisierungspotentials gab es in einigen Bereichen des Untersuchungsfeldes nur wenig Teletex-Nutzung, in anderen Bereichen war das Nutzungsniveau außerordentlich hoch (bis zu 80% des
Teletex-fähigen Schriftguts). Dieser Unterschied im Nutzungsniveau konnte hauptsächlich aus den organisatorischen Einsatzbedingungen für die
Teletex-Bürokommunikation erklärt werden.

Abbildung 8 zeigt das Kommunikationsaufkommen in Abhängigkeit von der
Geräteverfügbarkeit (Standort des Teletex-Gerätes). Als Vergleich zeigt
sich ein ähnliches Nutzungsprofil auch für den Telefax-Dienst. Zur Er-
klärung des unterschiedlichen Nutzungsniveaus reicht allerdings die
Standortbetrachtung nicht aus. Weitere Einflußgrößen bilden die innerbetriebliche Transportorganisation (Abb. 9), die Zugangsregelung zum
technischen Kommunikationskanal und die Art der Kooperationsbeziehungen
zwischen Bediener und Nutzer. Die gemessenen Zeiten für die Teletex-
Schriftgut-Versendung bewegten sich in Abhängigkeit von der Organisationsform der Sekretariats- und Schreibdienste zwischen durchschnittlich 1,5 Stunden (dezentrale Organisationsform) und 6 Stunden (zentrale
Organisationsform) für einen organisatorischen Versendevorgang. Die
Zeiten für die Schriftguterstellung weichen noch gravierender voneinander ab, je nachdem,mit welcher Organisationsform die Schriftguterstellung verknüpft war (durchschnittlich 36 Stunden für einen mittleren Ge-
schäftsbrief von 1 1/2 Seiten Umfang bei zentraler Schreibdienstorgani-
sation; 10 Stunden bei dezentraler Sekretariatsorganisation). Diese
zeitliche Spanne erklärt sich aus dem häufig notwendigen Rücklauf zwischen Auftraggeber und Schreibkraft in Vorgängen der Schriftguterstellung. Sie bedingt eine organisatorische und räumliche Nähe zwischen
den Kooperationspartnern. Durch Nutzung der Textverarbeitungstechnik
können zwar Zeiteinsparungen bei der Schriftguterstellung erzielt werden,
die Transportzeiten bleiben aber unberührt. Zeitwirksam sind auch die
höhere Akzeptanz von Diktiergeräten, das häufigere Zurückgreifen auf
elektronisch archiviertes Schriftgut, die Bedienerhilfen bei der Text-
überarbeitung und bei der Erstellung von Texten. Komfortable Textsyste-
me mit Bildschirm bewirken zeitliche Einsparungseffekte bis zu 50% der
Schreibzeit. Bei intensiven kooperativen Beziehungen zwischen Bediener
und Nutzer kommt es auch zu Tätigkeitsverschiebungen zugunsten der Nutzer.
60% der befragten Nutzer stellten dauerhaft fest, daß "der Zeitaufwand für
Korrekturlesen von Schriftgut geringer geworden ist" und weniger Zeit
für das "Konzipieren von Schriftgut (Diktat, Schreibvorlage)" benötigt

wird. Dagegen klagen etwa 90 % aller Schreibkräfte darüber, daß Schriftstücke "bis zur endgültigen Abnahme öfter als bisher" überarbeitet werden müssen.

Es zeigt sich auf dieser Meßebene, daß sowohl Mengeneffekte (z.B. in
Form von Tätigkeitsverschiebungen zwischen Nutzern und Assistenzkräften)
als auch Zeiteffekte in beachtlichem Ausmaß festgestellt werden konnten,
daß aber deren exakte Messung mit erheblichem Aufwand verbunden ist.
Eine Umrechnung dieser Effekte etwa in marktliche Leistungsgrößen wirft
schon erhebliche Probleme auf. Kosteneinsparungen lassen sich zumindest
für die Einführungsphase gar nicht errechnen. Qualitative Effekte kommen hinzu, wie z.B. die Vermeidung von Doppelarbeit oder die bessere
Informationsversorgung (vgl. Abb. 10). Von Interesse ist auch die Fest-
stellung, daß alle Effekte um so stärker wahrgenommen werden, je intensiver die Nutzung des technischen Kanals ist. Bereits auf der Produktivitätsebene II ist also die Quantifizierbarkeit der Kommunikations-
wirkungen erheblichen Einschränkungen unterworfen.

3.3. Gesamtorganisatorische (strukturelle) Produktivitätseffekte

Strukturelle Veränderungen von Büroorganisationen durch den Einsatz
neuer Medien der Telekommunikation sind vorwiegend langfristig wirksam.
Abbildung 11 zeigt die Variablenliste der Produktivitätsstufe 3. Sie
gliedert sich in die Variablen der Anpassungsfähigkeit, der Funktions-
stabilität und der Humansituation.

Veränderungen der Leistungsfähigkeit und der Stabilität einer Organisation hängen von aufgabenbezogenen Nebenbedingungen ab.So erhöht ein
Zuwachs an Anpassungsmöglichkeiten die Leistungsfähigkeit einer Organisation nicht unbedingt, sondern erst,wenn ein Anpassungsbedarf besteht. Ein derartiger Bedarf kann über aufgabenbezogene Indikatoren
erfaßt werden. Abbildung 12 zeigt derartige Indikatoren, die einen hohen Bedarf nach organisatorischer Anpassung aufweisen. Abbildung 13
verdeutlicht anhand von Indikatoren, daß in den bestehenden Untersu-
chungsfeldern verbesserte Anpassungsmöglichkeiten durch das neue Medium
Teletex hergestellt wurden, und zwar wiederum um so wirksamer, als die
organisatorischen Rahmenbedingungen die Nutzung des neuen Kommunikations-
kanals begünstigten.

Derartige Struktureffekte der technischen Kommunikation werden anstei-
gen, sobald sich Kommunikationsnetze flächendeckend ausbreiten und zusätzliche organisatorische Anpassungsmaßnahmen vorgenommen werden (z.B.
Neuregelung der Dienstwege und Handlungsautonomie, Unterschriftenrege-

lung). Auf der technischen Seite wird die Weiterentwicklung der Teletex-Endgeräte in Richtung Integration von Schriftgut und Graphik sowie die Zusammenführung neuer Kommunikationsdienste (z.B. Teletex mit Bildschirmtext) solche Struktureffekte ebenfalls verstärken.

Für die <u>Funktionsstabilität</u> lassen sich eher negative Effekte aufzeigen. So hat sich gezeigt, daß die Arbeit mit neuen Kommunikationsmedien zu wachsender Abhängigkeit der Nutzer von ihren Assistenzkräften führt (vgl. Abb. 14). Verstärkte Abhängigkeitsbeziehungen können im Falle eines Personal- oder Technikausfalls zu erheblichen Folgekosten führen. Befürchtungen über mögliche Beeinträchtigungen der Arbeitsabläufe bei Störungen (technische, personelle Ausfälle) wurden von vielen beteiligten Nutzern geäußert (Abb. 15).

Für die Arbeitssituation hat sich interessanterweise gezeigt, daß Einsatzbedingungen, die zu Leistungsverbesserungen auf den Ebenen 2 und 3 führen, überwiegend positive <u>Auswirkungen auf die Arbeitsbedingungen</u> im Assistenzbereich der Schreib- und Sekretariatsdienste zeigen. Es ist abzusehen, daß Kommunikationstechnik, verbunden mit dezentralen Einsatzkonzepten (undkooperativen Arbeitsbeziehungen),die Arbeitsstrukturen am Mischarbeitsplatz positiv beeinflußt. Allerdings werden auch zunehmende qualifikatorische Anforderungen an die Arbeitskräfte im Assistenzbereich gestellt. Abbildung 16 zeigt die Einschätzung und Bedeutung von Fähigkeiten und Kenntnissen für die zukünftige Sekretariatsarbeit im Urteil der beteiligten Sekretärinnen und Schreibkräfte und im Urteil ihrer Vorgesetzten. Bei den beteiligten Schreibkräften und Sekretärinnen hat sich während des Ablaufs der Feldversuche überwiegend die Meinung verfestigt, daß Änderungen der Arbeitsinhalte und Aufgabenstrukturen im wesentlichen positive Tendenzen aufweisen. Hervorzuhebende Merkmale sind:

- weniger Routinefunktionen,
- verstärkte Unterstützung für Sachbearbeitung und Management,
- Intensivierung der Kooperation,
- stärkere inhaltliche Einbeziehung in die Aufgaben der Sachbearbeitung,
- inhaltliche Anreicherung mit neuen Aufgaben.

Die festgestellten Effekte auf der gesamtorganisatorischen Ebene zeigen tendenziell Verbesserungen für die Organisationsstruktur und für die Arbeitsbedingungen im Untersuchungsbereich. Diese Wirkungen der Kommunikationstechnik und ihrer Einsatzkonzepte sind vorwiegend qualitativer Natur und können ganz allgemein nur nominal erfaßt werden. Langfristig können diese Effekte zwar auch mengen- bzw. wertmäßig auf den Output (Wettbe-

werbsvorteile !) und auf den Input (Kostenreduzierungen) durchschlagen,
kurzfristig,und dies gilt besonders für die Einführungsphase, können
aber keine Rechnungen aufgestellt werden, soll die Rechnung nicht zum
reinen Spekulationsobjekt werden. Für das Programm der Bürorationalisierung sind aber gerade diese langfristig wirksamen Struktureffekte
von richtungsweisender Bedeutung.

3.4. Gesamtgesellschaftliche Effekte (organisationsexterne Effekte)

Die Ebene 4 wurde nur theoretisch in die Produktivitätsbetrachtung des
neuen Mediums Teletex einbezogen. Feldexperimentell konnten auf diesem
Gebiet keine Messungen vorgenommen werden. Grundsätzlich erscheint es erforderlich, daß auch einzelorganisatorisch Überlegungen über die orga-
nisationsübergreifenden Wirkungen des Einsatzes neuer Kommunikationsmedien angestellt werden müssen. Auswirkungen der technischen Bürokommunikation auf den Arbeitsmarkt, auf die Arbeitszeit oder auf den privaten Bereich sind mindestens relevante Einflußgrößen für die Akzeptanz
von Innovationsprogrammen durch die betroffenen Arbeitskräfte.

4. Gesamtbeurteilung der Produktivitätswirkungen der Teletex-
   Bürokommunikation und Schlußfolgerungen für die Produktivitätsdiskussion im Büro

Vor dem Hintergrund dieser empirischen Befunde sind zum Thema dieses
Kongresses grundsätzliche kritische Einwände zu erheben, zumindest
dann, wenn die Produktivitätsdiskussion einem traditionell engen
Produktivitätsbegriff verhaftet bleibt.

1. Der Produktivitätsbegriff ist aus seiner originären Verwendung im
   industriellen Leistungsprozeß so sehr mit Vorstellungen von Mengenrelationen verbunden, daß seine Übertragung auf den Bürobereich in
   Verbindung mit Kommunikationstechnik zu falschen Erwartungen führt.

2. Beim Einsatz neuer Kommunikationsmedien richten sich die Erwartungen in der Organisationspraxis primär auf Kosteneinsparungen (z.B.
   Personal und Material), also auf Effekte,die sich zumindest in der
   Anlaufphase der technischen Bürokommunikation kaum einstellen können.

3. Das Rationalisierungspotential der Kommunikationstechnik entfaltet
   sich primär auf der Outputseite. Bei geeigneten organisatorischen
   Einsatzkonzepten und ausreichender Vernetzung kann technische Bürokommunikation besonders die Arbeit im Mangement und in der Sachbearbeitung erheblich effektivieren. Diese Effekte sind aber überwiegend zeitlicher oder qualitativer Natur und nur schwer nachweisbar.

4. Aus betriebswirtschaftlicher Sicht sind daher outputorientierte
   Rationalisierungsstrategien zu entwickeln, die primär an nicht-quantitativen Rationalisierungskriterien ausgerichtet sind. Dies setzt ein
   erweitertes Produktivitätsverständnis voraus.

5. Wird den Programmen der Bürorationalisierung mit neuer Kommunikationstechnik das gewohnte (auf quantitative Größen begrenzte) Produktivitätsdenken zugrunde gelegt, so läuft die Organisationspraxis Gefahr,
   sich in "Insellösungen" zu versteigen, die noch für geraume Zeit die
   Entfaltung des Leistungspotentials der Kommunikationstechnik verhindern dürften.

Die vorgetragenen empirischen Ergebnisse werden in Abb. 17 einer Globalbeurteilung unterzogen. Dabei zeigt sich, daß zu Zwecken der Aggregation weitgehend auf detaillierte quantitative Informationen verzichtet werden muß. Für die Gesamtbeurteilung der Kommunikationstechnik
wird im Vorgriff auf künftige Entwicklungen in der technischen Bürokommunikation über die im Feldexperiment getestete Technik hinausgesehen, um die Langfristigkeit der technisch-organisatoirschen Entwicklung zu unterstreichen.Es wird erkennbar, daß die wichtigen positiven
Trends der Telekommunikation für ein Programm der Bürorationalisierung
im Leistungsbereich der Produktivitätsebenen II und III liegen werden.
Die hier erkennbaren positiven Folgen für eine Verbesserung der Leistungsfähigkeit von Büroorganisationen sollten im wesentlichen das heutige Rationalisierungsanliegen bestimmen. Als betreibswirtschaftliches
Handicap erweist es sich aber, daß diese Effekte nur schwer meßbar und
nur teilweise quantifizierbar sind. Besser meßbar und größtenteils auch
quantifizierbar sind dagegen die Input- und Outputeffekte auf Ebene I.
Bei ausschließlichem Ansatz der Effekte von Ebene I werden aber eher
Einsatzkonzepte favorisiert, die eine hohe Technikauslastung und erhöhten Output am Einsatzort der Technik erwarten lassen (z.B. Schriftgutoutput, Versendevorgänge, Korrekturfälle etc). Derartige Anätze der
isolierten arbeitsplatzbezogenen Produktivitätsbetrachtung verleiten
leicht zu Insellösungen. Es erweist sich also als Gefahr für eine mögliche Fehlsteuerung des Technikeinsatzes im Büro, daß gerade auf der
Ebene I die meisten"Meßgrößen" zur Verfügung stehen und auch am leichtestens gehandhabt werden können, während die Erfaßbarkeit der zeitlichen und vor allem qualitativen Produktivitätseffekte von Ebene zu
Ebene schwieriger wird (vgl. Abb.18).

Die Gesamtevaluierung von Produktivitätseffekten der Kommunikationstechnik im Büro nach dem vorgetragenen Konzept verdeutlicht die Problematik der Produktivitätsdiskussion insgesamt. Produktivitäts- und
Wirtschaftlichkeits"rechnungen" als Grundlage für Entscheidungen über
Rationalisierungsprogramme und -richtungen, speziell im Zusammenhang
mit dem Einsatz von Kommunikationstechnik, sind mit großer Skepsis
anzugehen. Je aufwendiger und schwieriger es ist, die Wirkungen des
Technikeinsatzes zu antizipieren und zu messen, desto eher wird die
Organisationspraxis dazu neigen, sich auf Effekte der Ebene I zu beschränken und diese als "die Produktivitätskriterien" zu definieren -
eine pragmatische und in der Organisationsgestaltung allzu häufig ge-
wählte Strategie. Dabei werden häufig Fiktionen bezüglich der Kosten-
und Leistungswirksamkeit auf den weiteren Ebenen gesetzt, die sich erst
längerfristig als Fehleinschätzungen erweisen. Negative Erfahrungen
dieser Art wurden sowohl im Zusammenhang mit der Einführung der Datenverarbeitung als auch in der Textverarbeitung gesammelt. Für die kommu-
nikationstechnologische Entwicklung im Büro hätten eng angelegte Ratio-
nalisierungskonzepte, die an isolierten Organisationsbereichen ausgerichtet sind und auf Produktivitätssteigerung am Einsatzort abzielen,
eine entwicklungshemmende, vielleicht sogar -verhindernde Wirkung. Sie
hemmen oder verhindern ganzheitliche Gestaltungsentwürfe für die künftige
Büroorganisation - **eine** Voraussetzung für die Entfaltung des Rationalisierungspotentials jeder Kommunikationstechnik überhaupt.

5. Abbildungsverzeichnis

6 . Literaturhinweise

Bair, J.H. (1979a)
Communication in the office of the future: where the real payoff may be, in: Bunsiness Communications Review, 1-2/1979, S. 3-12

Bair, J.H. (1979b)
A communications perspective for identifying office automation pay-offs, Invited paper - NYV Symposium on Automated Office Systems, 5/1979

Bodem. H.,Hauke, P., Lange, B., Zangl, H. (1983)
Kommunikationstechnik und Wirtschaftlichkeit, Ergebnisbericht des Forschungsprojekts Bürokommunikation, Hrsg. und Projektleiter: A. Picot und R. Reichwald, München 1983 (im Druck)

Bössmann, E. (1967)
Die ökonomische Analyse von Kommunikationsbeziehungen in Organisationen, Berlin 1967

Bundesminister für Forschung und Technologie, Bundesminister für das Post- und Fernmeldewesen (1979)
Technische Kommunikation - Programm der Bundesregierung zur Förderung von Forschung und Entwicklung im Bereich der Technischen Kommunikation 1978 - 1982, Bonn 1979

Coenenberg, A.G. (1966)
Die Kommunikation in der Unternehmung, Wiesbaden 1966

Dirrheimer, A. (1981)
Der Einfluß des Einsatzes neuer Informationstechnik auf Tätigkeiten in der Verwaltung - eine empirische Untersuchung, Berlin 1981

Feltham, G.A. (1968)
The value of information, in: The Accounting Review, Vol. 43, 1968, S. 684-696

Griese, J. (1982)
Zur Wertung von computergestützten betrieblichen Informationssystemen, Arbeitsbericht, 1982

Grochla, E. (1961)
Möglichkeiten einer Steigerung der Wirtschaftlichkeit im Büro, in: Kosiol, E., Bürowirtschaftliche Forschung, Berlin 1961

Grochla, E. (1971)
Das Büro als Zentrum der Informationsverarbeitung: Aktuelle Beiträge zur bürowirtschaftlichen Forschung, Wiesbaden 1971

Hackl, C. (1981)

Humanisierung der Büroarbeit durch Informationstechnik, in: Der Volks- und Betriebswirt, 51. Jg., 7-8/1981, S. 18-28

Hansen, H.R. (Hrsg., 1982)

Büroinformations- und Kommunikationssysteme, Berlin usw. 1982

Heinen, E.

Einführung in die Betriebswirtschaftslehre, 8. Aufl., Wiesbaden 1982

Heinen, E. (Hrsg., 1978)

Industriebetriebslehre, 6. Aufl., Wiesbaden 1978

Jehle, E. (1982)

Gemeinkosten-Management, in: Die Unternehmung, 1/1982, S. 59-76

Kommission für den Ausbau des technischen Kommunikationssystems -KtK- (1976)

Telekommunikationsbericht, Anlagebände, hrsg. vom Bundesministerium für das Post- und Fernmeldewesen, Bonn 1976

Mertens, P. (et al., 1982)

Betriebswirtschaftliche Nutzeffekte und Schäden der EDV-Ergebnisse des NSI-Projektes, in: Zeitschrift für Betriebswirtschaft, 2/1982, S. 135 ff.

Mintzberg, H. (1973)

The nature of managerial work, New York 1973

Nadler, D.A. (et al., 1979)

Managing organizational behaviour, Boston 1979

Nagel, K. (Hrsg. 1982)

Bürokommunikation heute und morgen, München und Wien 1982

Peisl, A. (1981)

Dienstleistung und Verwaltung als Einsatzgebiet von Automationstechnologie, in: Automation in Industrie und Verwaltung, Ökonomische Bedingungen und soziale Bewältigung, hrsg. von J. Biethan und E. Staudt, Berlin 1981, S. 55-77

Picot, A. (1979)

Rationalisierung im Verwaltungsbereich als betriebswirtschaftliches Problem, in: Zeitschrift für Betriebswirtschaft, 12/1979, S. 1145-1165

Picot, A. (1982)

Neue Techniken der Bürokommunikation in wirtschaftlicher und organisatorischer Sicht, Referat im Rahmen des 1. Europäischen Kongresses über Bürosysteme und Informations-Management, erschienen in den Proceedings, hrsg. von Communications, Services & Education, München 1982

Picot, A.; Reichwald, R. (1978)   Untersuchungen der Auswirkungen neuer Kommunikationstechnologien im Büro auf Organisationsstruktur und Arbeitsinhalte, Phase 1: Entwicklung einer Untersuchungskonzeption, Forschungsbericht Nr T79-64, hrsg. vom Bundesministerium für Forschung und Technologie, Eggenstein-Leopoldshafen 1978

Picot, A.; Reichwald, R. (et al., 1979)   Untersuchung zur Wirtschaftlichkeit der Schreibdienste in Obersten Bundesbehörden, Abschlußbericht, Forschungsbericht 01 HB 198 A-AK-TAP, hrsg. vom Bundesministerium für Forschung und Technologie, München und Hannover 1979

Pirker, T. (et al., 1981)   Schreibdienste in Obersten Bundesbehörden, Frankfurt 1981

Prognos AG (1978)   Längerfristige Wirtschaftlichkeits- und Arbeitsmarktentwicklung in der Bundesrepublik Deutschland und Baden-Württemberg sowie Handlungsmöglichkeiten zur Sicherung der Vollbeschäftigung und des Wirtschaftswachstums, Basel 1978

Reichwald, R. (1979)   Zur arbeitswissenschaftlichen Optimierung der Büroarbeit, in: Zeitschrift für Arbeitswissenschaft, 3/1979, S. 173-177

Reichwald, R. (1981a)   Bürokommunikation im Teletex-Dienst, Teil 1: Organisationsmodelle und Wirtschaftlichkeit, in: Telcom Report 4, 1/1981, S. 5-13

Reichwald, R. (1981b)   Überlegungen zur Effektivität neuer Kommunikationstechniken im Verwaltungsbereich, in: Organisation informationstechnikgestützter öffentlicher Verwaltungen, hrsg. von H. Reinermann; H. Fiedler; K. Grimmer und K. Lenk, Berlin usw. 1981, S. 526-548

Reichwald, R. (1982)   Neue Systeme der Bürotechnik und Büroarbeitsgestaltung - Problemzusammenhänge, in: Neue Systeme der Bürotechnik, hrsg. von R. Reichwald, Berlin 1982

Reichwald, R.; Hellmann, R. (1982)   Aktuelle Entwicklungen der Bürokommunikation, in: Nagel, K. (Hrsg.), Bürokommunikation heute und morgen, München/Wien 1982

Reichwald, R.; Sorg, S. (1982)

Kooperationsbeziehungen im Büro - Kommunikationstechnik als Managementtechnologie, in: Die Akzeptanz neuer Bürotechnologie, Arbeitsberichte aus einem Forschungsprogramm Nr. 10, hrsg. von R. Reichwald, München 1982

Siemens AG (1982)

Produktionssteigerung im Büro, München 1982

Szyperski, N. (1961)

Analyse der Merkmale und Formen der Büroarbeit, in: Kosiol, E., Bürowirtschaftliche Forschung, Berlin 1961

Szyperski, N. (1974)

Wirtschaftliche Verwaltungen für leistungsfähige Unternehmungen, in: Betriebswirtschaftliche Forschung und Praxis, 26. Jg., 1974, S. 455-465

Taylor, R.S. (1980)

Information and Productivity: Definitions and Relationships, in: Communicating Information, Proceedings of the 43rd ASIS Annual Meeting, Vol. 17, hrsg. von A.R. Benenfeld und E.J.Kaslauskas, Anaheim 1980, S. 236-238

Tushman, M.L. (1979)

Managing Communication Networks in R & D Laboratories, in: Sloan Management Review, Winter 1979, S. 37-49

Uhlig, R.P. (et al., 1979)

The office of the future, Amsterdam u.a. 1979

Witte, E. (1972)

Das Informationsverhalten in Entscheidungsprozessen, Empirische Theorie der Unternehmung, Band 1, hrsg. von E. Witte, Tübingen 1972

Witte, E. (1977)

Organisatorische Wirkungen neuer Kommunikationssysteme, in: Zeitschrift für Organisation 1977, Nr. 7, S. 361 ff

Witte, E. (1980b)

Die organisatorische Verknüpfung von Informations- und Kommunikationssystemen, in: Zeitschrift für Organisation, 8/1980, S. 430-438

Zahn, E. (1981)

Technology Assessment, in: Zeitschrift für Betriebswirtschaft, 51. Jg., 8/1981, S. 798-804

Ziegler, R. (1968)

Kommunikationsstruktur und Leistung sozialer Systeme, Kölner Beiträge zur Sozialforschung und angewandter Soziologie, Band 6, hrsg. von R. König und E.K. Scheuch, Meisenheim am Glan 1968

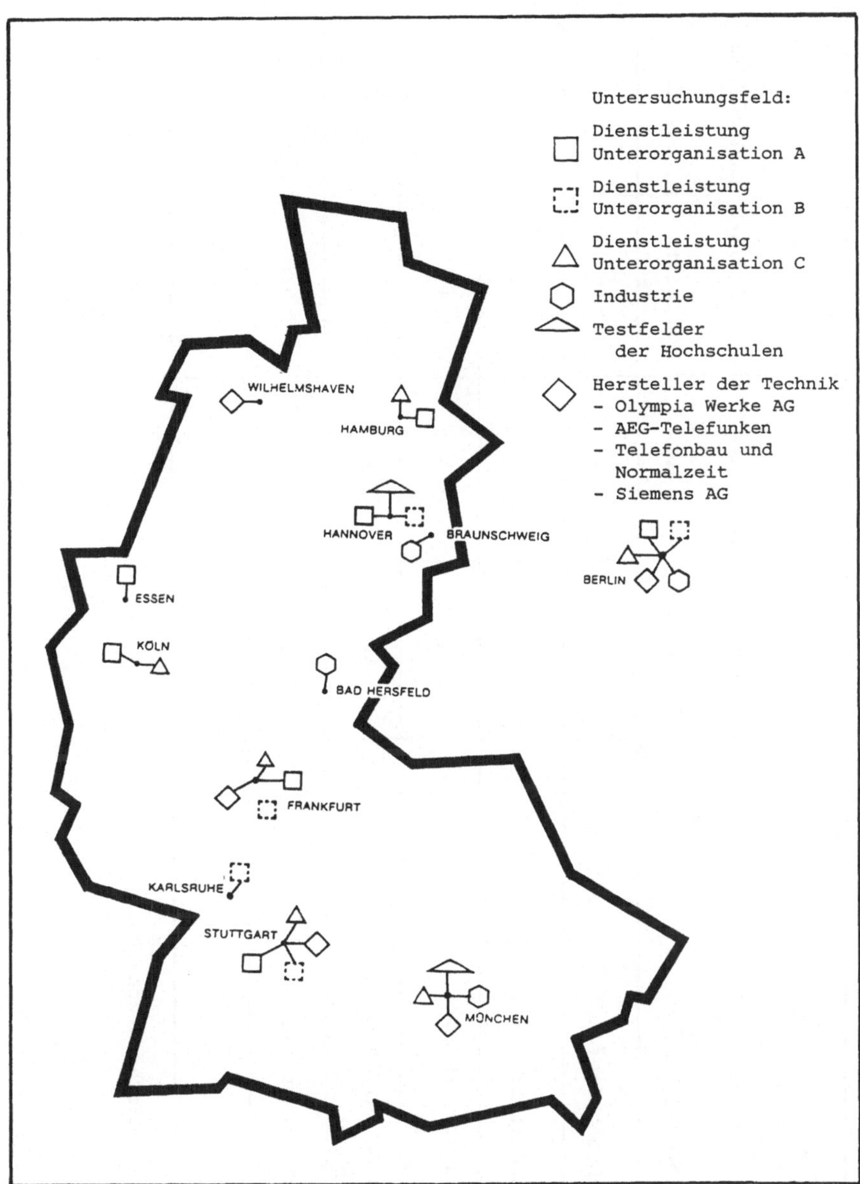

Abb. 1: Das Untersuchungsfeld "Bürokommunikation"

Untersuchungsfeld Hierarchische Ebene	Industrieunternehmen		Dienstleistungsunternehmen	
	absolut	relativ	absolut	relativ
Sachbearbeiter	188	51 %	20	23 %
Gruppenleiter	89	24 %	16	19 %
Dienststellen bzw. Bereichsleiter	61	16 %	15	17 %
Referenten, Abteilungsleiter und höher	25	6 %	35	41 %
nicht zuzuordnen	12	3 %	-	-
$\sum$	375	100 %	86	100 %

Abb. 2 : Hierarchische Ebene der Nutzer

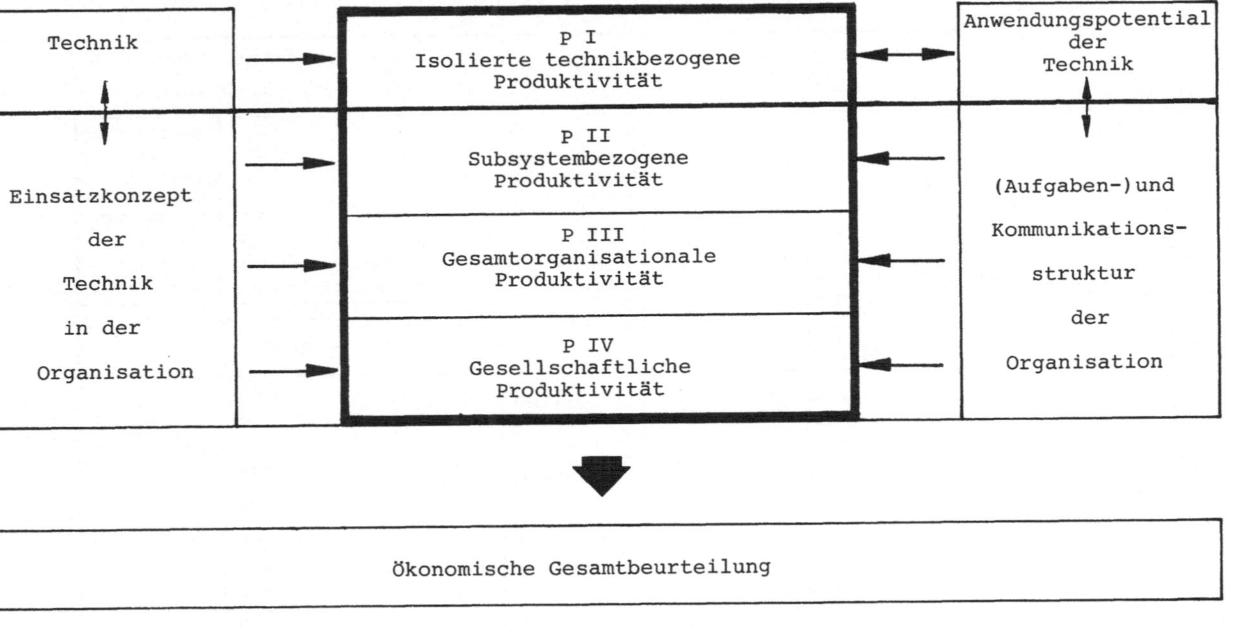

Abb. 3: Untersuchungsansatz zur Produktivitätsanalyse neuer Kommunikationstechniken

Kommunikations-kanal / Leistungsmerkmal	textorientierte Kanäle						mündliche Kanäle	
	Teletex	Telefax Gr. 2	Telefax Gr. 3	Superteletex Text-Fax 1)	Telex	(Haus- und) Briefpost	Telefon	face-to-face
Übertragungsmöglichkeit (-technik)	Text/Daten (digital)	Text/Bild (analog)	Text/Bild (digital)	Text/Bild/ Daten (digital)	Text (digital)	Text/ Bild Daten (körperlich)	Sprache	Sprache
Übertragungsgeschwindigkeit (Text/ Information einer DIN A4 Seite)	Sekunden-bereich (10 Sek.)	Minuten-bereich (3 Min.)	Sekunden-/ Minutenbereich (1 Min.)	Sekunden-bereich (0)	Minuten-bereich (2,5 Min.)	Tage-bereich	Sekunden-/ Min.-bereich (2-3 Min.)	Sekunden-/ Min.-bereich (2-3 Min.)
Rückkopplungsmöglichkeit	mittelbar	(un)mittel-bar	(un)mittel-bar	(un)mittel-bar	(un)mittel-bar	——	unmittelbar	unmittelbar
Zuverlässigkeit/ Störanfälligkeit	sehr zuverlässig	teilweise Störung/Unterbrechung des Übertragungsvorgangs		0	zuverlässig	relativ zuverlässig	relativ zuverlässig	0
Sicherheit und Vertraulichkeit	weitgehend gewähr-leistet	nur sehr bedingt gewährleistet		weitgehend gewähr-leistet	bedingt gewähr-leistet	gewähr-leistet	nur sehr bedingt gewähr-leistet	gewähr-leistet
Qualität des "Informationsträgers" (Repräsentativität)	weitgehend gewähr-leistet	——	——	(voll) gewähr-leistet	——	voll gewähr-leistet	0	0
Bequemlichkeit	abhängig von Endgeräteausstattung (Druckwerk, Bildschirm, automatische Empfangseinr.)				Texterstell. u. Wahlvorg. teils unbequ.	Kuvertieren, Frankieren erforderlich	0	0
Erreichbarkeit von Kommunikationspartnern (Netzstruktur)	Geschäfts-partner m. Teletex-/2) Telexansch.	Geschäftspatner mit Telefax-Anschluß (keine Privatperson)		Geschäftsp. mit entspr. Anschluß 2)	Geschäftsp. m. Teletex-/ Telex-Anschluß 2)	jeder	(fast) jeder	jeder (in räumlicher Nähe)
Integrationsmöglichkeit vor- und nachgelagerter Tätigkeiten	Textbe-und -verarbeitung/ Datenverarb./ Speicherung	——	——	Textbe-und -verarbeitung/ Datenverarb./ Speicherung	(notwendige) Texterstellung		——	——	——

Anmerkung: —— = Bedingung nicht erfüllt   1) nach 1985 verfügbar

              0 = keine Beurteilung möglich   2) (keine Privatperson)

Abb. 5: Leistungsmerkmale der untersuchten Kommunikationskanäle (Überblick)

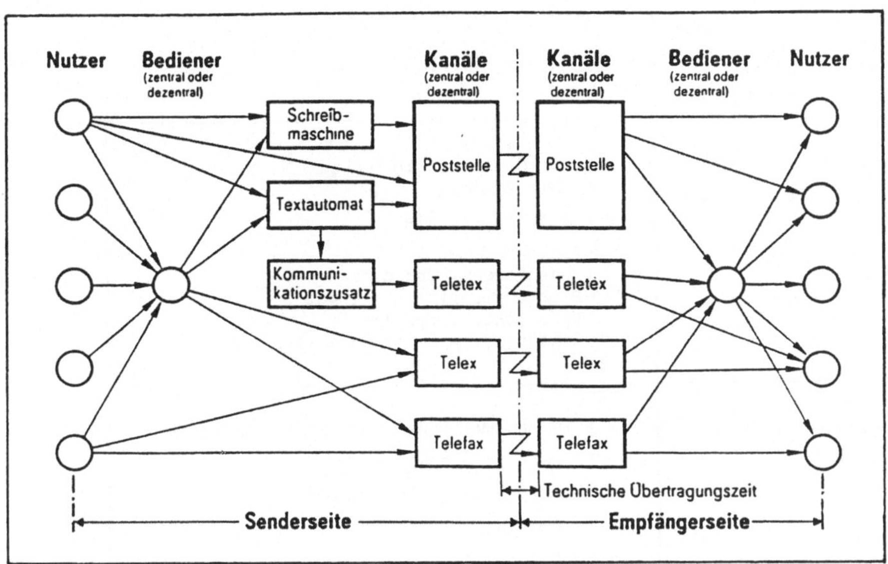

Abb.   6: Das Meßmodell zur Untersuchung von Durchlaufzeiten

Variablen P II	Konkretisierung der Variablen
Suborganisations-bezogenes Anwendungs-potential	- Kommunikationsvorgänge pro Nutzer und Monat (Anzahl) - Qualitätsmerkmale: • Anlagen • Zeichnungen, Graphiken • Handschriftliche Vorgänge • Vordrucke, Formulare • Empfänger: private Haushalte
Einflußgrößen der Nutzung	- Erreichbarkeit der Kommunikationspartner - Einsatzkonzept der Technik - Rückkopplungserfordernisse - Rechtsverbindlichkeit - Vertraulichkeit - Repräsentativität - Technische Zuverlässigkeit
Veränderungen im Arbeitsablauf (Leistungs- und Kostenaspekte)	- Durchlaufzeiten - Verkürzung von Bearbeitungszeiten - Vermeidung von Doppelarbeit - "Knappere" Nachrichten - Verbesserung von Entscheidungssituationen - Auftreten von zusätzlichen Schriftgut - Zeitaufwände für Korrektur lesen - Ansteigen von Überarbeitungen - Auftreten von Überwälzungseffekten (z.B. Eigentransport)
Kostenwirkungen	- Ausstattungs- und Personalkosten - Kosten des Transportwesens - Überwälzungskosten

Abb. 7: Untersuchte Variablen der Produktivitätsstufe II

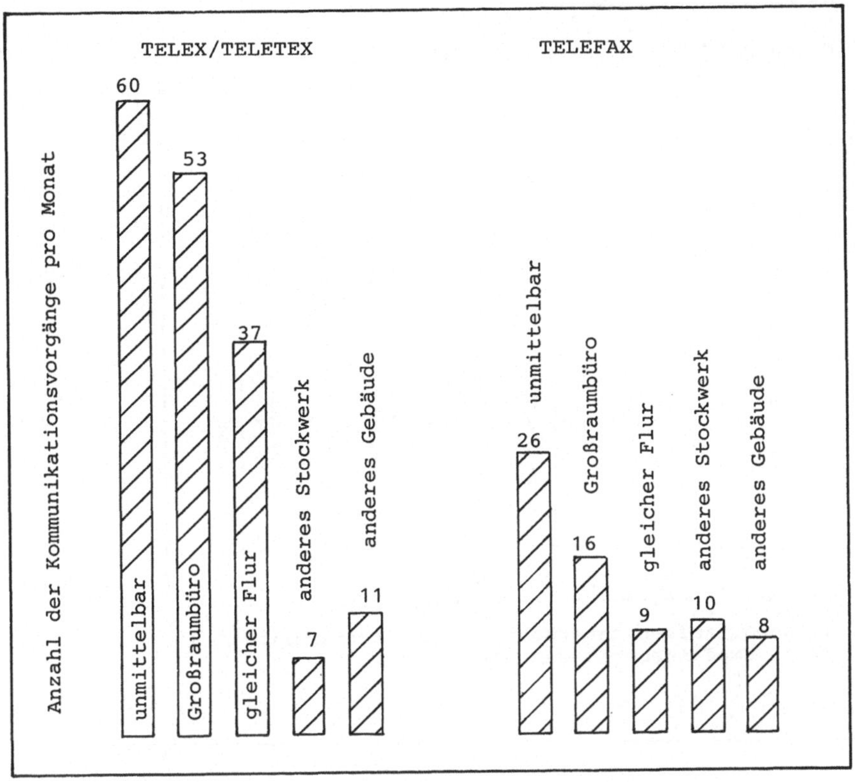

Abb. 8: Monatliches Nutzungsniveau in Abhängigkeit von der Verfügbarkeit des Kanals

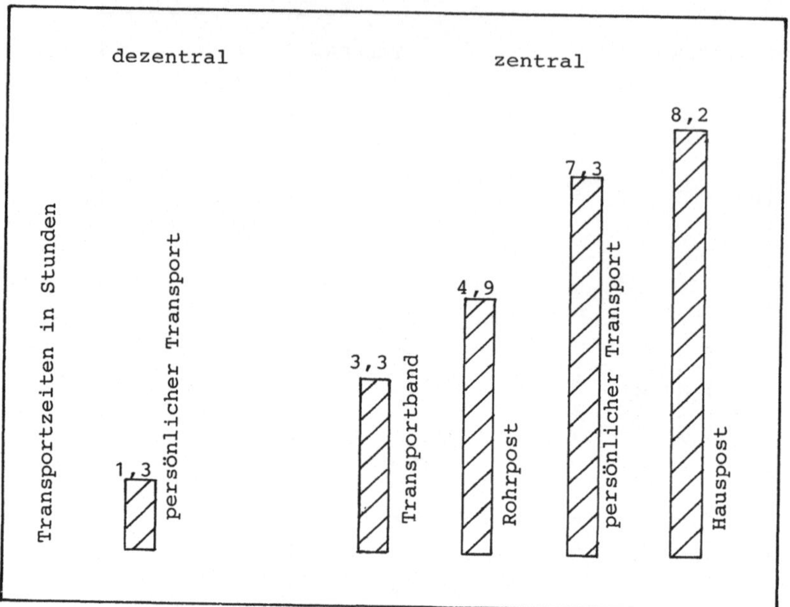

Abb. 9: Transportzeiten unterschiedlicher Transportmittel
(vom Empfangsgerät zum Adressaten)

	Anteil der Befragten	
	Viel-verwender	Wenig-verwender
- Verkürzung der Bearbeitungszeiten von Arbeitsvorgängen, die mehrstufig sind	93 %	71 %
- Vermeidung von Doppelarbeit (Einarbeitung), da die Vorgänge nicht länger unterbrochen werden	83 %	53 %
- Nachrichten werden wesentlich knapper gefaßt (Wegfall von Redundanzen)	85 %	51 %

Abb. 10: Festgestellte Veränderungen in Arbeitsabläufen
durch Nutzung von Teletex

Variablen P III	Konkretisierung der Variablen
Anpassungsfähigkeit:	- Bewältigung von Entscheidungssituationen - Termineinhaltung - Vermeidung von Arbeitsunterbrechungen - Erledigung dringender Arbeiten - Erreichbarkeit der Kommunikationspartner - Informationsniveau
Funktionsstabilität:	- Bedienerfreundlichkeit der Technik - Veränderung der Arbeitsteilung - Abhängigkeit von der Technik (Ausfallrisiken - Ausfallfolgen)
Humansituation:	- Qualifikation - Selbstverwirklichung - Arbeitsintensität - Gesundheit - Entscheidungsspielräume - Aufstiegsmöglichkeiten

Abb. 11: Untersuchte Variablen der Produktivitätsstufe III

Dringlichkeit: 40 % aller schriftlichen Nachrichten werden als dringlich eingestuft.

72 % der befragten Nutzer sind mindestens einmal pro Tag mit ungeplanten Aufgaben konfrontiert, auf die sofort reagiert werden muß.

Eingeschränkte Erreichbarkeit: ca. 30 % der Arbeitszeit besteht Abwesenheit (Besprechungen, Reisen etc.) vom Arbeitsplatz.

Bedarf an Kapazitätsreserven: 30 % der Nutzer erleben mindestens einmal täglich Arbeitsengpässe.

15 % der Arbeitszeit ist mit nicht geplanten Aufgaben (Besprechungen etc.) ausgefüllt.

Abb. 12: Indikatoren für einen aufgabenbezogenen Anpassungsbedarf

	Anteil der Befragten	
	Viel-verwender	Wenig-verwender
– Termine können besser eingehalten werden	83 %	46 %
– Entscheidungen können besser bewältigt werden (höheres Informationsniveau)	83 %	47 %
– Dringliche Arbeiten können sofort abgewickelt werden	83 %	60 %
– Bessere Erreichbarkeit wichtiger Kommunikationspartner	73 %	34 %
– Höheres Informationsniveau	43 %	18 %

Abb. 13: Festgestellte Veränderungen der Anpassungsfähigkeit durch Nutzung von Teletex

	Anteil der Nutzer
– Erhebliche Beeinträchtigung der Arbeitsabläufe bei Technikausfall	58 %
– Erhebliche Beeinträchtigung der Arbeitsabläufe durch Personalausfall (Urlaub und Krankheit) im Sekretariat	54 %
– Größere Abhängigkeit von der Schreibkraft/Sekretärin seit dem Einsatz von Teletex	37 %

Abb. 14: Destabilisierungseffekte durch Verstärkung von Abhängigkeiten

	Anteil der Nutzer	
	Viel- verwender	Wenig- verwender
- Entscheidungen werden verzögert	92 %	62 %
- Termin können nicht eingehalten werden	79 %	30 %
- Beeinträchtigung der Reaktions- fähigkeit	87 %	61 %
- Beeinträchtigung der Qualität von Entscheidungen	66 %	20 %

Abb. 15: Befürchtete negative Konsequenzen bei Ausfall von Telekommunikationsmedien

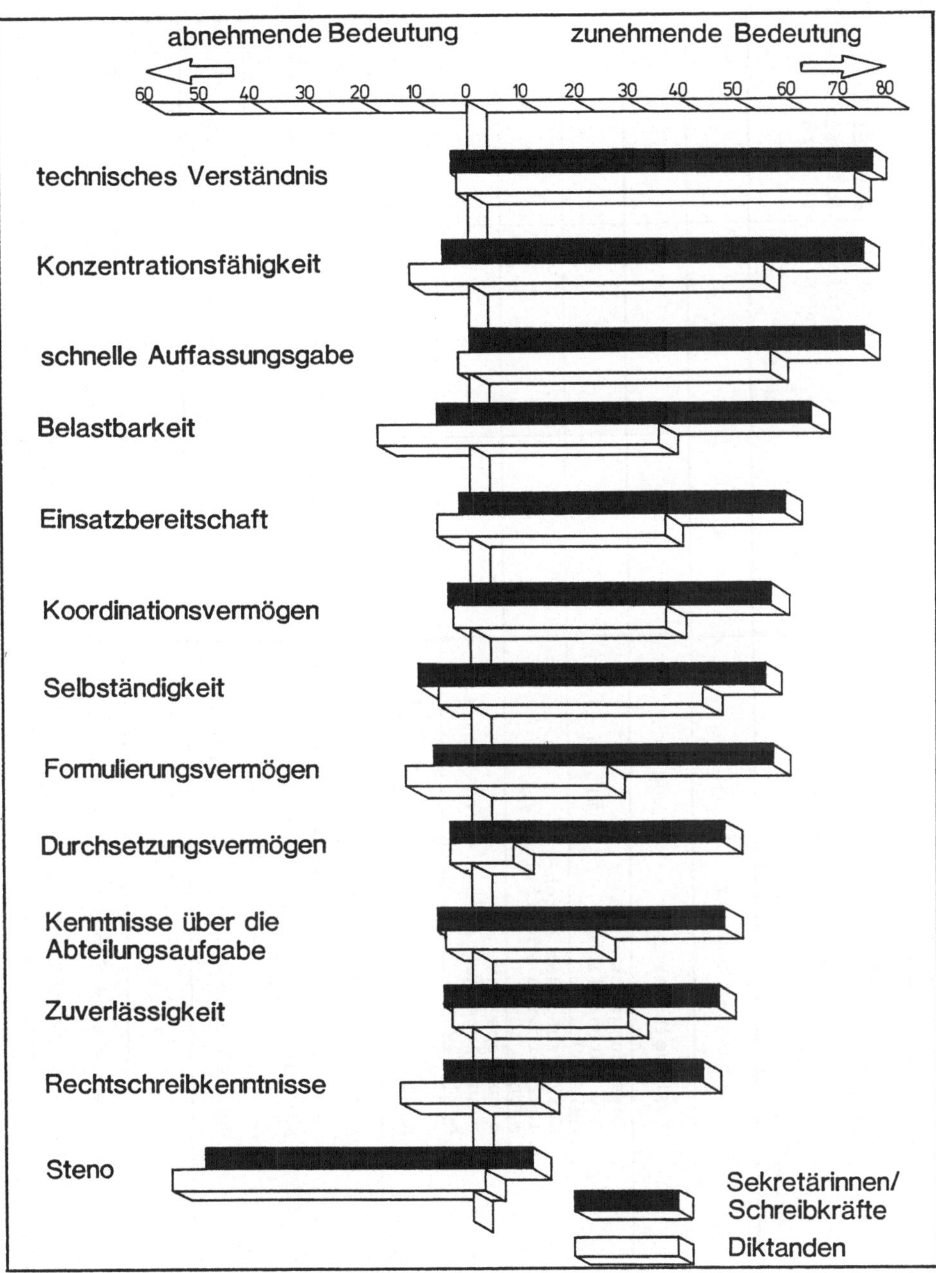

Abb. 16: Einschätzung der Bedeutung einzelner Fähigkeiten und Kenntnisse für die zukünftige Sekretariatsarbeit

B e w e r t u n g e n

Produktivi- tätseffekte \ Zeitraum verfügbare Techniken	festgestellte Effekte im Feldexperi- ment	kurzfristig z.B. Teletex und Telefax	mittelfristig teilintegrier- te Lösungen wie z.B. Textfax	langfristig Multifunktio- nalgeräte
P I Leistungserhöhungen	vielfach	+	++	+++
P I Kosteneinsparungen	möglich	+	+	++
P II Anwendungspotential und tatsächliche Nutzung	mittel – hoch	+	++	+++
P II Verkürzung der Durchlaufzeit von schriftl. Nachrichten	hoch	+	++	+++
P II bequemere und schnellere Aufgabenbewältigung	festgestellt	+	+	++
P II Kosteneinsparungen	kaum festgestellt	0	+	+
P III Anpassungsfähigkeit (Flexibilität)	verbessert	+	++	+++
P III Funktionsstabilität	verschlechtert	-	0	+
P III Humanaspekte	verbessert	+	+	+
Summe I - III		+	++	+++

(0 ≙ indifferente, + ≙ positive, - ≙ negative Entwicklung im Vergleich zur Istsituation)

Abb. 17: Produktivitätsrelevante Effekte des zunehmenden Einsatzes textorientierter Telemedien und deren Nutzung im Zeitablauf unter Berücksichtigung der Technikentwicklung

Analyseebene / Beschreibungs-merkmale	Ebene 1: Technik	Ebene 2: Subsystem	Ebene 3: Gesamt-organisation	Ebene 4: Volkswirtschaft/ Gesellschaft
Komplexitätsgrad (Anzahl einbezogener Aspekte)	gering	mittel	hoch	sehr hoch
Quantifizierungsgrad/ - möglichkeit	hoch	mittel	gering	sehr gering
Berücksichtigung monetärer (Kosten-) Größen	fast ausschließlich	teilweise	kaum	nein
Berücksichtigung sozialer Kosten	nein	nein	teilweise (indirekt)	ja
betroffener Personenkreis	sehr klein	klein	mittel	(sehr) groß
individuelle Beeinflußbarkeit	sehr hoch	hoch	mittel/gering	sehr gering
zeitlicher Wirkungshorizont	insbesondere kurzfristig	eher kurzfristig	eher langfristig	insbesondere langfristig
Dynamik	statisch	eher statisch	eher dynamisch	dynamisch

Abb. 18: Darstellung des "tendenziellen" Beziehungsgefüges der vier Analyseebenen anhand diverser Beschreibungsdimensionen

Office Communication in the Teletex Service – Productivity Measurements in Field Trial

Ralf Reichwald, München

When productivity in the office is considered, it is usual to compare
weighted output (performance) with weighted input (cost). Productivity
then stands as a synonym for the term "cost-effectiveness". A purely
quantitative consideration of the input/output relationship has little
significance in economic terms, and is unusable for office operations.

If the effect of office communication in the teletex service on productivity
is to be investigated, the problem of breaking down performance and
cost to specific operations in the office arises, and this must be
done on a multilayer basis. It is part of the nature of office work
that information processing is usually an activity in which several
persons with differing responsibilities are involved. Roughly two
thirds of all office activities are concerned with communication,
with the lion's share going to communication within the organization.
Communication as a component of office work has very diverse functions:
such as coordination, checking, passing on or confirming, and already
the most diverse communication paths are being chosen to suit the
tasks and requirements (telephone, letter, face-to-face, telex, telefax).

As a new communication channel for text communication, teletex is
by no means suitable for every communicative process. The new communication
channel is superior to all facilities available hitherto for communicative
activities in which it is necessary to transmit information in a written
form with identical layout reliably and very quickly to a partner.
In order to determine the achieved productivity effects of the additional
communication channel for the office organization, it is necessary
to analyze the performance aspects of office work in addition to the
cost aspects, and this at several levels.

2. The Investigative Approach in the Field Trial

Narrow considerations of productivity which are restricted to the
recording of input and output at the point of use of the teletex terminals
are inadequate and often without significance, since the principal
point of use of this equipment is the typist's or secretary's workstation.
It is true that equipment and operating costs can be referred to this
point of use, but not the contributions to the increase in performance.
They arise largely in the organizational area in improved performance
of tasks by knowledge workers and managers, and in an increase in
the efficiency of the entire organization. The recording of the productivity
effects of office communication in the teletex service necessitates
a multistage examination of productivity which assigns costs and performances
to various levels (point of use, area, overall organization). In this
connection it is necessary for qualitative effects to be taken into
account on the performance side, which is not normal when productivity
is considered.

In the teletex field trials the central position was occupied by productivity
measurements in addition to other questions relating to the effects
of new communication technologies on work content and organization.
The field trials were commissioned by the Federal Minister for Research
and Technology and were jointly carried out by Hannover University
(under the direction of Prof. Dr. A. Picot) and the Hochschule der
Bundeswehr, Munich under the direction of the author. The productivity
measurements were based on a four-level efficiency concept which,
in addition to quantitative variables, also took account of qualitative
variables for the input and output sides. A fundamental question was
the differing productivity effect of teletex with alternative usage
plans (degree of centralization, cooperation relationships, degree
of specialization).

The investigations encompassed two large organizations from manufacturing
and service industries. The technical communication network consisted
of 80 prototypes of teletex terminals. Approximately 150 typists and
secretaries as well as about 800 knowledge workers and managers at
about 20 locations took part in the investigations. For a period of
about two years they used the new communication channel for the performance
of their work. The investigations were completed at the end of 1982.

3. <u>Results of Productivity Measurements</u>

The results indicate that the productivity effect depends decisively
upon the organizational plan associated with the teletex office communication.
A decisive reduction in the throughput times of work processes, noticable
improvements in the supply of information, better facilities for coordination,
and improvement in the reaction and flexibility in the case of critical
and particularly urgent work processes is clearly discernible if

- the front end is made user-friendly,
- there is cooperation on the content between operator and user,
- communication partners are completely incorporated in the network,
- formalization of access to the communication channel is minimum.

Organization models corresponding to these criteria show not only
high efficiency on the performance side of knowledge work and management,
there is also high acceptance of the new communication channel.

A particular problem proved to be the fact that conventional loading
calculations or break-even analysis, when used as a basis for decision
before introduction of the new means of communication, do not lead
to such solutions. The predominantly narrow and usually exclusively
cost-oriented productivity thinking in office organization could act
as a brake on the extension of teletex office communication for a
long time to come.

Bildschirmtext im Feldversuch

Renate Mayntz, Köln

Der Feldversuch für Bildschirmtext (Btx), dessen bundesweite Einführung mit der Unterzeichnung des Staatsvertrages im März besiegelt wurde, sollte vor allem die Akzeptanz und damit die Verbreitungschance
des neuen Postdienstes bei privaten Haushalten testen. Der Versuch war
weder darauf angelegt, die berufliche Nutzung von Btx, noch seine Nutzung durch und vor allem in Organisationen zu testen. Wohl bot der
Feldversuch später auch die Möglichkeit, das Nutzungsverhalten von
Organisationen, also von Unternehmungen, Verbänden, öffentlichen Einrichtungen usw. zu untersuchen, doch war dies eher ein Nebenergebnis
und nicht das eigentliche Ziel. Diese Orientierung des Feldversuchs
an der privaten Nutzung ist auch insofern gerechtfertigt, als die Nutzung durch private Haushalte das eigentlich Spannende an diesem neu-
en technischen Medium ist. Bildschirmtext als Terminal im Wohnzimmer,
als ein großräumiges Netz dialogfähiger Kommunikation zwischen einzelnen Haushalten wie zwischen ihnen und Organisationen ist das entscheidend Neue am Bildschirmtext. Seine Bedeutung im Zusammenhang der
Büroautomation ist dagegen nachrangig. Hier, wie auch für die geschäftliche Kommunikation, ist Bildschirmtext eine bloße Facette im
Angebot an moderner Informations- und Kommunikationstechnologie, und
seine Auswirkungen werden im Guten wie im Bösen sehr viel geringer
sein als diejenigen der EDV. Man kann sogar sagen, daß Bildschirmtext
seine wichtigsten Wirkungen überhaupt nur im Zusammenhang mit der
EDV, also im Rechnerverbund erzeugen wird.

Wenn ich heute vor diesem Forum über Ergebnisse des Feldversuchs berichte, an dem ich als Mitglied des Begleitforschergremiums in Nordrhein-Westfalen beteiligt war, dann geht es mir weniger darum, mit ge-
nauen Zahlen aus den verschiedenen Erhebungen aufzuwarten. Ich möchte
vielmehr die Begleitforschung und ihre Ergebnisse im Hinblick auf ihre exemplarische Bedeutung im Zusammenhang mit drei über Btx hinaus-
reichenden Fragestellungen beleuchten.

Bei dem ersten dieser Probleme geht es um die Beziehung zwischen wis-
senschaftlicher Begleitforschung und politischer Entscheidung. Wie Sie
sicher wissen, ist die Entscheidung für die bundesweite Einführung
von Bildschirmtext bereits gefallen, als der Feldversuch gerade erst
angelaufen war und noch keinerlei nennenswerte Ergebnisse produziert

hatte. Die Forschungsergebnisse konnten also später lediglich dazu
dienen, die schon getroffene politische Entscheidung nachträglich zu
legitimieren. Das kommt auch in der Formulierung des vorläufigen Schluß-
berichts der Begleitforscher in NRW sehr deutlich zum Ausdruck. Sie
sprechen nämlich in ihrer ersten zusammenfassenden These davon, daß
die Untersuchungen keine Erkenntnisse gebracht hätten, "die Anlaß
zu grundsätzlichen Einwänden gegen die allgemeine, bundesweite Einführung dieses Kommunikationssystems sein könnten".[1] Immerhin ist
dem Landtag in Nordrhein-Westfalen dieses <u>nulla osta</u> so wichtig gewesen, daß er den Schlußbericht der Begleitforschung unbedingt vor seiner Zustimmung zum Staatsvertrag zu sehen wünschte. Was der politische
Auftraggeber von der Begleitforschung darüberhinaus vor allem erwarte-
te, waren Hinweise auf den Regelungsbedarf. Dabei bezog sich - und
das ist für die deutsche Politikentwicklung, die fast immer unter star-
ker Beteiligung der überwiegend juristisch vorgebildeten Ministerial-
bürokratie stattfindet, einigermaßen typisch - der wahrgenommene Regelungsbedarf vor allem auf eine Reihe spezieller Mißbrauchsmöglichkei-
ten, vor denen man die künftigen Teilnehmer schützen wollte. So beziehen sich die im Staatsvertrag angesprochenen Regelungen oder Rege-
lungsnotwendigkeiten auf Fragen des Datenschutzes, Verbraucherschut-
zes oder Jugendschutzes. Wie man dagegen den künftigen Verbreitungs-
prozeß, die Art der Nutzung von Bildschirmtext steuern könne, stand
höchstens bei der Postentscheidung über die Gebührenstruktur, kaum
jedoch bei der Diskussion um den Staatsvertrag zur Debatte, obwohl es
Verbreitung und Nutzung sind, die für die zu erwartenden ökonomischen,
sozialen und kulturellen Folgen ausschlaggebend sein werden. Diese
höchst selektive Wahrnehmung des Regelungsbedarfs ist übrigens nicht
nur die Folge davon, daß sich in den Staatskanzleien vorwiegend Ju-
risten mit dieser Problematik beschäftigt haben, sondern hängt auch
mit der Grundentscheidung zusammen, Bildschirmtext zwar von der technischen Infrastruktur her als Postdienst, also in staatlicher Regie
zu entwickeln, die Bestimmung der Inhalte jedoch dem Markt, d.h. dem
Interesse potentieller Anbieter zu überlassen. Auch diese Kombination
von Staat und Markt ist recht charakteristisch für die politische Kul-
tur der Bundesrepublik.

Der Hinweis auf die Frage nach der künftigen Verbreitung von Bildschirmtext führt mich zu meinem zweiten Punkt. Die Prognose der mit-
tel- und längerfristigen Verbreitung von Bildschirmtext verdeutlicht
auf exemplarische Weise die Probleme, die bei der vorausschauenden

Technologiefolgenabschätzung (technology assessment) auftreten. Die
Post rechnet bekanntlich mit 1 Mio Btx-Anschlüssen für Ende 1986 und
mit 3,5 Mio vier Jahre später. Die nordrhein-westfälischen Begleitforscher halten diese Zahlen eher für die Obergrenze der wahrscheinlichen
Entwicklung. Die Berliner Begleitforscher haben auf der Grundlage von
Haushaltsstrukturdaten und Daten über die Zusammensetzung und Entwicklung von Telefonanschlüssen drei prognostische Varianten für die Pe-
riode bis 1994 errechnet, die zwischen 7,5 Mio Anschlüssen als Maxi-
mum und 4,5 Mio als Minimum liegen.[2] Die zentrale Variable ist dabei
der Umfang der privaten Nutzung, während eine relativ schnelle Verbreitung im Bereich der geschäftlichen Kommunikation als weniger fraglich erscheint. Was uns hindert, eine _definitive_ Prognose zu geben,
ist die Tatsache, daß wir zwar wissen, von welchen Faktoren die Verbreitung abhängen wird, aber wir kennen - technisch gesprochen - nicht
die künftigen Werte dieser Variablen, die sich auch im Feldversuch
nicht realistisch simulieren ließen. Das gilt sowohl für die Eigenschaften des technischen Systems wie für die Gebühren, die Gerätekosten,
und schließlich auch für das inhaltliche Diensteangebot. Dadurch wird
die Möglichkeit der Prognose sehr viel stärker belastet als durch die
in der öffentlichen Diskussion im Vordergrund stehende Tatsache, daß
es nicht gelang, mit den Testhaushalten eine repräsentative Stichprobe der Bundesbevölkerung herzustellen. Auch nach der bundesweiten Einführung werden nämlich auf viele Jahre private Teilnehmer aus den höheren sozialen Schichten, die der Informationstechnik gegenüber aufgeschlossen und kommunikationsintensiv sind, überwiegen - eben die
Gruppe, die schon in der Testpopulation überrepräsentiert war.

Die künftige Verbreitung von Btx wird von einem recht komplexen Zu-
sammenspiel der Kosten-Nutzen-Kalküle von Anbietern einerseits und
privaten Teilnehmern andererseits abhängen. Daß geschäftliche Nutzer
und Anbieter rational kalkulieren werden, versteht sich in einer
Marktwirtschaft fast von selbst. Für die privaten Haushalte ist ein
derart rationales Nutzungsverhalten _nicht_ selbstverständlich, läßt
sich aber erwarten, weil sich Bildschirmtext nach den Ergebnissen des
Feldversuchs als ein auch privat überwiegend gezielt genutztes, kal-
tes Medium erweist. Anders als vielfach erwartet konkurriert Btx in
der privaten Nutzung nicht mit den Printmedien und TV, sondern dient
überwiegend als eine Art Archiv für alltagsrelevante Spezialinformationen und eine neue Möglichkeit zur Abwicklung von Besorgungen. Schon
das begünstigt eine rationale Grundeinstellung in der Nutzung des

Mediums. Es kommt hinzu, daß Btx in jeder seiner Nutzungsarten durch alternative Informationsquellen oder Kommunikationsformen ersetzbar ist. Btx ist insofern für keine wichtige Funktion ein unerläßliches Medium; das Nutzungsverhalten sollte deshalb besonders preiselastisch sein. Schließlich wird das Denken in Kosten-Nutzen-Kategorien beim privaten Teilnehmer noch durch die Tatsache verstärkt, daß während der Nutzung sowohl das Auflaufen von Telefonkosten wie von Seitengebühren permanent bewußt bleibt; schon während des Feldversuchs resultierte daraus ein sparsames Umgehen mit dem Medium.

Wenn die Verbreitung einer technischen Innovation von Kosten-Nutzen-Überlegungen abhängt, mag die Prognose prinzipiell leichter sein als dort, wo irrationale Einstellungen, Ängste und Hoffnungen eine große Rolle spielen. Tatsächlich wissen wir aber heute nicht, welche Art von Diensteangebot den Anbietern unter der Bedingung der jetzt festgelegten Postgebühren rentabel erscheinen wird und wie die privaten Haushalte ihrerseits angesichts der Kosten und der Handhabungsprobleme des Mediums darauf reagieren werden. Die scheinbar hohe Akzeptanz von Bildschirmtext, die der Feldversuch ergab, bezieht sich nämlich genauer betrachtet sehr viel mehr auf künftige Nutzungsmöglichkeiten, vor allem in der Verfügung über Spezialinformationen und für die Abwicklung von Besorgungen, als auf das derzeitige Angebot. Insbesondere im Rahmen einer Zusatzuntersuchung, bei der Gruppendiskussionen mit ausgewählten Teilnehmern geführt wurden, zeigte sich nach einer anfänglichen Spielphase ein hohes Maß an Enttäuschung mit dem derzeitigen Angebot und den derzeitigen Handhabungsmöglichkeiten, die zusammengenommen dazu führten, daß der private Nutzer sich gegen seinen Willen sehr viel mehr Werbung ansehen mußte, als er wollte.[3] Wenn das in Zukunft so bleibt und wenn in der Kombination von Postgebühren und Seitenentgelt die eigentlich positiv motivierenden Nutzungen von Bildschirmtext zu teuer werden, dann kann sich sehr leicht ergeben, daß auch die schon relativ vorsichtige Prognose einer 10%igen Verbreitung im privaten Bereich bis Ende 1988 noch viel zu optimistisch war. Das wiederum hätte Rückwirkungen auf die geschäftliche Nutzung von Btx zu absatzpolitischen Zwecken, denn die Nutzung von Btx als Vertriebsweg, als Ware oder als Dienstleistung wird erst von einem bestimmten Verbreitungsgrad ab sinnvoll. So hängt das Diensteangebot mit von der Verbreitung des Mediums, die Verbreitung aber ihrerseits zumindest teilweise vom Diensteangebot ab.[4] Hier entsteht die Möglichkeit eines negativen Verstärkungsmechanismus, der die private

Nutzung längerfristig entmutigen könnte. Bildschirmtext könnte damit
ein ähnliches Schicksal wie das englische PRESTEL erleiden.

Der dritte Zusammenhang, in dem die Ergebnisse des Feldversuchs exemplarische Bedeutung haben, bringt mich zu der durch Fallstudien und
Erhebungen bei den Anbietern untersuchten, organisationsinternen Wirkung von Btx, womit ich mich dem eigentlichen Tagungsthema stärker
nähere. Am Beispiel von Btx läßt sich exemplarisch Verlauf (Diffu-
sion) und Wirkung einer eher marginalen technischen Innovation mit
einer diffusen oder doch mehrfachen Funktionalität ausweisen. Btx
ist in keiner seiner zentralen Funktionen eine grundlegende technische Innovation: weder als System der Textübermittlung noch als
dialogfähiges System der Kommunikation zwischen zentralem Rechner
und mehr oder weniger intelligenter Peripherie und auch nicht als
Möglichkeit, Information aus einem zentralen Speicher auf ein ent-
ferntes Terminal übertragen zu lassen. Neu ist an Btx nur, daß all
dieses über ein (fast) überall verfügbares Netz und mittels (fast)
überall verfügbarer Endgeräte geschehen kann. Btx wird daher vor
allem dort für organisatorische und administrative Prozesse wichtig,
wo die für andere informationstechnische Anwendungen erforderlichen
Netze und Endgeräte nicht verfügbar sind. So wird Btx im Kreditge-
werbe mit seiner schon stark ausgebauten informationstechnischen Infrastruktur für den Verkehr zwischen Zentrale und Filialen kaum eine
Rolle spielen, während es im Versicherungsgewerbe die Kommunikation
zwischen Zentrale und Außendienst auf neuartige Weise unterstützen
kann. Ähnlich spielt Btx für Reisebüros eine potentiell durchaus verschiedene Rolle, je nachdem, ob sie bereits an das zentrale START-
System angeschlossen sind oder nicht. Auf derselben Linie liegt, daß
Btx in großen Unternehmen mit eigener leistungsfähiger EDV sich kaum
auf die Warenbestandsführung, Buchhaltung, Termin- und Einsatzpla-
nung auswirken wird, während die Möglichkeit, Btx zum Zweck der Datenfernverarbeitung einzusetzen, für kleine Handelsunternehmen und
Handwerksbetriebe eine neuartige Möglichkeit zur Rationalisierung
dieser genannten Funktionen bringt.

Angesichts dieser eher ergänzenden, bisherige Lücken der informationstechnischen Ausstattung füllenden Funktion von Btx kann es nicht über-
raschen, daß Unternehmensleitungen diesem neuen Medium weniger Aufmerksamkeit schenken, als das seinerzeit und auch heute noch für

die EDV gilt. Btx ist auch weniger umstritten, da von ihm geringere
Auswirkungen erwartet werden als von der EDV, und zwar im Guten (Vorteile für die eigene Leistungsfähigkeit usw.) wie im Bösen (Furcht
vor Verlust von Arbeitsplätzen). Nur die Unternehmen im Medienbereich
bilden hier eine gewisse Ausnahme. In den meisten Wirtschaftsbereichen war denn auch der ausschlaggebende Grund für die Beteiligung am
Feldversuch nicht die Erwartung kurzfristiger handgreiflicher Vorteile oder die unmittelbare Vorbereitung für den "Ernstfall", sondern der Wunsch, Btx und seine Möglichkeiten kennenzulernen und zu
erproben.

Ebenfalls mit der Eigenschaft von Btx als einer eher marginalen und
multifunktionalen technischen Innovation hängt zusammen, daß Art
und Umfang seiner Nutzung durch Organisationen nicht primär vom technischen Potential, sondern von längerfristigen Strategien bestimmt
werden, mit denen Organisationen auf jeweils spezifische Umweltbe-
dingungen wie die Nachfrageentwicklung, die Wettbewerbssituation oder
öffentliche Anforderungen reagieren. Für die Btx-Nutzung wichtig sind
in diesem Zusammenhang vor allem Wachstumsstrategien, produktivitäts-
bezogene Rationalisierungsstrategien, Strategien zur output-bezoge-
nen Leistungsverbesserung und Strategien zu organisationsinternen
Kommunikationsverbesserungen. Im Handel beispielsweise, wo die Bran-
chenentwicklung infolge der verschlechterten wirtschaftlichen Rahmenbedingungen generell von produktivitätsbezogenen Rationalisierungsstrategien gekennzeichnet ist, interessiert Btx - neben anderen
Techniken wie z.B. Datenkassen - als Mittel der Rationalisierung des
Verkaufs; die damit verknüpften Personaleinsparungen gehören hier
zu den bestimmenden Motiven der Btx-Nutzung. Im Versicherungsgewerbe dagegen, das sich noch einem wachsenden Markt gegenüber sieht,
ist eher die Außendienstunterstützung bei der Markterschliessung strategisches Ziel für den Einsatz von Btx. Im öffentlichen Bereich
schließlich interessiert Btx unter dem Druck der Forderungen nach
einer bürgernahen Verwaltung besonders als Medium der Informations-
vermittlung nach außen. Die Einführung und Nutzung von Btx durch
Organisationen wird insofern eher bestehende Entwicklungen verstärken, als selber ganz neuartige Entwicklungen auszulösen.[5)]

Die Nutzung von Btx durch Organisationen wird voraussichtlich auch keine schwerwiegenden Veränderungen in Arbeitsplatzanforderungen und Arbeitsorganisation mit sich bringen. Daß sich derartige Auswirkungen
unter den Bedingungen des Feldversuchs nicht feststellen ließen, ist
selbstverständlich. Ganz überwiegend werden jedoch auch für die Zeit
nach der bundesweiten Einführung von den beteiligten Organisationen
keine größeren Auswirkungen erwartet. Das hängt zum einen wieder mit
der Tatsache zusammen, daß Btx keine grundsätzlich neue Technologie
ist, die völlig veränderte Arbeitsanforderungen stellte. Etwaige Auswirkungen auf die Arbeitsorganisation sind außerdem dadurch beschränkt,
daß nach übereinstimmenden Schätzungen die Zahl der mit Btx befaßten
Mitarbeiter in Organisationen bei allen Nutzungsarten und in fast allen Wirtschaftsbereichen mit Ausnahme spezieller Btx-Beratungsfirmen
sehr begrenzt bleiben wird und jedenfalls auch künftig nur ein Bruchteil des EDV-Personals ausmachen dürfte. Schließlich spielt eine Rolle, daß Btx für sich genommen vor allem Kommunikationsvorgänge, nicht
aber typische Sachbearbeitertätigkeiten der fallbezogenen Informationsverarbeitung rationalisiert. Durch die Nutzung von Btx im Rechnerverbund und die so geschaffene Verbindung zur EDV werden dann eher
Tendenzen verstärkt, die mit der Datenverarbeitung zusammenhängen,
als eigenständige Veränderungen der Arbeitsorganisation begründet. Zumindest für den Bereich der bereits mit moderner Informationstechnologie vertrauten Großorganisation gilt deshalb, daß Btx sich in bereits
laufende Veränderungstrends von Arbeitsinhalten und Arbeitsorganisation einfügt, jedoch selbst keine völlig neuartigen Wandlungsprozesse
hervorrufen wird. Vor allem im Kredit- und Versicherungsgewerbe, die
beide in einem intensiven Rationalisierungsprozeß durch Computerein-
satz stehen, bringt Btx relativ wenig Neues. Bei den Banken fügt es
sich in den Trend zur Kunden-Selbstbedienung, im Versicherungsgewerbe in den Trend zur technischen Unterstützung der Sachbearbeitung
und Kundenberatung   ein. Nur für kleinere Betriebe, die bisher
ohne informationstechnische Unterstützung arbeiten, kann die Nutzung
von Btx eine erhebliche arbeitsorganisatorische Innovation mit entsprechenden Auswirkungen auf Arbeitsplatzanforderungen darstellen.

Fragt man auf dem Hintergrund des sich abzeichnenden geschäftlichen
Nutzungsprofils nach dem spezifischen Rationalisierungspotential
von Bildschirmtext im Unternehmensbereich, dann muß - charakteristisch
für ein multifunktionales Medium - diese Frage für verschiedene Nut-

zungsformen   getrennt beantwortet werden. Was zunächst die externen
Kommunikationsprozesse angeht, so ist das Rationalisierungspotential
dort am größten, wo Bildschirmtext als Vertriebsweg bzw. für Transak-
tionen mit Endverbrauchern eingesetzt wird. Das gilt, wenn auch erst
längerfristig, insbesondere für den Versand- und Facheinzelhandel,
die Banken und das Touristikgewerbe. Durch den Übergang auf den Btx-
Bestellweg fallen drei Arten von Arbeitsgängen fort: die Postbearbei-
tung (öffnen, Sortieren), Prüfungen und Korrekturen sowie die Datenerfassung. Auch gegenüber der telefonischen Bestellung wird noch ein
Arbeitsgang, nämlich die Datenerfassung, eingespart bzw. zum Kunden
verlagert. Kalkuliert man, was das etwa für ein Unternehmen des Ver-
sandhandels mittelfristig für Folgen haben kann, dann ergibt sich neben einer spürbaren Verkürzung des Bestellablaufs auch die Möglichkeit zur Personaleinsparung, die allerdings nur wenige Prozent an
den Angestellten insgesamt beträgt (im Beispielsfall: 3%; Voraussetzung: Btx-Anschlüsse bei ca. 5% aller Haushalte der Bundesrepublik)[6]. Rationalisierungsmöglichkeiten enthält weiter die Nutzung
von Btx zum Zweck der Datenfernverarbeitung und im Bereich des Zah-
lungsverkehrs. Zumindest geschäftliche Btx-Teilnehmer werden zukünf-
tig einen großen, wenn nicht den größten Teil ihres Routinezahlungs-
verkehrs über Btx abwickeln. Da die Nutzung von Btx im Rechnerverbund eine unmittelbare Weiterleitung und Verarbeitung der rechnerge-
recht erfaßten Informationen ermöglicht, lassen sich später sogar
Bestellvorgänge und Überweisungsvorgänge miteinander verknüpfen. Auch
hier wird der Effekt vor allem in der auch wirtschaftlich sehr inter-
essanten Vorgangsverkürzung (schnellerer Zahlungseingang!) sowie in
einer eher geringfügigen Personaleinsparung liegen.

Wichtige, wenn auch in ihren ökonomischen Auswirkungen besonders schwer
abschätzbare Rationalisierungschancen liegen schließlich im organisa-
tions- und gewerbeinternen Einsatz von Btx. Hier sind Auswirkungen auf
die Kommunikationsstruktur, insbesondere das Beziehungs- und Interak-
tionsmuster zwischen Unternehmen und Lieferanten, zwischen Groß- und
Einzelhandel und zwischen Zentrale und Peripherie, also Außenstellen,
Filialen oder Außendienst zu erwarten. In jedem Fall werden die In-
formationsflüsse beschleunigt, teilweise die Verbindung durch leich-
tere Zugänglichkeit intensiviert. Die qualitative Veränderung der
Kommunikationsform verändert bei den beteiligten Organisationseinhei-
ten das Tätigkeitsspektrum. So fallen bei der Kommunikation mit dem
Außendienst z.B. in der Zentrale weniger Telefonkontakte an, es müssen weniger oder gar keine Rundschreiben mehr hergestellt und ver-

sandt werden, andererseits aber Eingaben in den Mitteilungsdienst
oder in das elektronische Auskunftssystem gemacht werden. Im Versicherungsgewerbe schätzt man, daß so in der Zentrale drei bis fünf Mitarbeiter umfassende Btx-Gruppen entstehen werden.[7] Möglichkeiten
der Personalreduktion ergeben sich dabei kaum. Das ist eher der Fall
im Bereich des Außendienstes. Hier wirkt sich die veränderte Form der
Kommunikation mit der Zentrale zunächst in qualitativer Hinsicht positiv aus. Sobald allerdings der Kunde selbst über Btx direkt bestel-
len kann, verlagert sich die Funktion von Außendienstmitarbeitern
auf eine intensivere Beratung, während der gleichzeitige Fortfall der
Routinekommunikation bei der Bestellung Personaleinsparungen möglich
machen kann.

Die Rationalisierungsmöglichkeiten durch den Einsatz von Bildschirmtext sind also im Einzelfall durchaus interessant, wenn auch in der
Summe nicht von übergroßer Bedeutung. Dasselbe ließe sich gewiß auch
für andere Innovationen im reichen Angebot moderner Kommunikations-
und Informationstechnologie sagen. Aber wenn auch die direkten Auswirkungen jeder einzelnen Innovation in ihrem Ausmaß begrenzt bleiben, so stärken sie sich gegenseitig und erzeugen so gemeinsam die
neuartigen Informations-, Kommunikations- und Transaktionsstrukturen
der Zukunft.

1) So im Bildschirmtextbericht Kurzfassung: Feststellungen und Emp-
   fehlungen, des Wissenschaftlichen Beraterkreises des Feldversuchs Düsseldorf/Neuss vom 14.1.1983, S. 6.

2) Vgl. den Berichtband Wissenschaftliche Begleituntersuchung zur
   Bildschirmtexterprobung in Berlin, vorgelegt vom Heinrich-Hertz-
   Institut für Nachrichtentechnik Berlin GmbH, Februar 1983, S. 30 f.

3) Dorothea Jansen, Helmut Kromrey, Bochumer Untersuchung im Rahmen
   der wissenschaftlichen Begleitung des Feldversuchs Düsseldorf/
   Neuss - Ergebnisbericht der Gruppendiskussionen, Bochum 1983.

4) Vgl. Auswirkungen des Einsatzes von Bildschirmtext auf Wirtschaft
   und Beschäftigung, Anlageband 4 der Wissenschaftlichen Begleituntersuchung zur Bildschirmtexterprobung in Berlin, S. 93.

5) So auch die Schlußfolgerungen im (noch nicht verfügbaren) Endbe-
   richt zur wissenschaftlichen Begleitung des Feldversuchs Düssel-
   dorf/Neuss.

6) Vgl. den Forschungsbericht Auswirkungen des Einsatzes von Bildschirmtext auf Leistung, Wirtschaftlichkeit, Organisation und Arbeitsplätze in Unternehmen und Behörden (Organisationsfallstudien),
   vorgelegt vom Fraunhofer-Institut für Systemtechnik und Innova-
   tionsforschung Karlsruhe im Dezember 1982, S. 85.

7) Ebendort, S. 148.

Field Trials with Videotex

Renate Mayntz, Köln

The field trial of videotex was intended to test the acceptance and
thus the possibility for expansion of this new PTT service. The trial
was intended to test neither the professional use of videotex nor
its use by, and above all within, organizations. In spite of this,
the field trial offered the possibility of investigating the effect
of use in organizations - businesses, associations, public services
etc. - in the form of case studies.

For private households videotex represents a predominantly purposely
used "cold" medium. In contrast to what is widely anticipated, the
private use of videotex does not compete with printed media and television,
but rather serves mainly as a form of file for special information
of everyday relevance and a new possibility for carrying out purchase
transactions. The future penetration of videotex in private households
will depend upon a cost-effectiveness calculation, which in turn will
be determined by the tariff structure, the services offered and the
technical system (above all the ease of use). Since every instance
of use of videotex by organizations, whether in the form of goods
or services offered, for advertising purposes, as a sales channel
or for purposes of internal communication within the organization
or enterprise, presupposes suitably equipped communication partners,
there is a direct dependence of organizations' use profile on the
penetration of this new PTT service among private and commercial
subscribers. The possibility arises here of a negative gain mechanism
which, in the long term, will discourage private use, so that internal
organizational and commercial use will move into the foreground. This
possible development path depends upon the complex interaction between
the cost-effectiveness calculations of suppliers and subscribers within
the boundary conditions set by the prescribed tariff structure and
the nature of the technical system.

Under the field trial conditions participation by organizations of
various professional groups was extremely varied. For instance, travel
agents and insurance companies participated on a larger scale than

did trading companies, professional associations on a larger scale
than public service organizations. In general, company managements
pay less attention to videotex today than to data processing; videotex
is also less controversial, since smaller repercussions are expected
from it than from data processing. That is connected with the fact
that, on the one hand, videotex is primarily capable of rationalizing
communication processes whereas data processing can rationalize work
processes, and on the other hand that organizations do not consider
videotex to be an independent special technology, but rather a further
facet of modern information technology, and employ it
correspondingly.

At the start of the field trials the emphasis of the services planned
by the providers lay with the provision of information accessible
to the public in general, either in the form of information as a free
service, as "goods", to bring goods and services on offer to the customers'
attention, or directly in the form of advertising. Only a minority
of the services originally planned were intended for internal communication
or transactions with customers. Up until 1982 relatively little change
in emphasis occurred. Above all, use for internal communcation is
largely still in a test or in some cases only a planning stage. The
providers of information and services expect the importance of videotex
as a means of internal communication to grow in the future.

In the weighting of the various types of use, a distinction must be
made between the order of introduction, the quantitative distribution,
and the medium and long-term significance attached to a particular
use. Whereas videotex was first developed for the <u>transmission of
information</u> in a public system, in certain areas of the economy the
significance of videotex for internal communication within organizations
and professional groups and, in the long term, as a sales medium in
direct transactions with customers will be of greater importance.
Probably in the medium term and certainly in the long term, videotex
will be of prime importance as a means of <u>internal communication</u> for
wholesalers (with their outside staff as well as with commercial customers)
for the insurance industry (control of outside representatives), for
professional associations (closed user group for members) and for
part of manufacturing industry (with suppliers and customers). The

tendency is for videotex to offer itself as an attractive solution
when there is a consequent reduction in processing time and the performance
at the periphery (branches, field service) can be improved without
faster and more expensive electronic communication being possible
or suitable. Finally, videotex will be of long-term prime importance
as a _sales medium_ for trade (principally mail order and specialist
retail businesses), the banks and the tourist industry.

The use of videotex by organizations will probably not result in serious
changes in workstation requirements and work organization. It is
understandable that such effects could not be identified under the
conditions of the field trial; a substantial majority of the participating
organizations do not anticipate any major repercussions even after
the nationwide introduction of the service. The introduction of videotex
to provide access to organization-internal data will have very possitive
effects for field service staff. The easier access to job-relevant
information and the possibility of direct information transfer represent
clear improvements on present working conditions. In any case, the
repercussions on work organization depend on the dominant mode of
use. Where videotex is provided as a new information medium, there
will be a certain diversification of activities in the areas of the
organization concerned. Where videotex is used as a sales medium,
the work structure will change due to the discontinuance of certain
activities. However, it should be noted that there are technical alternatives
to each of the videotex functions which would produce the same repercussions.
Where videotex is used for communication within an organization, an
intensification of the relationships between center and periphery
can be anticipated, which will affect the profile of activities at
both the center and the periphery. Videotex could have particularly
noticeable repercussions on work organization where it is used to
support DP stock-control and purchasing activities in small organizations.

Computer Message Systems in Real Life:
Human Factors and Productivity –
User Perceptions of On-Line Conferencing

Jacques Vallée, San Francisco, CA

The decade of the seventies found business heavily involved in purchasing word processing equipment and other tools to make the clerical worker more effective. The next two decades will put the emphasis on making the managerial level of the work force more productive. The tools being introduced to the managerial level include Computer Conferencing which is gaining a very positive reputation, as well as extensive use in business. The authors have had extensive experience with a system called NOTEPAD, offered by INFOMEDIA, INC.

In its simplest form, computer conferencing is a technique where a group of people who wish to communicate about a topic may go to their computer terminals at their respective locations and engage in an ongoing discussion by typing and reading as opposed to speaking and listening. The computer keeps track of discussion comments which are easily retrieved. Messages may be broadcast to all conference participants or sent specifically to one individual. The participants may conduct their discussions in real time (synchronously) or may go to their terminal at their own convenience (asynchronously).

A computer conference is set up much like a meeting one might attend in a hotel, with various topics being discussed in various rooms. The difference comes in the fact that the participants' names are listed in electronic "meeting rooms" (known also as activities), and the "attendees" will be listed into activities according to subjects or tasks that must be performed.

NOTEPAD was designed for participants who have no data processing background, or prior computer knowledge. There are two ways to communicate over NOTEPAD. To communicate with the entire group (public communication), one would strike a 4 for writing an entry and the message will be waiting for all participants to see when they log in. This is like making a comment to the entire group when you are in a face to face meeting. Participants also have the capability of sending a private NOTE to just one person in the "room". This can be done by striking the number 1 key. The system will prompt for the name of the person you want to send the note to, and will deliver the NOTE to that person only. There are two reasons for having the private mode of NOTES: to help alleviate information overload, and for privacy. People can discuss matters without the rest of the group seeing the conversation. Because each person has a personal password, the computer can keep track of what information should be sent to each participant. It also keeps track of when the member was last present in that activity, and will flag him with an asterisk if there is new information waiting since he last participated.

A participant is automatically updated when entering a conference activity, and has the ability to go back to review information previously seen. Users may also move from one topic of discussion to another with the "select" key and find the last date and time their colleagues accessed NOTEPAD by using the status command.

Additionally, they may access the computer power to make files of information by using "Edit" features and they can run programs under the "SERVICES" key, as well as transfer data files that have been stored in a word processor or memory terminal. To end a NOTEPAD session the participant simply strikes the number 9 key to Quit.

NOTEPAD contains a statistical package, the TCA (teleconferencing analyzer) which queries the data base of usage. The program is capable of aggregating user-oriented information for all participants. It yields percentages, rankings and correlations such as percentage of public to private information flow, duration of session, and average length of message among many other variables available. The information captured can be used to make a sociological scatter chart of communication patterns. In an age where managers and professional are becoming bombarded with new technology, it is extremely valuable to analyze communications patterns through the use of technology. From a behavior standpoint, the body language or voice inflection we have heretofore used in meetings is no longer available when on-line media are introduced.

Given this background, the purpose of this paper is: 1) to investigate and compare the perception of the participants communication patterns with the statistical data that has been captured, and 2) to provide a comparison of NOTEPAD with face to face meetings from a behavioral viewpoint.

The major finding we devised from the user sample we studied is the observation that computer conferencing provides greater access to group members while offering the same accuracy of communication face-to-face.

Several experts have expressed the view that experts could communicate better with the assistance of a computer. If that general hypothesis could be substantiated, the result would be of dramatic impact. The management of professional meetings and conferences could be improved to make group communication far more effective.

In order to get a representative sample of the population of NOTEPAD users, the first step was to find a "typical" NOTEPAD application. Such an application usually consists of 10 to 100 people that are geographically dispersed, working on a project with a deadline to meet. It was decided to survey the group of people who used NOTEPAD to coordinate and plan the 1982 Office Automation Conference that was held in San Francisco in April of 1982. This group used NOTEPAD for approximately nine months prior to the conference and met the profile of a typical application.

There were 50 participants listed in the system. Of these, approximately 20 were the really "active" participants. The others used NOTEPAD for various periods of time and to various lower degrees during the duration of the project. There were six separate conference activities not including individual, temporary training activities. The activities were broken down into the tasks that needed to be performed to bring together the Office Automation Conference, Operations, Publicity, Registration, Special Activities, Integrated Issues and Case Studies, Local Media Lists, and the Coordination with InfoMedia.

After the project was structured, several of the participants were trained by InfoMedia. Others were added to the conference over the course of the project without being trained by InfoMedia, which may have affected or caused their low usage of the system.

A literature survey was performed as an early step in the development of the study. We found there was a lack of published data directly related to the perception of communications patterns by computer conference participants, but we did find relevant information on other social aspects addressed in our questionnaire. Related literature ranged from computer conferencing to face-to-face meetings.

One of the variables of interest here is accuracy of information as perceived by the user. In various scenarios contained in Electronic Meetings, Technical Alternatives and Social Choices (1979 Addison-Wesley) the authors hypothesize that electronic media including Audio, Video and Computer Conferencing, "could alter the organizations and social structure of the world as well as protocols for meetings".[1] The book summarizes the relevant social science literature of small group communication through electronic media published prior to 1975. It examines decision making from the viewpoint of the effectiveness of information exchange among peers through the use of tele-communications. "Identifying a particular system as 'good' requires a very clear idea of what it means to make meetings effective".[2]

In his book "Human Behavior at Work", Davis states "Society has discovered that it needs to give more attention to the relationship of technology to people, because this relationship is a key one in the effectiveness of the system."[3] Davis goes on to discuss the fact that groups work more effectively when there is "active participation and communication among members."[4] The group is participating more effectively when there is back-and-forth talk among all members involved in the conversation rather than just the leader and one or two members. It can build enthusiasm and creativity which can provide excitement and enjoyment, through listening to the thoughts of other team members. Some of the weaknesses of face-to-face meetings (in Davis' opinion) are slowness, expensiveness, the leveling effect and divided responsibility. Leveling is described as "a group's tendency to bring individual thinking in line with average quality of the group."[5] This can affect the group by the most dominant person controlling the ideas accepted by the group. The divided responsibility is described as a phenomenon where "the group's decision is diluted and thins out responsibility."[6]

When looking at group interaction specific to computer conferencing, The Network Nation (1978 Addison-Wesley) cites experimental work by Robert Bales. This work describes pressure on participants to conform as one of the most dysfunctional aspects of face-to-face group problem solving. Bales' research found that one third of all statements during the first third of a meeting tend to be information giving and this declines in the next period of the meeting. The rate of opinion-giving statements is usually highest in the middle portion of the meeting. Bales[7] also found that in face-to-face discussions a person emerges who sends and receives a disproportionate number of messages and addresses more remarks to the group as a whole. Turoff and Hiltz (The Network Nation, 1978) state "Specifically it is hypothesized that in computer conferencing there will be less tendency for a single dominant individual to emerge and the contrast in the degree of dominance will increase as the group size increases."[8]

A second hypothesis is that "in computer conferencing there are more likely to be multiple leaders, each specializing in, and deferred to for expertise in, a particular aspect of the problem."[9]

On the other hand, add Turoff and Hiltz, "some conferences have seemed to be virtual monologues with the moderator putting in comments but no one else responding. What seems to happen in these cases is that the participants felt able to 'leave the meeting' if it did not interest them, whereas such an act would be considered inexcusably rude in a face-to-face meeting."[10] The economic significance of alternatives to face-to-f ce meetings is also frequently stressed.

When considering the relationship of public to private mode of communication in computer conferencing, the informal structure of an organization can be observed. The authors of report R-40 by the Institute for the Future found that "the private message mode allows 'indivisible networks' to develop in a computer conference. Such networks grow out of exchanges which may not be related to the group task at all, they reflect the 'informal structure', which may not be articulated in the public mode."[11]

When considering the issue of "feeling of access" a report prepared for the National Aeronautics and Space Administration shows how computer conferencing was effective: "extending communication beyond working hours shows greater flexibility to the use of time. Over 55% of all the sessions took place outside of normal telephone windows during office hours."[12]

This review of the literature supports the need for additional research on participants' perceptions of the process and benefits of computer conferencing.

METHODOLOGY

To document the attitudes of the users, a questionnaire was developed and administered. It comprised seven questions that required the subjects to respond on a five-point scale, and one last question for open-ended comments. Question one ascertained the approximate length of time the subject actually participated in NOTEPAD. Question two dealt with the subject's perception of his or her own amount of public and private communication. Question three allowed the subjects to compare themselves with other participants according to the total time of NOTEPAD usage. In question four we requested the number of activities each subject had access to. Questions five, six and seven dealt with perceptions of accuracy, feeling of group interaction, and feeling of access to colleagues, respectively.

The questionnaire was distributed by mail with the exception of InfoMedia employees, who received the survey in their company mailbox. Of the 43 participants surveyed, twenty-nine (67%) returned the questionnaire and constituted the sample.

After the questionnaires were returned, the method of study was to relate the data collected from the subjects to the statistical data captured by the teleconferencing analysis (TCA) program within NOTEPAD.

A graphic analysis technique comparing the dependent variables (perception of public to private communication, feeling of access, feeling of group interaction, comparison with face-to-face meeting) was applied to the data base.

This enabled us to systematically compare the users' perception of their participation to the activity, actually measured by the statistical package.

The following tabulations present our results.

TABLE ONE | is highlighted information captured by the TCA program.

FIGURE ONE | shows the growth pattern of sessions and messages from June '81 to the end of March 1982, as collected by the TCA program.

FIGURE TWO | is the ranking of the 18 most active participants by the TCA program.

FIGURE THREE | is a sociological scatter chart of those thirty participants who sent more than 10 messages. It was plotted according to the number of public and private messages captured by the TCA program.

FIGURE FOUR | is a graph comparing the response of the subjects regarding their perception of accuracy when they make a statement over NOTEPAD with the number of their public messages captured by the TCA.

FIGURE FIVE | is a graph where the horizontal scale shows the subject's comparison of NOTEPAD to face-to-face meeting while the vertical scale shows the number of public entries made by the same subject, as captured by the TCA.

FIGURE SIX | is a graphic representation of the subjects' response to the question of feeling of access to colleagues as compared to the number of hours they actually spent using the system.

FIGURE SEVEN | is a chart that compares the subjects' feeling of access to their colleagues with their feeling of accuracy when making a statement over NOTEPAD.

FIGURE EIGHT | is a comparison of the percentage of public messages captured by the TCA with the subjects' perception of how much they communicated publicly or privately.

FIGURE NINE | is a graphic representation of hours actually used according to the TCA compared to the subjects' perception of their hours used.

TABLE I

OAC CONFERENCE HIGHLIGHTS — 1 - JUNE - 81   TO   31 - MAR - 82
50 PARTICIPANTS - 16 OF THEM HAD MORE THAN 100 SESSIONS   - 25 OF THEM HAD MORE THAN   40 SESSIONS 7060 SESSIONS, 689 HOURS, 4522 MESSAGES (PUBLIC: 1393. PRIVATE: 3129) IN 44 WEEKS. 89 HOURS OF SYNCHRONOUS USAGE AVERAGE TIME SPENT IN NOTEPAD: 14 HOURS PER PARTICIPANT AVERAGE SESSION DURATION: 6 MINUTES AVERAGE MESSAGE LENGTH: 72 WORDS

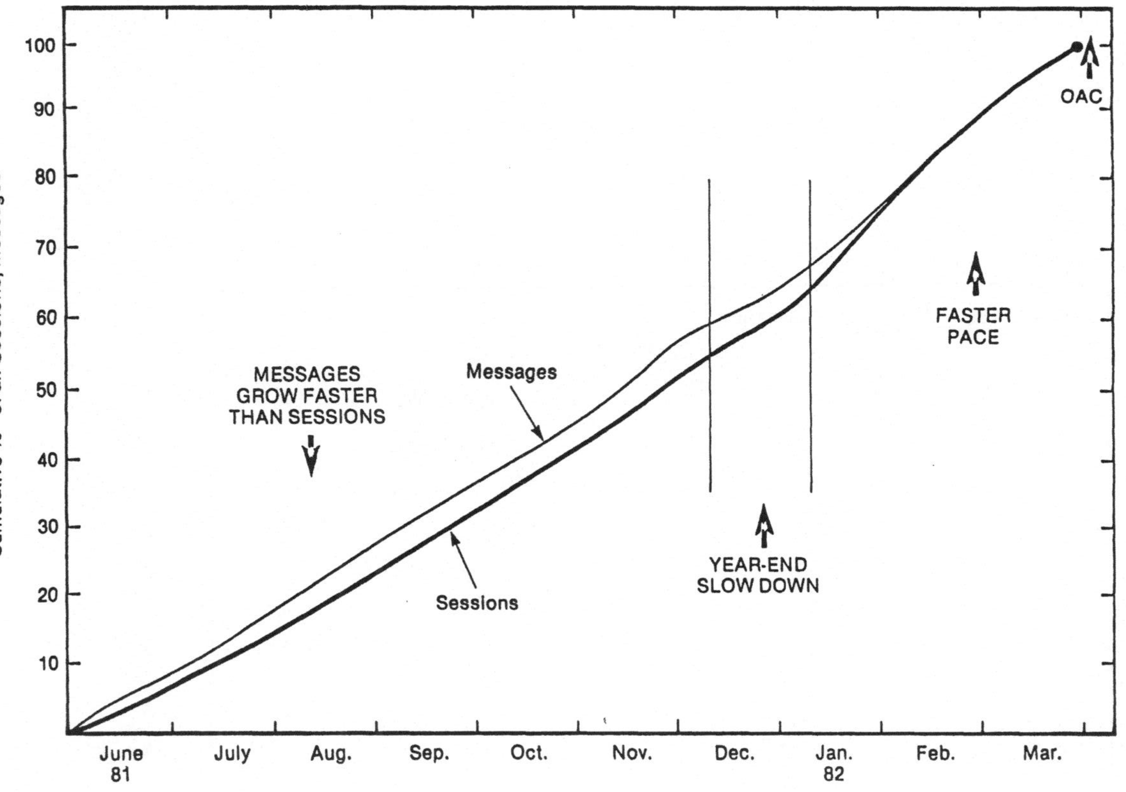

Figure 1.   Growth Pattern

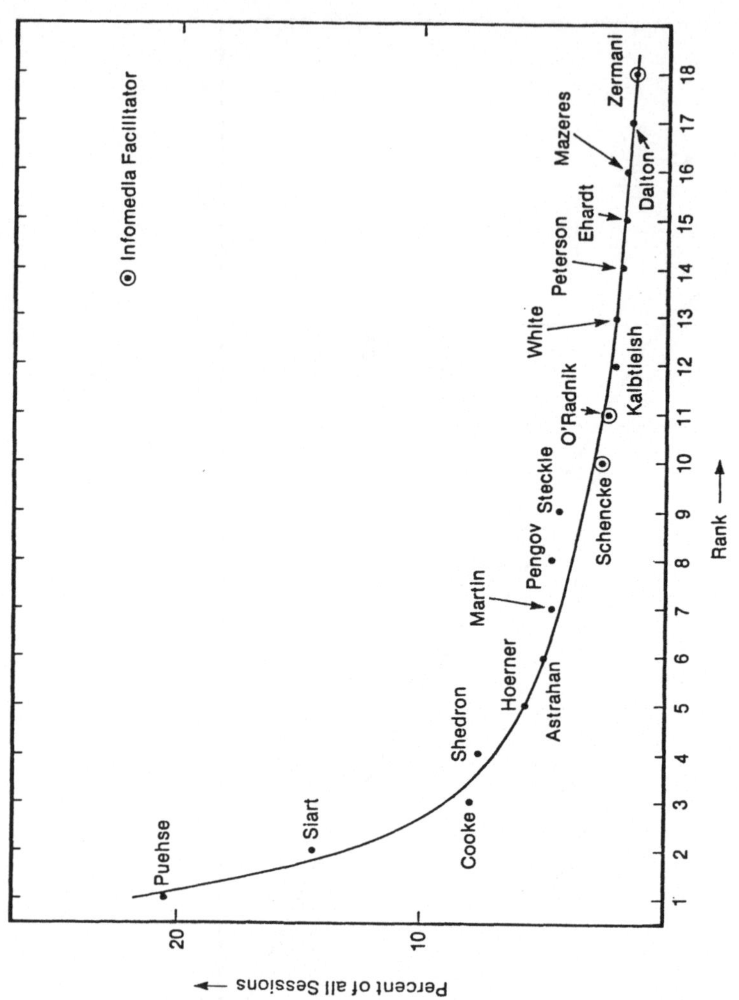

Figure 2.   Participant Ranking by Sessions

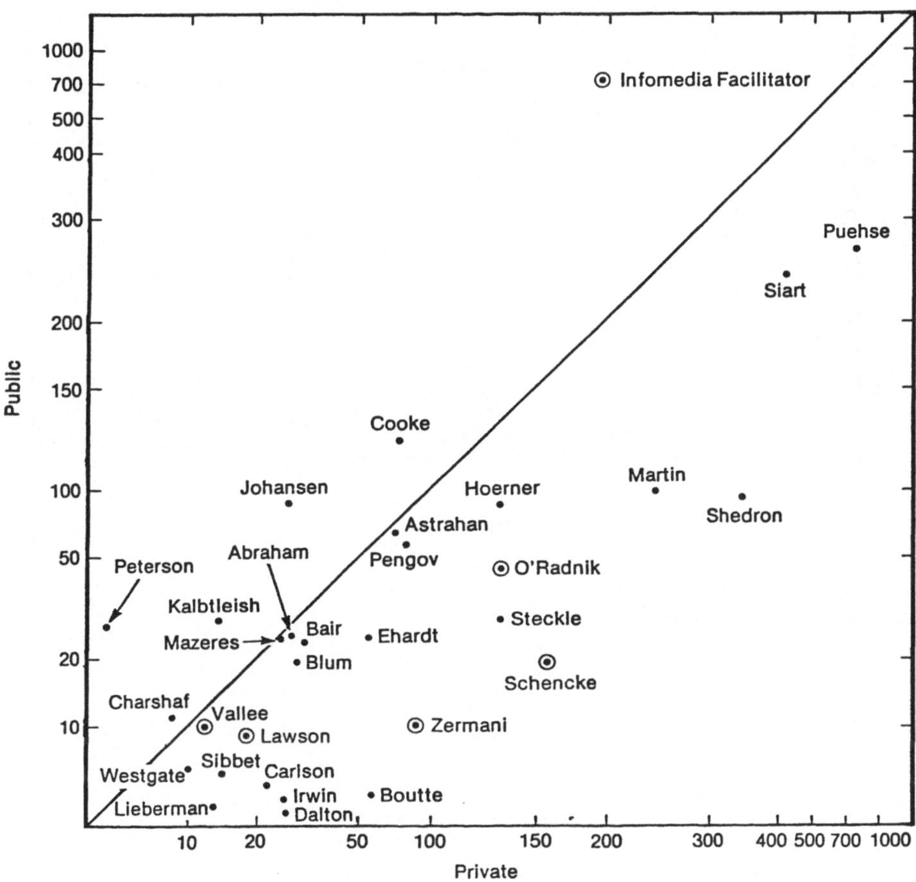

Figure 3.   Participation Map

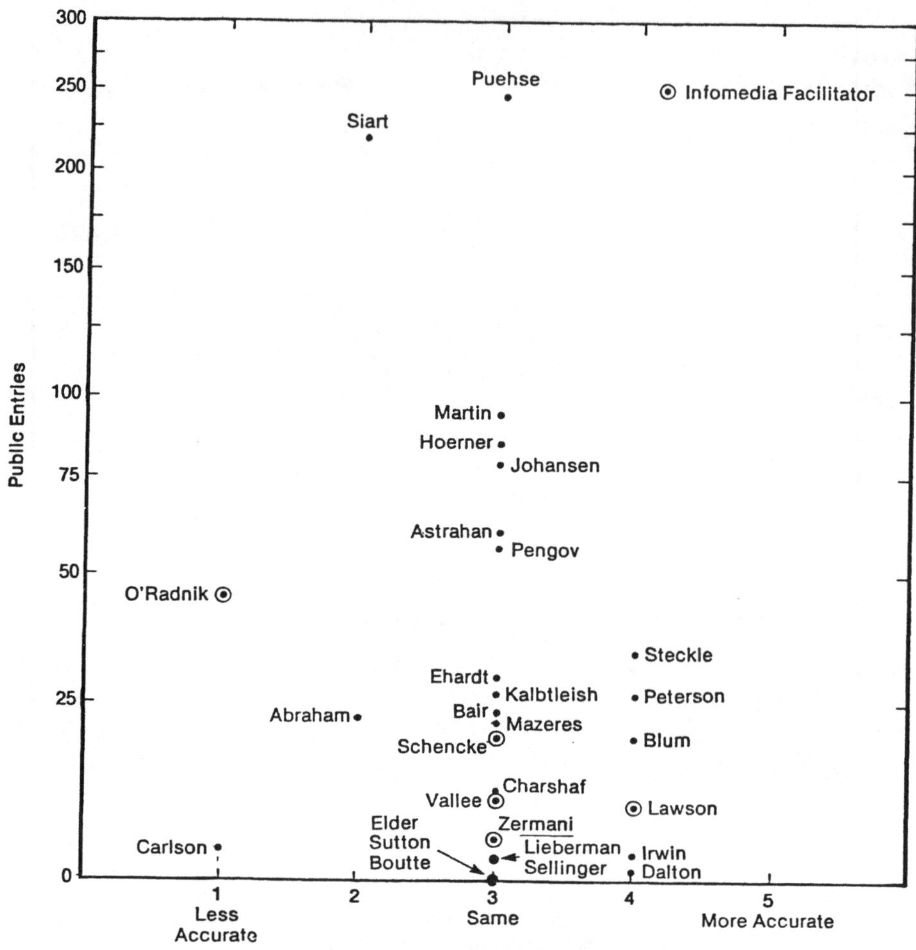

Responses to Question Number 5
Perceived accuracy vs. Number of public entries made

Figure 4.

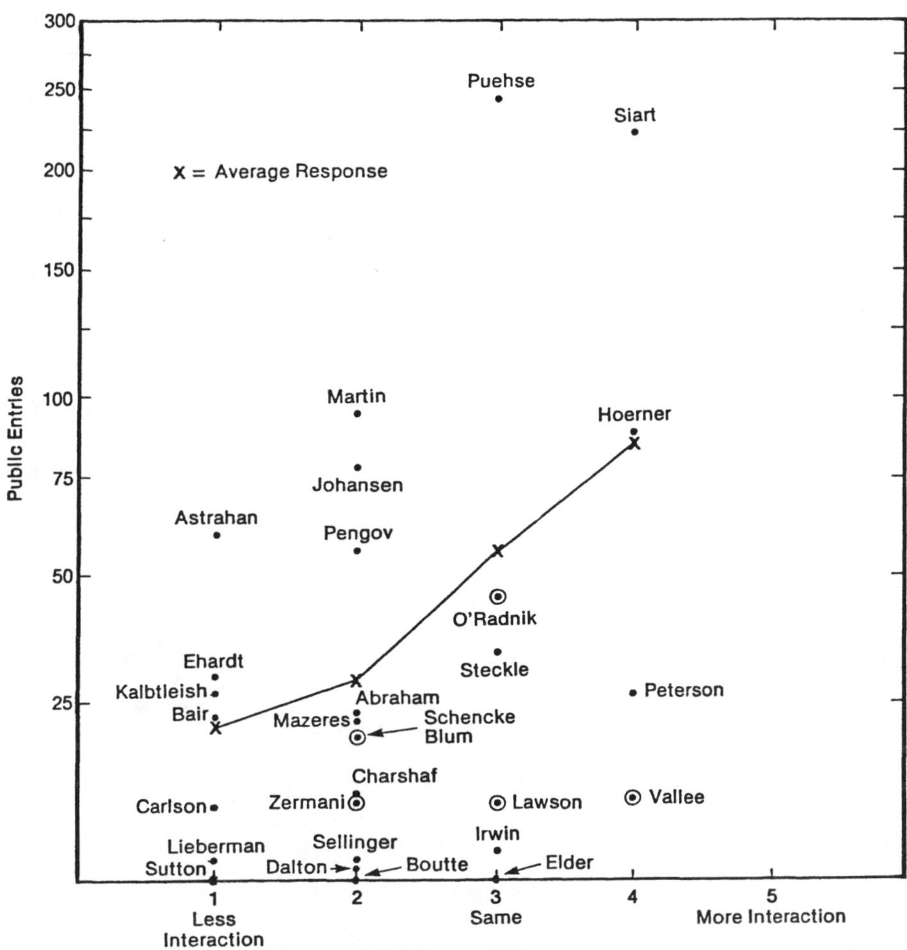

Responses to Question Number 6
Perceived interaction vs. Number of public entries made

Figure 5.

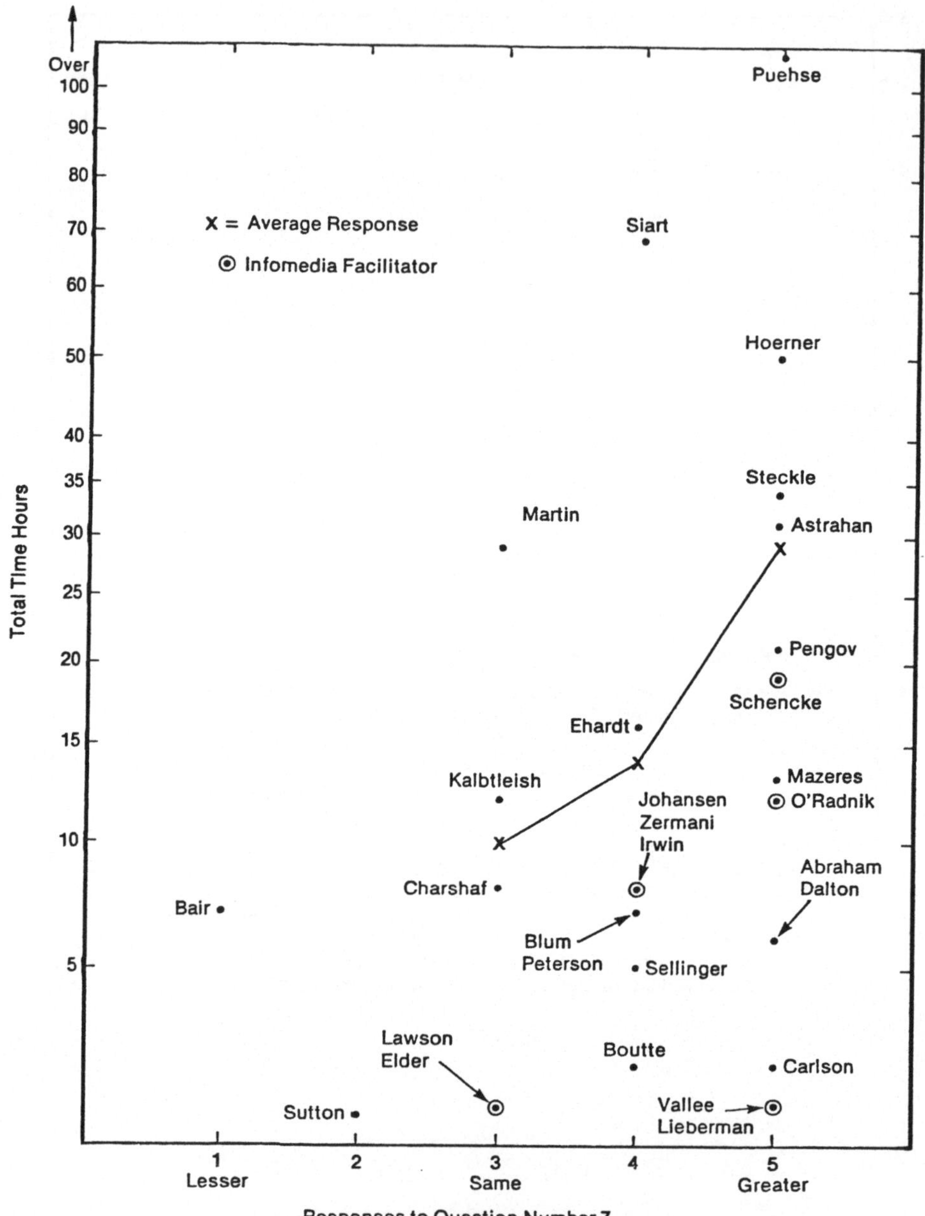

Responses to Question Number 7
Perceived access to colleagues vs. total time

Figure 6.

Feeling of Access to Colleagues

	1 Less Accurate	2	3 About the Same	4	5 More Accurate
5 Greater	O'Radnik Carlson Abraham		Hoerner Lieberman Pengov Puehse Schencke Astrahan Ehardt Mazeres Vallee	Steckle Dalton	
4		Siart Sellinger	Johansen Zermani Boutte	Blum Irwin Peterson	
3 About Same			Martin Kalbtleish Lawson Charshaf Elder		
2			Sutton		
1 Lesser			Bair		

Figure 7.   Feeling of Accuracy, Question Number 5

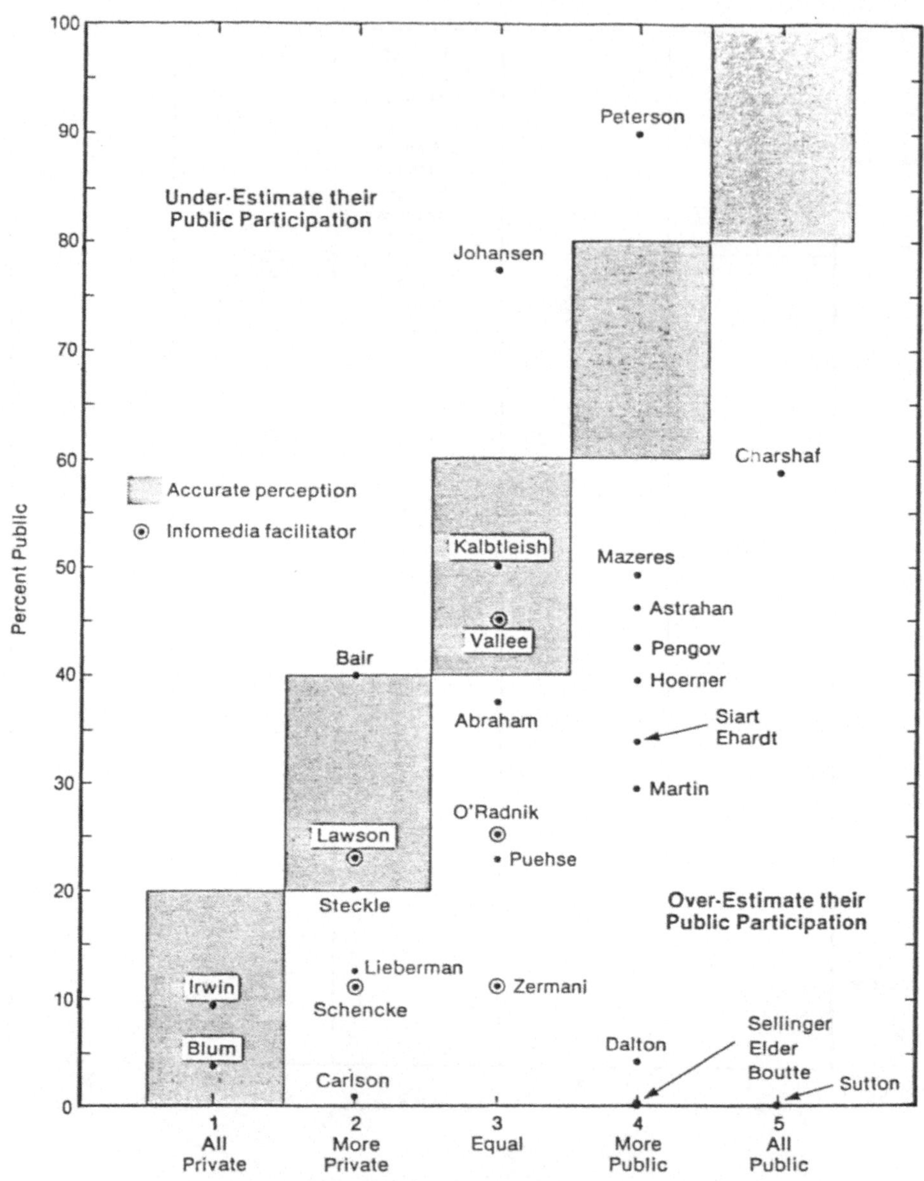

Response to Question Number 2
Feeling of public participation vs. Measured public participation

Figure 8.

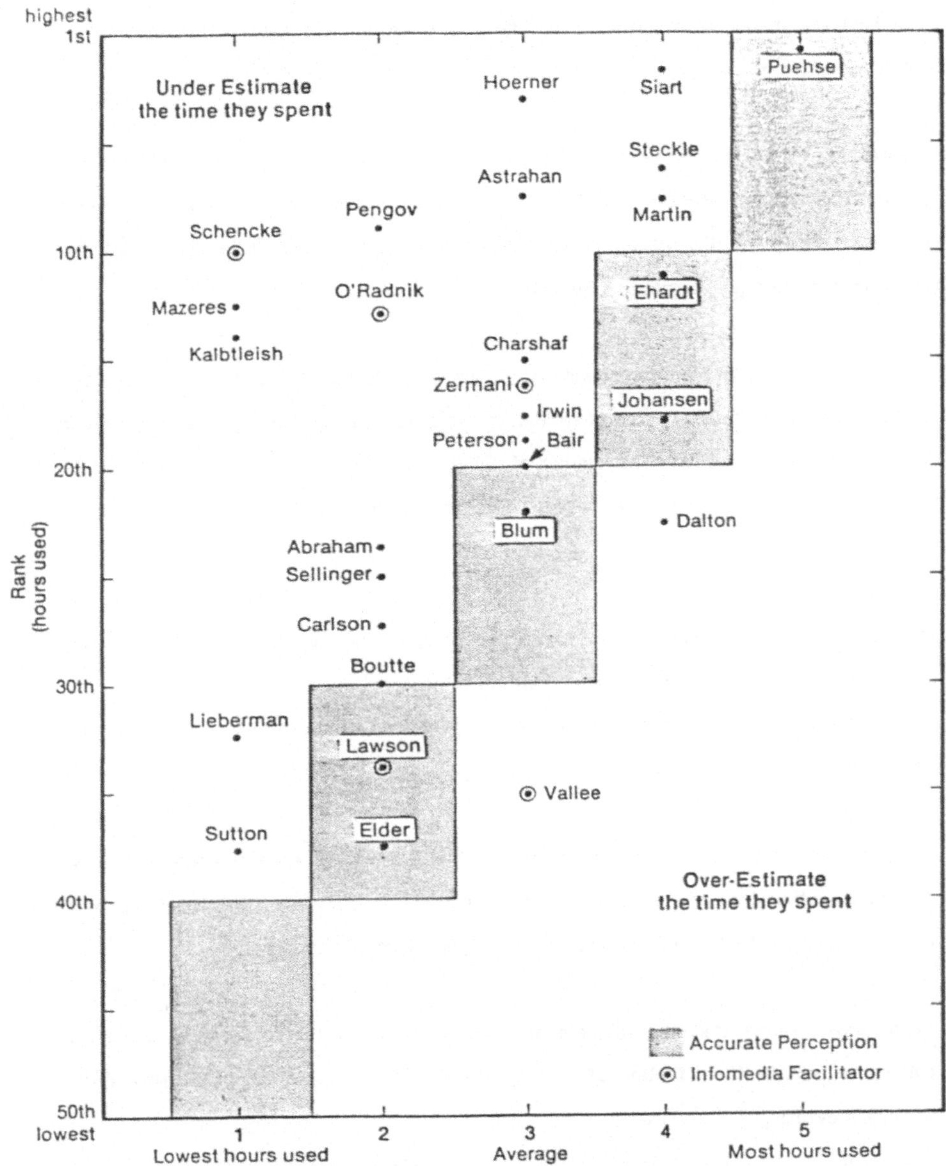

Response to Question Number 3.
Perceived ranking in terms of hours used vs. measured ranking in the group

Figure 9.

The analysis of the data gathered on the above charts and tables leads us to the following observations:

Figures two and three show that the conferences were clearly "dominated" by two participants, namely Puehse and Siart. Their role within the OAC was Conference Chairman and Publicity, respectively. This finding tends to contradict the hypothesis mentioned earlier about group dominance.

Figure four shows that a large majority of the subjects (55%) feel the accuracy of a statement made over NOTEPAD is similar to or greater than that of a statement made in a face-to-face meeting. The number of public entries made does not seem to affect the response. The same chart was plotted for private notes and the results were consistent.

In figure five, the average of each response category was computed. The resulting trend appears to confirm that the perception of interaction increases with the number of public entries made by participants. This is what we would expect in a meaningful, active discussion.

In figure six, again the researchers computed the average of each response category. The results show that the greater the total number of hours spent in NOTEPAD by a user, the greater feeling of "access" to colleagues that user reports.

Figure seven shows that the subjects are more positive in their feeling of access to colleagues than in their feeling of "accuracy" of NOTEPAD, as compared with face-to-face meetings.

The greatest cluster of people feel "accuracy" in NOTEPAD is about the same as in face-to-face meetings, but access to colleagues is superior in NOTEPAD.

Figure eight poses the question whether people accurately perceive their own participation in terms of public vs. private messages. Conclusion: Most subjects thought they were more "public" than they really were.

Figure nine poses a similar question in terms of perception of one's ranking within the group when total time on the system is considered. The conclusion is that most subjects do not accurately perceive this variable. Most participants have a higher use of the system than they believe when compared to the whole group. The total number of hours spent by most users is higher than they think.

The present study supports the proposition that computer conferencing should be included among new electronic media that organizations are planning to seriously investigate. We believe that we have demonstrated that NOTEPAD provided the group of experts planning the Office Automation Conference with greater access to their colleagues, while offering the same accuracy as face-to-face meetings.

We can summarize our observations in the following statements:

1. Computer conferencing provides greater access to group members while offering the same accuracy of communication as face-to-face.

2. The feeling of access and interaction increases with greater use of the system.

3. Distribution of participation does not differ significantly from what the literature describes in face-to-face meetings.

4. Participants misjudge their own participation behavior: they tend to be more "private" and to spend more time in the system than they think.

The study also included a provision for open-ended remarks by the participants. Some of the comments made by the subjects included the fact that NOTEPAD "virtually eliminated telephone tag" and "the easy broadcast meant no one was left in the dark". While users equipped with 1200 baud modems had no complaints about access, several participants noted that using NOTEPAD at 300 baud was "unacceptably slow", a limitation that better terminal technology is fast eliminating.

BIBLIOGRAPHY

1. Robert Johansen, Jacques Vallee, Kathleen Spangler, _Electronic Meetings, Technical Alternatives and Social Choices_, Addison-Wesley, 1979, p.v.

2. Ibid., p. 9. Foreword page v.

3. Davis, Keith, _Human Behavior at Work, Organizational Behavior_, McGraw Hill, 1977, p. 215.

4. Ibid., p. 442.

5. Ibid., p. 446.

6. Ibid., p. 446.

7. Bales, Robert F. 1950 "A set of Categories for the Analysis of Small Group Interaction", Amer. Sco Rev. 15, 257-263.

8. Starr Roxanne Hiltz, Murray Turoff, _The Network Nation_, Human Communications via Computer, Addison-Wesley, 1978, p. 107.

9. Ibid., p. 107.

10. Ibid., p. 108.

11. Jacques Vallee, et al., Group Communication thru Computers, Volume 4, Social, Managerial and Economic Issues, p. 61.

12. Jacques Vallee, Thaddeus Wilson, Computer Based Communications in Support of Scientific and Technical Work, Report prepared for National Aeronautics and Space Administration, Ames Research Center, March 1976, p. 48.

Bürokommunikationssysteme in der Praxis:
Humanfaktoren und Produktivität –
Benutzererfahrungen mit Computer-Konferenzen

Jacques Vallée, San Francisco, CA

Während man sich in den siebziger Jahren eher der Entwicklung von
Textverarbeitungsanlagen und ähnlichen Hilfsmitteln für den Bürobereich widmete, wird man sich in Zukunft auf eine Steigerung der
Produktivität von der Managementebene her konzentrieren. Eine Möglichkeit, die schon zu recht hohem Ansehen gelangt ist, ist in der
Technik der Computer-Konferenz zu sehen. Der Autor berichtet hier
über seine Erfahrungen und die Reaktionen, die etwa 50 Beteiligte
mit einem Telekonferenzsystem sammelten.

Das verwendete System NOTEPAD der Infomedia Corporation wurde
speziell für Nutzer auch ohne EDV-Vorkenntnisse konzipiert. Es
erlaubt den beteiligten Personen sowohl Mitteilungen an die Gesamtheit der Teilnehmer als auch den Austausch vertraulicher Informationen. Diese Technik erlaubt es den über Terminal angeschlossenen Personen, unabhängig von einem bestimmten Zeitpunkt
oder einem Ort des Zusammentreffens miteinander zu kommunizieren.
Darüber hinaus ist NOTEPAD in der Lage, Beiträge und Informationen
über einen längeren Zeitraum zu speichern und statistische Daten
über die aktuelle Nutzung zur Verfügung zu stellen. Dadurch wurde
die hier vorgelegte Analyse der Kommunikationsformen in einer
Computer-Konferenz möglich. Zusätzlich wurde eine vergleichende
Gegenüberstellung mit der Kommunikation in einem persönlichen Zusammentreffen unter verhaltenswissenschaftlichem Blickwinkel versucht.

Für diese Untersuchung wurde eine Gruppe ausgewählt, die für die
Nutzung von NOTEPAD als typisch angesehen werden kann, d.h. zwischen
10 und 100 Personen, die gemeinsam an einem Projekt arbeiten, aber
wegen der großen Entfernungen nicht in der Lage sind, sich regelmäßig zu treffen.

Nach einer Analyse der vorliegenden Literatur richtete sich unser
Interesse auf die folgenden Aspekte:

- Die vom Benutzer wahrgenommene Güte der Information.

- Die Entscheidungsfindung durch effektiven Informationsaustausch
  unter den Beteiligten mit Hilfe der Telekommunikation.

- Die Benutzerfreundlichkeit der Technik als wichtiges
  Kriterium für die Effizienz des Systems.

- Die Frage, ob auch in Computer-Konferenzen Meinungsführer auftreten, oder ob sich hier zu verschiedenen Themen leichter jeweils
  andere Experten durchsetzen können.

- Ob die Möglichkeit, die Konferenz zu verlassen, bei einer
  elektronischen Übertragung leichter fällt und damit häufiger
  wahrgenommen wird als bei einem persönlichen Zusammentreffen.

- Das Verhältnis von öffentlichen und vertraulichen Mitteilungen
  als mögliches Abbild der informellen Organisationsstruktur.

- Die Möglichkeit, die Kommunikation durch die Speichermöglich-
  keit des Systems über die normale Arbeitszeit hinaus fortzu-
  setzen und damit flexibler zu gestalten.

Als Methode zur Erhebung der benötigten Daten wurde die schrift-
liche Befragung ausgewählt. Die Angaben von 29 der 47 Beteiligten
wurden zusammen mit den Daten aus dem Betrieb des Systems ausge-
wertet und sind hier in graphischer Form dargestellt.

Die so gewonnenen Erkenntnisse lassen sich folgendermaßen zusammen-
fassen:

1. Die Technik der Computer-Konferenz ermöglicht eine bessere Erreichbarkeit der Gruppenmitglieder, stellt aber dieselbe Güte
   der Information sicher wie in einem persönlichen Gespräch.

2. Die Vertrautheit mit den Zugriffsmöglichkeiten und der Kommunikation mit Hilfe dieses Systems wächst mit zunehmendem Gebrauch.

3. Es ergeben sich keine signifikanten Hinweise auf ein anderes
   Teilnahmeverhalten als bei einem persönlichen Zusammentreffen.

4. Interessant erscheint auch die falsche Einschätzung des eigenen
   Verhaltens in einer Computer-Konferenz: Sowohl bei der Anzahl
   der privaten Mitteilungen als auch der gesamten Benutzerzeit
   liegen die tatsächlichen Werte höher als die von den Teilnehmern
   geschätzten.

Computer-Based Office Communication:
Exodus from the Industrial Age

Robert Bezilla, Princeton, NJ

Measuring the impacts of the new technologies creates several
problems for the public opinion or marketing researcher.

1. There are exceedingly few people who are knowledgeable about
   the new technologies, and who have experience in their use and
   application. For the vast majority of people, the only proper
   response to questions about new applications is "no opinion"
   or "don't know". We might as well have asked people at the turn
   of the century, after their first ride in a "horseless carriage",
   to give opinions about how autobahns should be constructed, and
   what the socio-economic consequences of a national highway system
   would be.

2. The technology is advancing rapidly. The current applications of
   the technology are undoubtedly interim devices. New devices and
   applications may become available before the current research is
   completed. Unfortunately, we cannot always accurately forecast
   what future applications will be. For example, over a century ago
   when the invention of the internal combustion engine was reported
   in Scientific American, the report suggested that its primary
   application would be to provide the power for textile machinery.

3. Technology, unlike science, does not enjoy free communication of
   the state of the art. We do not have full knowledge of what is
   being developed, what is being discovered through experimentation
   and through test marketing. The products of applications we are
   testing today may become obsolete after an announcement in
   tomorrow's newspaper.

   Even if we do have knowledge, we cannot always share it with
   others. In our meetings we must discuss general principles instead.

One such general principle that I have observed from every
study on the market receptivity to computer-based technological applications is this: Younger and well-educated people
are more receptive to the new technologies; older and poorly-
educated people are less receptive to them. A corollary to
this principle states that managers usually under-estimate
the willingness of younger subordinates to use new technology.

As a result, I tend to pay great attention to the attitudes and
behavior of young people, who are the most likely to become
the early innovators in adopting and applying new technologies.

Now of course, many researchers do the same. Nearly 20 years ago
I first started to conduct surveys on expert opinion on the
future of the computer industry, and on the market potential
for new applications of computer-based technology. Over the
years, I was impressed by how many experts predicted that
computer-based technology would not achieve full impact in
the office, in the home, and in the community until a new
generation of young people would arrive. This new generation,
the experts said, will not regard computers with awe or mystery,
but would simply view them as another kind of tool, or even as
toys. This seemed very plausible to me, and I waited for this
new generation to appear with great excitement. Five years
passed, and noting happened. Ten years passed; still no
meaningful change. After 15 years I began to wonder if this
generation of wunderkindern would ever arrive.

I now feel that I can date the arrival of the new generation as
having taken place in the year, 1981. In 1981, and also in 1982,
The Gallup Youth Survey (a nationwide survey of youths, ages
13 - 18 in the United States) found that 93 % of the young
people living in the United States had played videogames either
in the home or at an arcade. That is a rather extraordinary
finding when it is considered that here is a product that
existed in few numbers and only crude forms a very few years ago,
and suddenly young people found it as familiar as the telephone
or the television set. What is even more important, perhaps, is

that unlike the television set, they were not simply watching or using a user-transparent mechanism, they were interacting with a microprocessor. When we obtain the 1983 results, I am confident that the 93 % figure will hold or be even greater. But, to illustrate the pace of the technology, in 1984 we shall have to amend our questioning to reflect the addition of "computer" functions to the videogame.

The videogame is a toy. Toys, however, have always served as a means to prepare youth for adult roles. Beyond playing videogames, American youth has had extensive contact with computers.

- By 1982 over half (55 %) have studied computers in courses offered at their secondary schools, or have used computers as a part of their other courses. To put this in a perspective, the proportion now using computer programming languages in the secondary schools in the United States is now the same as the proportion of students studying a foreign language.

- Over four in ten secondary school students (44 %) would approve of a requirement that all students should demonstrate proficiency in the use of computers before being allowed to graduate from high school.

Beyond secondary school, about three in four American youths hope to go to college. (In recent years the actual proportion attending college has been about two in three.) When they arrive at college they expect to learn about computers.

- Over half (55 %) expect to receive training in the use of computers while in college.

- About one in three (37 %) say they want to pursue studies in computer science or a related field as their major concentration of studies.

And, what are the American students preparing for?

Each year The Gallup Youth Survey asks students what career they wish to pursue once their academic training has been completed.

- In 1980 a career in computers or in related electronic technology for the first time appeared among the top-ten choices, ranking tenth.

- In 1981 it became the sixth most popular choice.

- In 1982 it became the first choice of career of American students.

These findings are very dramatic, but they should be placed in perspective. Certainly, much of the instruction in using computers now being received in the secondary schools is poor. Many students probably will not study computers at the university, let alone make this their major field of study. Yet, the numbers are so large that they suggest several major problems.

1. Millions of young students have now been exposed to the potential of computers and inevitably will draw comparisons with other media. But the technology is so new, that few of their teachers have the proper knowledge and experience to instruct their students in using and understanding computers. Indeed, it is often the case that many students understand the use and applications of the technology better than their teachers do. (I know of no parallel in history where this has occured before.) Margaret Mead, the anthropologist, suggested that such experiences find parallel only in the lives of immigrant parents who find a new land strange and confusing, but whose children find it comforting and familiar because it is the only land they have ever known.

2. At the university level there are, of course, many highly qualified teachers and researchers. But their numbers now are too few to meet the demands of hundreds of thousands of students who wish to learn about the new science and technology. The situation is particularly critical outside science and engineering faculties,

where in many universities it may be impossible to find any
faculty member who understands how computer-based technology and
associated information and cognitive sciences may be applied to
the arts and humanities.

Once students have left school and arrive at their first job --
which will now most likely be in an office since we are now in a
post-industrial society -- they are likely to encounter two types
of managers: First, those who show no understanding whatsoever of
computer-based technology. Typically, this person may have a very
elaborate communications device on his desk, but will not be able
to transfer a call or arrange a conference call by himself without
assistance. He will consider it beneath his dignity, and a waste
of executive time, to use an interactive keyboard. He would prefer
that these things be done in a "word processing" or "data processing" department in another part of the building, or even in
another building.

Yet, according to a Gallup/Wall Street Journal survey on executive
stress, top executives are likely to work 60 to 70 hours in the
average week, are travelling on business 5 to 10 days a month, and
about six in ten have felt they have had to make personal and
family sacrifices in order to succeed in business. Their time is
very valuable to them, and nine in ten of the executives surveyed
say that time is of greater importance to them than is money.

The second type of person the students will encounter is the
middle manager. What they might first note is that the middle
managers are very specialized by function: there are data processing managers, telecommunications managers, administrative
managers, and then various line and staff managers such as
marketing, production, and, yes, a word processing manager.
The students may see all of these as aspects of the same functions,
but they will quickly learn that fierce corporate or bureaucratic
battles are waged by these managers to see who will exercise control over the office's communications, information-processing, and
data processing functions. Secondly, while the students may have
grown accustomed to working independently with computers and

computer-assisted devices, they will note that the office often
insists upon rigid centralized, hierarchical structures that en-
courage all employees to deal indirectly through specialists and
by rigid protocol for all tasks, and which explicitly discourage
independent communication or work.

In their own work the young people may have access to a variety of
technical devices, but they will soon discover that these arti-
facts more often than not resemble the previous generation's
technology: word processors will be based on typewriting technology, information retrieval devices will be linear on-line
retrieval mechanisms, computers will be very number oriented. Or,
at the opposite extreme, the devices will be so user-transparent,
or hard-wired by function, that interaction potential will be
minimal. In other words, there will be little room for innovation,
for creativity, for play.

The expectations, the needs, and the desires of the new generation
are likely to be very different from what they encounter in the
office of today.

At this point it might be good to pause and ask ourselves: what is
the office today? What does it produce? How do we measure its
productivity?

The office is the dominant place of work in the advanced nations --
more people work in offices than in factories or on the farm. The
office is no longer the place of the elite. Our populations are
better educated, our minorities enjoy equal employment. Indeed, one
minority, women, are now becoming the co-partners of the office,
and not just as typists, but in the executive suite. That change
alone, apart from doubling our workforce capacity, is producing
some profound societal changes, e.g., in Gallup Polls we are
finding fewer women who see the home as their career, but who see
nothing incompatible about holding a job and having children.

The office, itself, has become the focus of production in an
information age. It is not simply an adjunct to the manufacturing
facility, but in many cases to meet the market needs of a better

educated public, produces products that we call "information", but
which we seldom know how to systematically price, produce, or
otherwise measure.

Our new generation has had its exodus from laboring upon the
pyramids of the industrial age, and now this generation, and we,
ourselves, are wandering in the wilderness. Like Moses, we may see
a promised land that we, ourselves, may never set foot upon; but
we are convinced that our children shall enjoy this land of milk
and honey.

Studies in cognition by the young have recently suggested that
students, when confronted with a new problem or application,
inevitably will default to earlier, more naive explanations instead of applying the mathematical or scientific principles they
have been learning. Similarly, organizations when given a new
technology, usually will first seek to emulate past communications
practices. We would do well to focus upon what has been developed
experimentally to achieve new applications made possible through
the new technology. These I would identify as follows.

1. Asynchronous time. A digital environment permits individuals
to reorder information according to times when they are needed and
at their convenience. Our offices now are organized largely for
the coincidental presence of many individuals. We often travel
great distances to all be at the same place at the same time, we
sometimes make decisions too hastily because of time constraints.
VCR and VDR technology allows us to receive entertainment at a
time convenient to us; computer-based communication can allow us
to re-order our information at work in the same way.

2. Independence of space. The office has followed the practice
of the factory by bringing together people, materials and
machinery to a central place for the efficient manufacture and
distribution of products. Early attempts at "office automation"
have attempted to convert office procedures to assembly-line practices. When the products of the office become data, information
and knowledge, new possibilities are created . Theoretically, the

office is no longer bounded by four walls or by a specific geo-
graphic location. The technology exists today to create "offices"
independent of the locations of their workers. Electronic mobility
transports us to any location, allows us to convene any combination of people. This meeting could easily be replaced by an electronic conference without reference to the time and geographical
constraints we each face. On a more domestic level, a woman who
wishes to have children and to care for them, can do this with
little interruption to her career by working from home.

3. Personal development. A digital environment allows us to move
electronically from one cognitive space to another with great ease.
Individuals can change roles and interests as readily as a child
moves from one game to another in the arcade, or changes disks
in the personal computer. This ability will allow people to par-
ticipate in more diverse cognitive activities independent of
time, space and status constraints. Roles will be defined by the
cognitive space a person happens to occupy at the moment.

4. User-defined systems. Beyond providing hardware and software
that is "user friendly", a digital environment provides the means
for all users to define a system according to their own needs and
talents. The child quickly progresses beyond the limited interaction of hard-wired game, to modification of the rules of the game,
to development of individual games. A computer-based system can be
developed to allow each user to choose his own interface to the
system and his own organization of the memory and processing functions it possesses. The system will less and less resemble the
linear processes of the assembly line.

5. Augmentation. The computer-based system can augment and enhance
the memory and processing of the individual and of the group. Just
as tests of logic, mathematical computation, and spelling can now
be done automatically, future systems should allow us to compare
our cognitive processes with those who have faced similar problems,
e.g., emulating the successful searching patterns of other information seekers.

6. Information and Knowledge. The words, pictures and sounds
produced by our offices are knowledge. The technology exists to
disseminate them efficiently and economically throughout the world.
But here we are coming to a very dangerous area. Some of you may
be familiar with what is known in the United States as "Gigo's Law".
That is an acronym for the letters G I G O and it is applied to
computers and means "Garbage in - Garbage out". I have a law derived from that, that I modestly call "Bezilla's Law", and it
states this: That very soon everybody in the world will have the
ability to compute garbage in picoseconds, to communicate garbage
in nanoseconds and to reproduce garbage in milliseconds electronically. Now this really becomes a problem when you start considering
the statistics: We have had a paper-based technology since the
second century anno domini. In that century we had about 300
Million people on earth, and about 2 or 3 % of them were literate.
In 1983 we have about 4 Billion people and - the best I can determine from the UN-statistics - at least half of them are literate
- and of course, the percentage is much higher in the developed
nations. So that leeds to "Bezilla's Parallely" which says, the
problem is probably going to get worse before it becomes better,
because we have had a blessing in the past and that most of our
communication has been one-way, our media have been intransitive.

People receive things, but now, with computers, they can transmit
them. So we now have about 2 Billion people very soon, who have
developed techniques to transmit information. How are we going to
evaluate this? The evaluation is necessary because with 4 Billion
people we have a lot more data, with new technology we have a lot
more information. But my impression of history has been that knowledge is pretty much a constant sum, and so we are going to have
to develop very strong evaluation mechanisms in order to determine
what is good information and what is poor information.

So, what I am suggesting is that the conclusion that ten or
twenty years from now, what we are talking about today, very
likely will seem very primitive and naive to our children. Their
concept of office and of productivity is quite likely to be very
different from our own. We are like the immigrant parents who have

brought them to the shores of a new land; our task now is to aid and nurture their development, pass on the best of our past and present, and not stand in their way as they explore and develop this new land.

Computergestützte Bürokommunikation: Exodus aus dem industriellen Zeitalter

Robert Bezilla, Princeton, NJ

Versucht man, die Impulse der neuen Technologien zu messen, ergeben sich für einen Markt- oder Meinungsforscher verschiedene Probleme:

1. Es gibt nur außerordentlich wenig Menschen, die über Wissen über diese neuen Technologien verfügen oder gar Erfahrung in deren Anwendung haben.

2. Die Technologie selbst entwickelt sich so außerordentlich schnell, daß wir die bestehenden Anwendungen als Zwischenlösungen betrachten müssen.

3. Es findet kein freier Informationsaustausch über die aktuellen Entwicklungen dieser Technologie statt. Wir haben also nicht einmal volle Kenntnis davon, was bereits entwickelt ist.

Sogar wenn wir über dieses Wissen verfügen, sind wir nicht immer in der Lage, es mit anderen zu teilen. Es bleibt uns deswegen nichts anderes übrig, als allgemeinere Probleme zu diskutieren.

Einer dieser allgemeineren Aspekte, der mir in jeder Studie über Anwendungsmöglichkeiten computergestützter Systeme auffällt, ist folgender: Die höchste Akzeptanz neuer Technologien zeigt sich bei jungen und gut ausgebildeten Kräften. Infolgedessen neige ich dazu, meine Aufmerksamkeit auf das Verhalten und die Einstellungen dieser jungen Leute zu richten, denn in ihnen sind die Innovatoren für neue Anwendungen zu sehen. Ich glaube sagen zu können, daß von dieser neuen Generation seit dem Jahr 1981 etwas zu spüren ist. Der Gallup Youth Survey zeigte, daß sich in diesem Jahr 93 % der jungen Leute zwischen 13 und 18 Jahren in den Vereinigten Staaten mit Videospielen beschäftigt hatten, was nichts anderes bedeutet, als daß sie in Interaktion mit einem Mikroprozessor getreten sind. Dasselbe Ergebnis zeigte sich 1982 und wird sich 1983 wohl bestätigen.

Diese Videospiele sind natürlich nur Spielzeug, aber Spielzeuge haben immer dazu gedient, Heranwachsende auf spätere Rollen vorzubereiten.

Darüber hinaus schlägt sich der intensive Kontakt der amerikanischen Jugend mit Computern natürlich auch in anderen Ergebnissen nieder:

- 1982 haben bereits 55 % der Oberschüler die Möglichkeit genutzt, sich im Rahmen ihres Unterrichts mit Computern zu befassen. Anders gesagt bedeutet das, daß in den Oberschulen die Belegung von Programmiersprachen genauso hoch ist wie die von Fremdsprachen.

- 44 % der Oberschüler würden einer Regelung zustimmen, die alle High-School-Abgänger verpflichtet, ihre Fähigkeiten im Umgang mit Computern zu demonstrieren.

Nach der Oberschule wollen drei von vier amerikanischen Jugendlichen das College besuchen. Sie erwarten, auch dort etwas über Computer zu lernen:

- 55 % erwarten dort Unterweisung im Umgang mit Computern.

- 37 % gaben an, daß die Beschäftigung mit dem Computer den Schwerpunkt ihres Studiums bilden sollte.

Auch zu der Frage, welche Karrierewünsche sich an diese Ausbildung anschließen, kann der Gallup Youth Survey Auskunft geben:

Von 1980 bis 1982 stieg der Wunsch nach einer Karriere im Computerbereich von Rang 10 bis auf Rang 1.

Dies führte dazu, daß die Studentenzahlen in diesem Bereich bereits einige Probleme verursachen: Die Technologie ist so neu, daß viele Studierende in der Anwendung bald ihre Lehrer übertreffen. Probleme gibt es auch durch die noch wenig ausgeformte Verknüpfung mit anderen Fachbereichen.

Bei der Frage, welche Probleme sich am Arbeitsplatz dieser neuen Generation, also in den meisten Fällen dem Büro, ergeben werden, muß man sich zunächst fragen, wie dieses Büro heute aussieht. Das

Büro betrachten wir heute nicht mehr als einfaches Anhängsel einer
Fabrik, sondern wir interessieren uns für seine Produktivität. Das
Produkt nennen wir "Information", wissen aber nur selten, wie eine
systematische Preisbildung erfolgen kann, wie es hervorgebracht
wird oder in anderer Weise gemessen werden kann. Wir befinden uns
sozusagen nach dem Exodus aus dem industriellen Zeitalter wie einst
Moses zunächst in der Wüste. Wir würden gut daran tun, unser Haupt-
augenmerk darauf zu richten, was bereits versuchsweise entwickelt
wurde, um die folgenden Anwendungsvorteile, die durch die Technologie
der Mikroelektronik ermöglicht wurden, auszuschöpfen:
möchte ich folgendes anführen:

1. Unabhängigkeit von der Zeit. Elektronische Speicher ermöglichen
   den beliebigen Rückgriff auf Informationen.

2. Unabhängigkeit vom Raum. Computergestützte Kommunikationssysteme
   machen uns unabhängig von einer räumlichen Konzentration der
   Verwaltung.

3. Persönliche Entwicklung. Mit Hilfe der Elektronik wird auch in
   diesem Bereich eine größere Flexibilität für das Individuum
   denkbar.

4. Auf den Benutzer abgestimmte Systeme. Computergestützte Systeme
   können so entwickelt werden, daß sie jedem Benutzer individuelle
   Speicherorganisation und Verarbeitungsschritte erlauben.

5. Intelligenzverstärkung. Computergestützte Systeme können ein
   Individuum oder eine Gruppe durch Speicherzugriffe, Verarbeitungsschritte und effizientere Informationssuche bei deren geistiger Leistung wirkungsvoll unterstützen

6. Information und Wissen. Die in den Büros er- und verarbeiteten
   Informationen stellen Wissen dar. Heute existiert bereits die
   Technologie, um dieses Wissen weltweit effizient und ökonomisch
   zur Verfügung zu stellen. Dies birgt allerdings auch die Gefahr
   des Information overload, so daß wir auch zuverlässige Auswahl-
   verfahren für diese mögliche Informationsflut entwickeln müssen.

Offene Kommunikationssysteme –
die Infrastruktur für informationsorientierte Arbeitsabläufe

Gerhard Zeidler, Stuttgart

Trends

Schon seit etwa zehn Jahren wird von verschiedenen Seiten - Wissenschaft, Praxis und Publizistik - die Tendenz beschrieben, daß Nach-
richten- und Computertechnik immer stärker zusammenwachsen. Ein Blick
auf das heutige Anwendungsspektrum bestätigt die damalige Prognose.
Themen wie Teletex oder Bildschirmtext, Textverarbeitung oder digitale
Fernsprechvermittlung sind in der Tat heute zu Aktivitäten der Nach-
richten- und der Computerbranche geworden. Diese beiden Bereiche verdienen besondere Hervorhebung, wenngleich auch andere - wie z.B. die
Büromaschinenbranche - auf diesen Märkten aktiv werden.

Die verstärkte Anwendung der Mikroelektronik hat die unterschiedlichen
Entwicklungsrichtungen der Nachrichtentechnik und der Computertechnik
wesentlich geprägt, auch dadurch haben sich beide Branchen einander an-
genähert. Die meisten Prognosen von damals haben sich auf diese technische Angleichung sowie auf zu erwartende Marktkämpfe bezogen. Kaum
die Rede war von den verschiedenen Lösungsansätzen beider "Schulen"
für die Entwicklung unseres technischen Kommunikations- und Informa -
tionssystems. Es ist jedoch wichtig zu erkennen, in welchen Punkten
sich Nachrichtentechnik und Computertechnik nicht angeglichen haben,

welcher der beiden Ansätze für die Aufgaben des nächsten Jahrzehnts
die besseren Lösungen bietet.

Wir sind nämlich auf einigen Feldern der Kommunikations- und Informationstechnik an Weggabelungen angekommen, die präzise Entscheidungen
über die weiteren Wege abfordern. Dies gilt, um ein paar Schlagworte
zu nennen, für die technische Infrastruktur unserer Nachrichtennetze,
für die Neugestaltung unserer Medienordnung, für ein Überdenken von
Netzträgerschaften, für die Umorientierung unseres Bildungssystems auf
dem Hintergrund der technologischen und technischen Entwicklungen.
Während die Wege noch der Diskussion bedürfen, ist es die Richtung
meines Erachtens nicht: Das Ziel ist zwingend die Steigerung der Leistungsfähigkeit unserer Volkswirtschaft.

Sicher ist die technische Entwicklung nicht der wichtigste Faktor für
das Ziel "Leistungsfähigkeit der Volkswirtschaft". Technik kommt nicht
über uns wie Naturkatastrophen, zahlungsunfähige Exportländer oder eine
bestimmte politisch-soziale Entwicklung. Die technische Entwicklung ist
steuerbar, nicht im Sinne einer zentralen Steuerung, sondern im Sinne
einer modernen Marktwirtschaft. In einer hochentwickelten Marktwirtschaft gilt es immer wieder, Zwischensummen zu ziehen und zu fragen,
wie weiter optimiert werden kann.

Besonders deutlich wird dies im Bürobereich von Wirtschaft und Verwaltung, wo der Schritt von der Manufaktur zur Fabrik in diesen Jahren vollzogen wird (Bild 1). Es handelt sich in diesem Bereich um einen stark
arbeitsteilig angelegten Arbeitsprozeß, wobei nicht nur die Arbeit
zwischen Menschen, sondern auch zwischen Mensch und Technik sinnvoll zu
teilen ist. Arbeitsorganisation und Betriebswirtschaft sind in ihren Erkenntnissen schon weit fortgeschritten, die Umsetzung in technische Systeme ist aber wohl noch nicht optimiert. Geräte und Einrichtungen der
Nachrichten- und Computertechnik bestimmen bereits das Bild dieses Be-
reichs, aber nur in Einzellösungen. Der Kommunikationsverbund mit diesen
technischen Einrichtungen ist noch nicht realisiert; man optimiert Insellösungen, deren Zahl ständig zunimmt. Eine Verbindung dieser Inseln wird
mit der zunehmenden Zahl immer schwieriger. Gewünschte Vielfalt läuft
Gefahr, zum unübersichtlichen Wirrwarr zu werden. Um diese Aussage
nachzuvollziehen, genügt ein Blick in die CeBit-Hallen der Hannover
Messe.

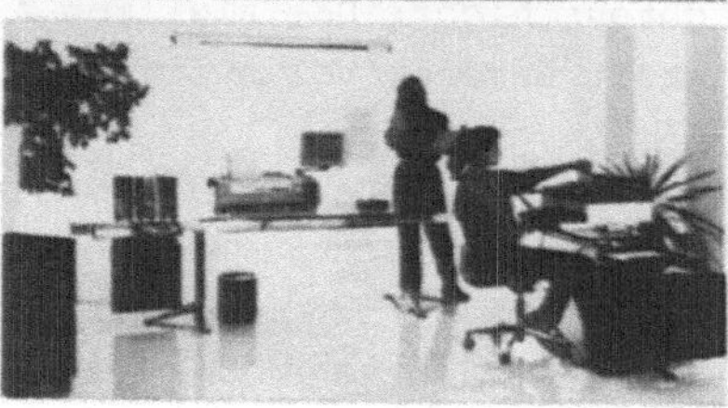

Bild 1

<u>Rohstoff Information</u>

Von der"Information im Sinne eines neuen Rohstoffs der Industriege-
sellschaften, der am ehesten einen neuen Innovations- und Produktivi-
tätsschub auslösen"kann, spricht Ulrich Lohmar. Ich meine, dies trifft
die Sache im Kern. Die verschiedenartigen Bürobereiche in Industrie,
Verwaltung oder Handel mit deren unterschiedlichen Aufgaben in Management, Forschung und Entwicklung sowie Produktion, befinden sich derzeit in einem - von der Funktion und vom "Image" her - tiefgreifenden
Wandel. Vom bespöttelten "administrativen Anhängsel" zur "Informations-
fabrik" mit eigenständiger Wertschöpfung wird der Bürobereich zum Zentrum informationsorientierter Arbeitsprozesse.

Dieser Wandlungsprozess kann nicht ohne Verwerfungen vor sich gehen; es gilt, grundsätzliche Probleme in gemeinsamer Anstrengung einer Lösung zuzuführen. Das Wissen um Prioritäten ist vorhanden.

Wir wissen heute beispielsweise, daß das Stichwort "Zusammenwirken von Mensch und Technik" (früher "Mensch-Maschine-Schnittstelle" genannt) vor den technischen Leistungsdaten und sogar vor der Wirtschaftlichkeit rangiert. Zum letzten Punkt eine Erläuterung: Wirtschaftlichkeit, sonst das oberste Gebot in jeder Unternehmung, wird ad absurdum geführt, wenn der Mensch nicht mitspielt. Ablehnung oder auch verdeckter Widerstand - dies haben Akzeptanzuntersuchungen gezeigt - lassen Produktivitäts- steigerungen nicht zu. Die Gebote "Einfachheit, Einheitlichkeit und An- passung der Technik an den Menschen" sind umfassend zu erfüllen.

Im Bürobereich wird heute offen eingestanden, daß die "klassischen" Kommunikationsdienste (z.B. Telefon, Telex) und ihre modernen Ergänz- ungen (z.B. Telefax, Teletex) gegenüber den "klassischen" Computertech- niken (z B. Groß-EDV, Datenfernverarbeitung) hinsichtlich des Zugriffs und der Bedienung einen Vorsprung haben, daß sie also das "erste Gebot" besser befolgen.

Betriebswirte und Organisationswissenschaftler, aber auch Psychologen sehen als größtes zu lösendes Problem das Gesamtsystem von Menschen und Maschinen, weniger in speziellen Funktionen und Leistungsdaten. Mancher Anwender aus der Praxis sagt sogar, daß der Reiz der Daten- und Text- verarbeitung erst dann beginnt, wenn der Zugriff zum Computer so ein- fach ist wie der Griff zum Telefon. Derartige Forderungen lassen sich jedoch nur mit einem umfassend geplanten, innerbetrieblichen Kommuni- kationssystem erfüllen, mit einer modernen Büroinfrastruktur, wie sie gegenwärtig allenfalls in "statu nascendi" sichtbar wird.

Computerorientierter Ansatz

Gemessen an diesen grundlegenden Ausgangspunkten, muß sich der "com- puterorientierte Ansatz" kritisch betrachten lassen.

Heutige informationsverarbeitende Systeme sind als geschlossene Lösungen realisiert, als Insellösungen, die für die Kommunikation zwischen Ter- minals und Rechnern eine bestimmte Herstellerarchitektur voraussetzen. Sie basieren auf Zentralrechnern und arbeiten in der Regel im lokalen

Bereich. Für landes- oder gar weltweite Dimensionen nutzen diese lokalen Computernetze die öffentlichen Netze als Übermittlungsmedium, doch auch ohne öffentliche Netze können weltweite, geschlossene Firmennetze mit Hilfe der Satellitentechnik (z.B. SBS) gebildet werden. Über diesen Ansatz entstanden je nach Herstellermacht "De-facto-Standards". Der Übergang zwischen Inseln mit verschiedenen Herstellerarchitekturen erfordert einen hohen Aufwand für Gateways; er wird gelegentlich realisiert. Beispiele dafür drüften in jedem größeren Betrieb zu finden sein: EDV, technisch-wissenschaftliche Rechner und Textverarbeitung sind oft getrennt entstandene und organisatorisch unterschiedlich verantwortete Bereiche, zwischen denen nur selten Übergangsmöglichkeiten bestehen. Es bleibt die Frage, ob dieser Weg auch für künftige innerbetriebliche Kommunikationssysteme, für die Geräte und Einrichtungen unserer "Informations-Rohstoff-Verarbeitung" beschritten werden sollte.

Nachrichtentechnischer Ansatz

Auf den ersten Blick erscheint der Ansatz der Nachrichtentechnik in einem günstigeren Licht. Er kann gekennzeichnet werden durch

     - offene Netze
     - weltweite Verbindung
     - einfache Bedienung
     - niedrige Einstiegskosten
     - Kompatibilität.

Allerdings ist er nicht ohne weiteres übertragbar, denn die neuen Systeme und Dienste im Bürobereich benötigen - wie bereits ausgeführt - zur Informationsübermittlung auch die Verarbeitung. Die "klassische" Nachrichtentechnik kann, für sich allein genommen, die Probleme nicht vollständig lösen.

Ihr Ansatz kann jedoch für die weitere Entwicklung richtungsweisend sein: Die Nachrichtentechnik hat die Übermittlungs-Dienstleistung zum Ausgangspunkt, die um zahlreiche benutzerorientierte Dienstmerkmale erweitert wird. Als Beispiele sind zu nennen der Fernsprechdienst- das weltweite Fernsprechnetz mit seinem Verbund der selbstwählfähigen Vermittlungsstellen wird oft als "größte Maschine der Welt" bezeichnet-. Telex-, Teletex-, Telefax- und Datendienste. So sind etwa die Datex-L-

und Datex-P-Netze mit ihren Dienstmerkmalen Basis für einheitlich geregelte Dienste mit Standards für Zeichengabe und Zeichencodierung sowie weiteren Dienstmerkmalen, z.B. Direktruf und Kurzwahl, Anschluß-kennung, Geschlossenen Benutzerklassen und der Anpassung von Terminalprotokollen.

Diesen Ansatz vertreten CEPT und CCITT, deren Grundsatz ist, möglichst umfassende Dienstleistungen für herstellerneutrale Kommunikation durch frühzeitige Abstimmung zu ermöglichen. Der früher oft geäußerte Vorwurf, die Standards würden den technischen Entwicklungen erst in weitem Abstand nachhinken, ist mit den **neueren** Beispielen Telefax, Teletex, Bildschirmtext und ISDN zu entkräften.

Damit kein Mißverständnis aufkommt: in der Vergangenheit hat es hier gelegentlich Versäumnisse gegeben. Wäre nicht vor wenigen Jahren ein "Ruck" durch die Nachrichtentechnik gegangen - hin zu schnellerer Standardisierung, hin zu größerer Vielfalt, wäre die Nachrichtentechnik heute im internationalen Vergleich mit dem Prädikat "schlichte Einfalt, die auch noch zu spät kommt" zu belegen. Das hat sich in letzter Zeit jedoch grundlegend geändert.

Zusammenfassend läßt sich somit feststellen (siehe auch Bild 2), daß nach einem Jahrzehnt "Hard- und Software-Konvergenz" die unterschiedlichen Denkansätze nach wie vor deutlich differieren: die Computertechnik konzipiert längs der Linie "Rechner, Terminals -- Herstellerarchitektur", die Nachrichtentechnik denkt in der Linie "Netz -- Standard" In Bezug auf die Kompatibilität zwischen Einrichtungen unterschiedlicher Hersteller ist die Konsequenz im ersten Fall die Verwendung aufwendiger Gateways auf Seiten der Benutzer, im zweiten Fall ist Dienste- und damit Gerätekompatibilität durch die Standards des Netzbetreibers von vornherein gegeben.

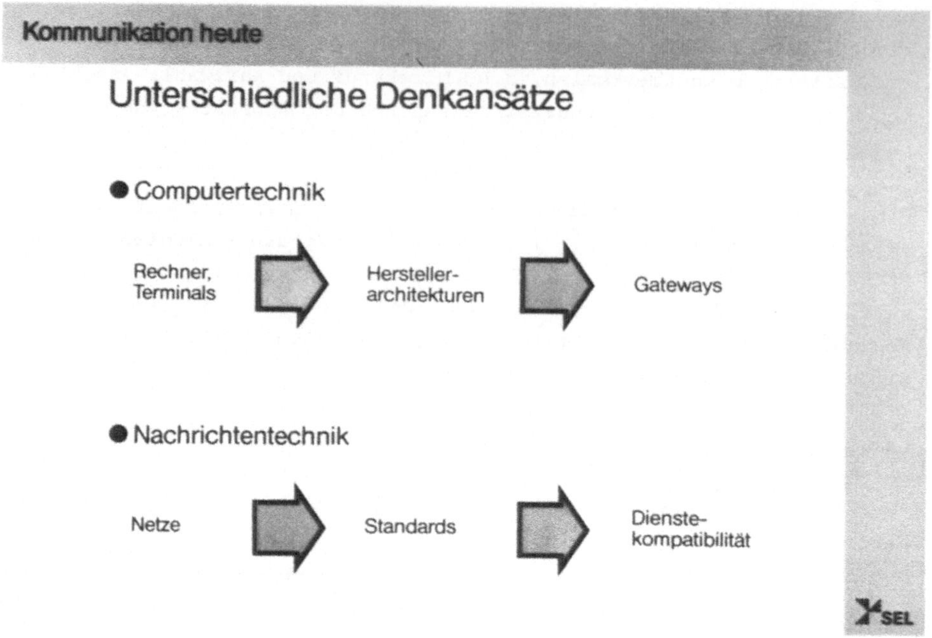

Bild 2

Lösungswege

Es ist offensichtlich, daß neben den in den anderen   Vorträgen angesprochenen organisatorischen Problemen entsprechend meiner Analyse Herstellergebundenheit der Lösungen eine weitere Hauptursache für den verschleppten Wandlungsprozeß unserer Bürobereiche ist. Nochmals das Beispiel CeBit/Hannover: Kann der kaufwillige Mittelständler dort auf Anhieb "Büro-Informations-Systeme" bekommen, die ihm zukunftssicher erscheinen, oder wird er nicht irritiert wieder nach Hause fahren und noch ein paar Jahre "weitermachen wie bisher"?

Ganz gewiß wird er zögern, mit einem bestimmten Hersteller einen "Bund
für das Leben" zu schließen, wird ihn die Vielfalt der verschiedenen
Architekturen verunsichern, wird er bei seiner Überlegung das "insulare
Moment" sehr negativ vermerken. Ich will es deutlich sagen: eine moderne Büro-Infrastruktur ist "in statu nascendi"; wenn wir so weitermachen wie bisher, wird sie dort noch lange bleiben. Wir brauchen sie
aber bald.

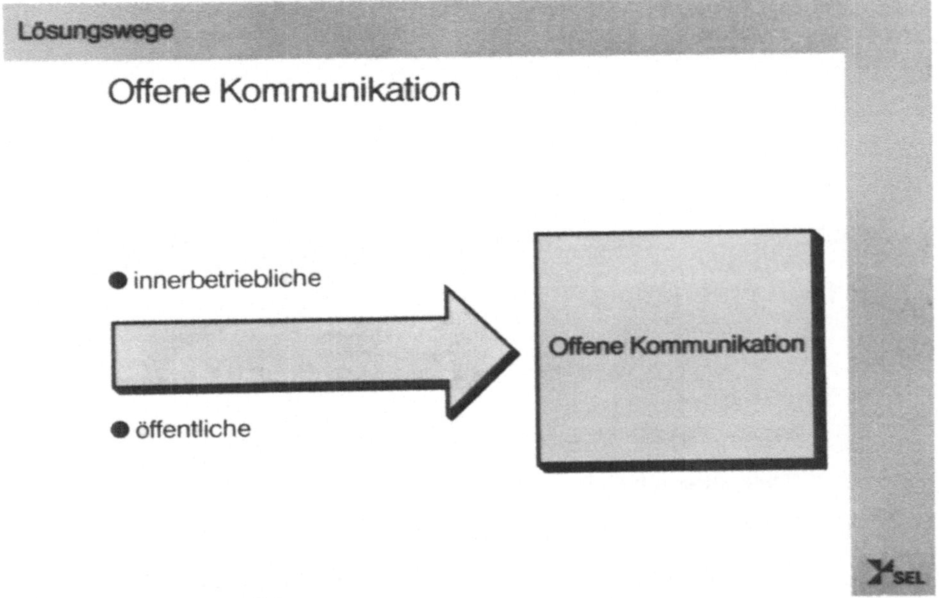

Bild 3

Grundlage dafür muß die offene Kommunikation sein, sowohl innerbetrieb-
lich wie zwischenbetrieblich, d.h. mit Hilfe der öffentlichen Netze
(Bild 3). Insellösungen müssen als Sonderfall und nicht als Regelfall
gelten. Unter "Offenen Kommunikationssystemen" sind Netzarchitekturen
mit standardisierten Diensten und Protokollen zu verstehen, die nicht
nur zwischen den Systemgenerationen eines Herstellers, sondern vor

allem zwischen den Systemen verschiedener Hersteller kompatibel sind.
Damit greife ich Vorstellungen auf, die vor allem große Anwendergruppen
schon früher genannt haben, z.B. Behörden, Hochschulen und Forschungs-
institute sowie die Europäische Gemeinschaft.

Innerbetriebliche Offene Kommunikation

Als erstes möchte ich mich jetzt der innerbetrieblichen offenen Kommunikation zuwenden. Sie sei verstanden als Sammelbegriff für Anwendungen
in Büros von Entwicklungs- und Forschungsbereichen, Fertigung und Verwaltung. Die Kommunikation basiert hier in der Regel auf den öffentlichen Dienstleistungen, siehe linke Spalte in Bild 4, die innerbetriebliche Ergänzungen finden. Für die Zwecke der informationsorientierten
Arbeitsprozesse im Büro

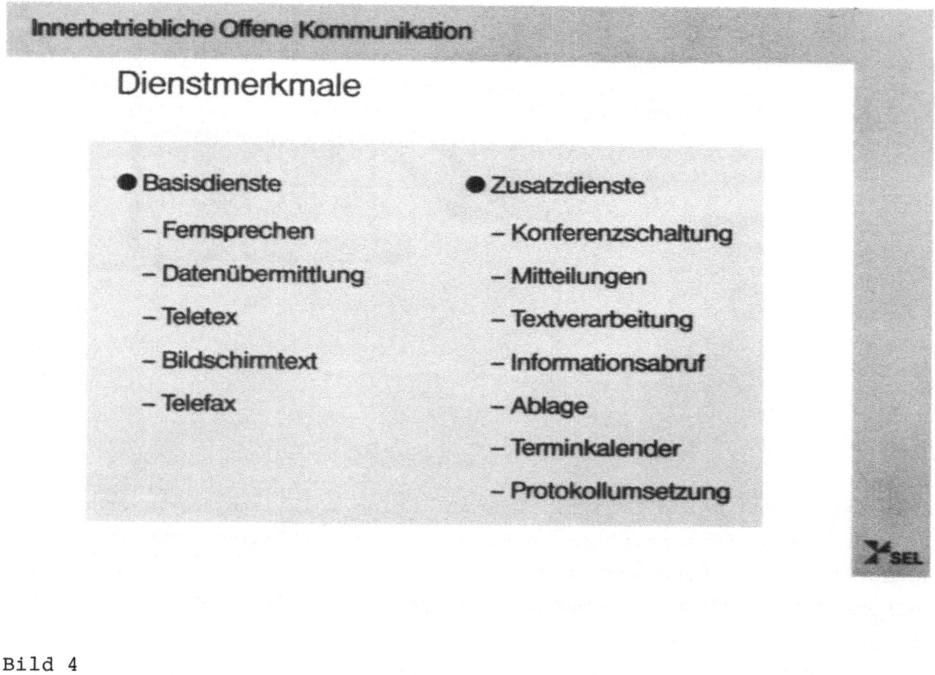

Bild 4

können sich die in der rechten Spalte genannten Zusatzdienste auf die
Basisdienste abstützen. Im Bild ist nur eine Auswahl möglicher Dienste
dargestellt; sie zeigt deutlich, daß es sich in den meisten Fällen um
einen Verbund von Kommunikation und Informationsverarbeitung handelt.

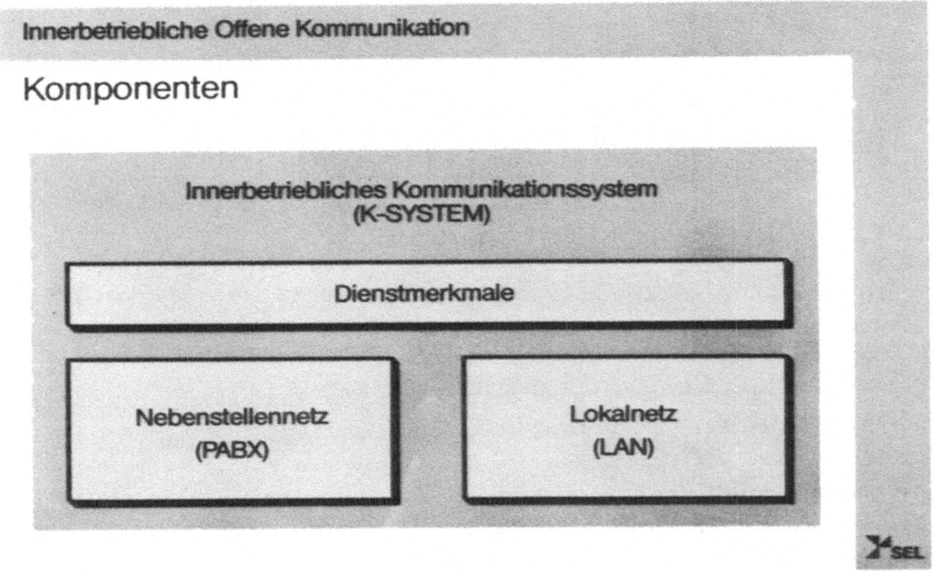

Bild 5

Technische Basis eines innerbetrieblichen Kommunikationssystems sind
Nebenstellenanlagen und Lokalnetze (Bild 5). Beide sind begrenzt auf
ein Betriebsgelände. Nebenstellennetze sind Sternnetze mit räumlich
konzentrierter Vermittlung, Lokalnetze sind Bus- oder Ringnetze mit
dezentraler Vermittlung. Beide Netztypen geben im Verbund miteinander eine übermittlungstechnische Infrastruktur für künftige K-Systeme
ab, die zahlreiche Anforderungen erfüllt. Die Dienstmerkmal-spezi-
fischen Funktionen lassen sich so realisieren, daß sie beide Netz-
strukturen nutzen. Dieses Konzept ist in Bild 6 beispielhaft gezeigt:

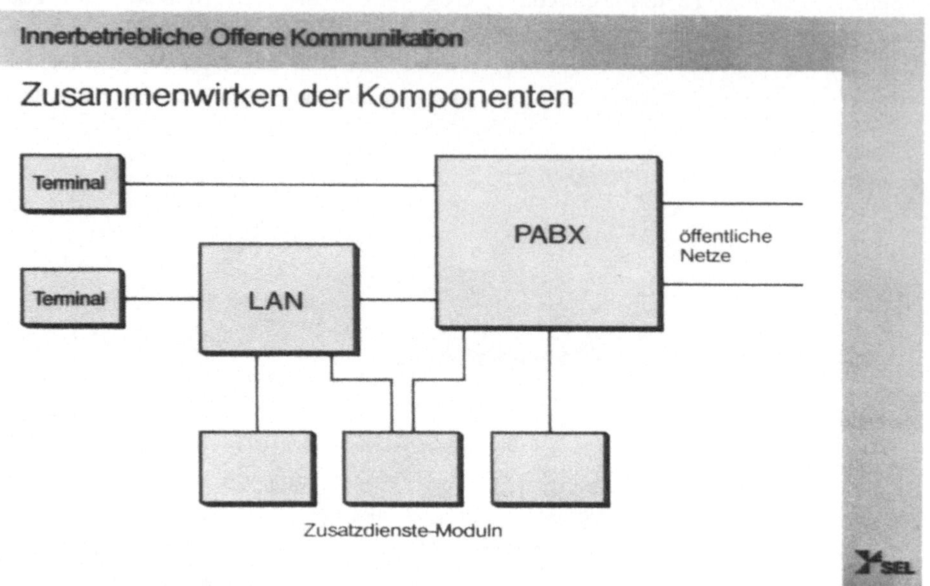

Bild 6

Die Zusatzdienste-Moduln haben Netzzugänge zum LAN und zur PABX. Sie
können z.B. Ablage-, Datenbank-, Terminüberwachungsfunktionen realisieren, ebenso wie Funktionen der Elektronischen Post, der Text- und
Datenverarbeitung,der Protokollanpassung zwischen unterschiedlichen
Geräten und Netzen, ferner Funktionen für Konferenzverbindungen und
zur Unterstützung der Verbindungsherstellung.

Diese Funktionen können somit losgelöst von zentralen Rechnern in einem
Verbund von Übermittlungsnetzen und dezentraler Verarbeitungsleistung
realisiert werden.

Die auf die beschriebene Weise entstehenden innerbetrieblichen offenen
Kommunikationssysteme müssen selbstverständlich im öffentlichen Netz
ihre Ergänzung finden, um die Kommunikation zwischen Betriebsteilen
oder Firmen zu ermöglichen. Dabei können öffentliche Netze und Dienste
in besonderer Weise die "offene Kommunikation" unterstützen, wie im
weiteren gezeigt werden soll. Sie können dadurch herstellerunabhängig
auf den Benutzer hin ausgerichtet sein. Die Vorteile solcher K-Systeme
liegen in der Nutzung des vorhandenen Leitungsnetzes, im gemeinsamen
Anschluß an öffentliche Netze sowie in der Kombination der überall
vorhandenen sternförmig strukturierten Schmalbandkanäle und der in
Ring-Bus-Form vorgesehenen Breitbandkanäle, die dort eingerichtet werden sollten, wo kurzzeitig hohe Übertragungsraten erforderlich sind.

Als Basis für eine Normung derartiger Systeme bietet sich das ISDN an,
das in der laufenden Studienperiode des CCITT weitgehend festgelegt
werden wird: So können auf der herkömmlichen Kupfer-Doppelader zwei
Informationskanäle mit je 64 kbit/s und ein Zeichengabe-Kanal mit
16 kbit/s geführt werden. Das ist gemessen an der heutigen Bandbreite
von 4 kHz eine wesentliche Vergrößerung der Nutzungsmöglichkeiten, mit
der bereits viele neue Dienstmerkmale der innerbetrieblichen Kommunikation erreichbar sind. Auch wird sich die ISDN-Normung nicht auf die
Übermittlungstechnik selbst beschränken, sondern neue Dienstmerkmale
einschließen.

Dienst "Offene Kommunikation"

Bereits heute bestehen im Netz der Deutschen Bundespost Übergänge
zwischen Netzen, z.B. mittels Paketier-/Depaketiereinrichtungen (PAD)
am Datex-P-Netz sowie Bildschirmtext-Vermittlungen (Bild 7). Diese
Netzübergänge sind richtungsweisende Schritte zur offenen Kommunikation.
Im ersten Fall leistet die Deutsche Bundespost mit den PAD Terminalan-
passungen an unterschiedliche Herstellerprotokolle. Allerdings können
Terminals nur mit Rechnern gleicher Herstellerarchitektur kommunizieren.
Im zweiten Fall hat die Bundespost eine herstellerneutrale Architektur
in Form von Btx-Rechner-Verbundprotokollen vorgeschrieben und erreicht
damit freizügige öffene Kommunikation zwischen Btx-fähigen Terminals
und Rechnern unterschiedlicher Hersteller.

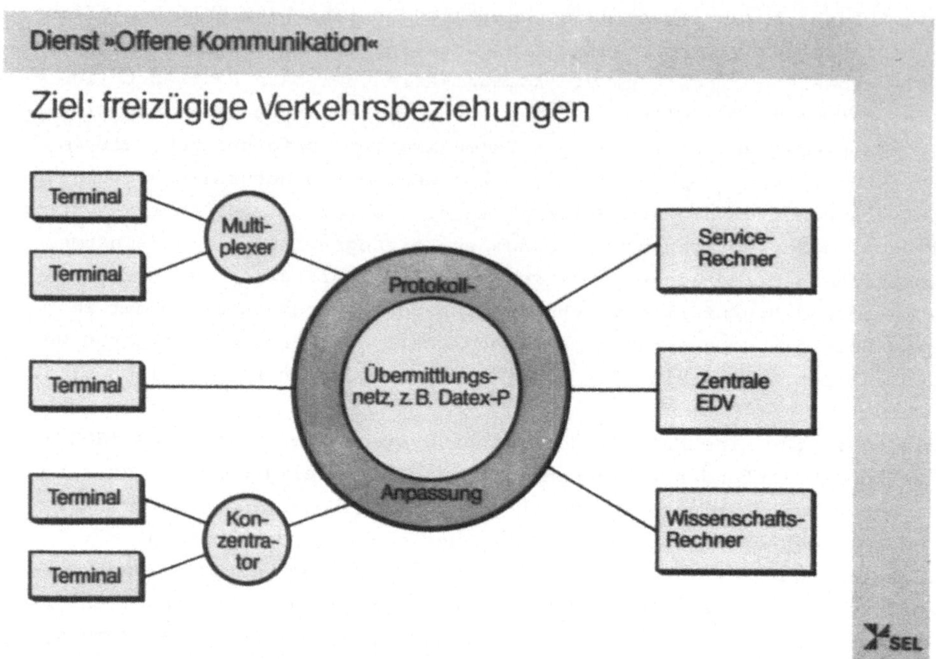

Bild 8

Mit der Einrichtung dieses Dienstes kämen wir dem Ziel "freizügige
Verkehrsbeziehungen" rasch und wirtschaftlich nach. Den unterschiedlichen Erfordernissen der Terminals, seien es einzelne Datenstationen
oder Terminal-Clusters, die über Multiplexer bzw. Konzentratoren geführt sind, wird im Übermittlungsnetz durch Protokoll-Anpassung für
die verschiedenen Rechneranwendungen Rechnung getragen.

Bild 9 zeigt die Protokoll-Konversion im Verbund-Rechner-Netz-Terminal
am Beispiel des Datex-P-Netzes. Rechner und Terminals sind mit der
x.25 Netzschnittstelle (ISO-Protokollschichten 1-3) mit dem Ver-
mittlungssystem verbunden. Die höheren Protokollschichten (ISO-
Schichten 4-6) sind als standardisierte Protokolle zwischen Protokollkonverter und Rechner vorgeschrieben; der Protokoll-Konverter be-

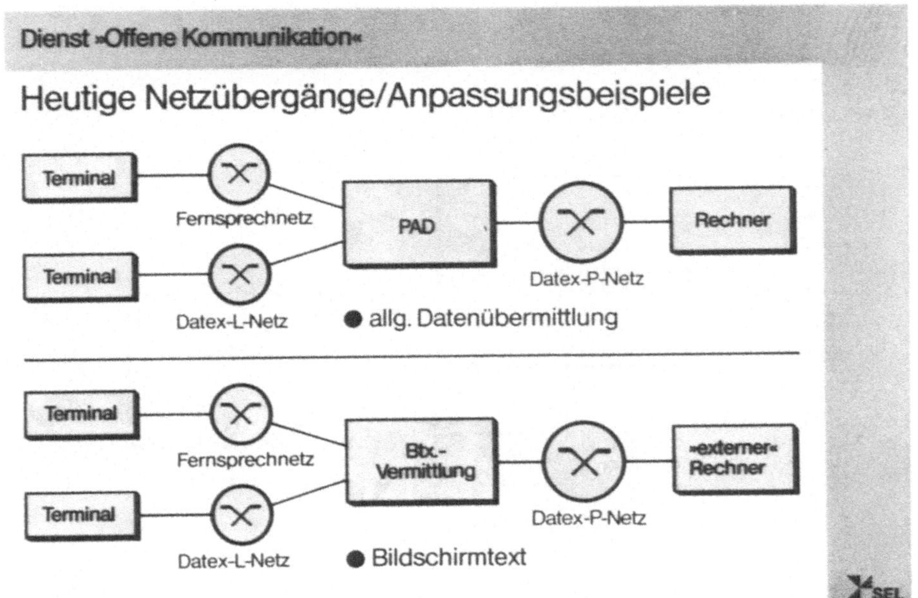

Bild 7

In den öffentlichen Netzen kann also durch rechtzeitiges Durchsetzen
von Standards offene Kommunikation erreicht werden. Die Bestrebungen
in der Datenkommunikation, die Kommunikationsprotokolle der verschiedenen Ebenen zu standardisieren, sind ein vergleichbarer Ansatz.
Dieser Abstimmungsprozess zwischen Rechnerherstellern ist jedoch
vergleichweise langwieriger und schwieriger als derjenige der Fern-
meldeverwaltungen. Da es einheitliche höhere Protokolle heute noch
nicht gibt, müßte man sich mit Einzel-Protokollanpassungen (Gateways)
behelfen. Dies scheint nicht der richtige Weg zu sein. Denkbar wäre,
daß an die Stelle von Einzellösungen ein allgemeiner Dienst tritt,
siehe Bild 8.

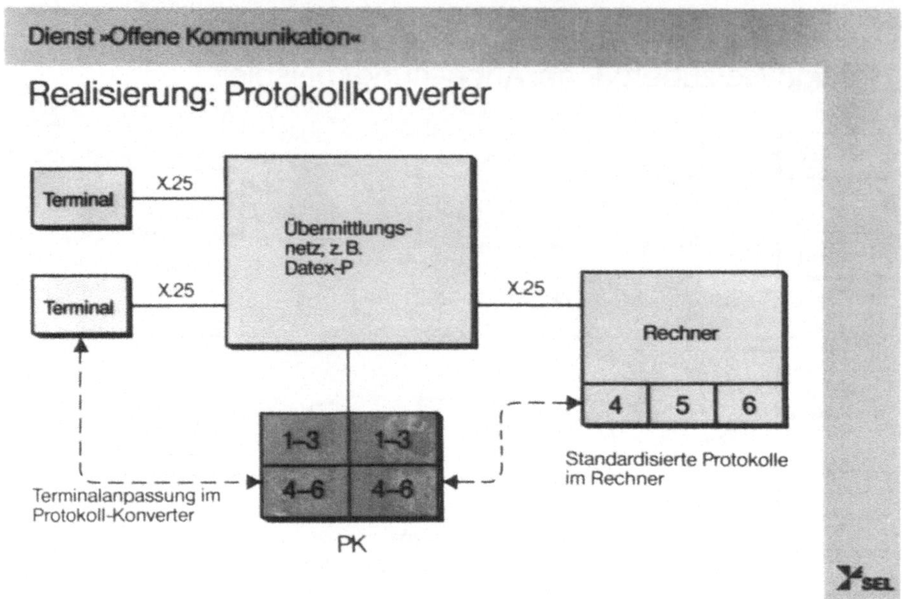

Bild 9

sorgt die Anpassung an die Terminals.

Zur raschen Realisierung könnten Protokoll-Konverter als selbständige
Einheiten an den heutigen Netzen, später jedoch als integraler Bestand-
teil von digitalen Vermittlungsstellen im Zuge von ISDN realisiert
werden (Bild 10). In den heute gängigen Realisierungen von digitalen
Vermittlungen als hochmodulare, dezentral gesteuerte Systeme kann
dieser Zusatzmodul flexibel nach Bedarf eingesetzt werden.

Die Dienstleistung "offene Kommunikation" erspart zunächst anwenderspe-
zifischen Anpassungsaufwand. Außerdem kann man erwarten, daß die netz-
internen Protokolle mit der Zeit in Terminals und Rechnern unterschiedlicher Hersteller übernommen werden und dadurch die Bedingungen
der offenen Kommunikation direkt erfüllt sind.

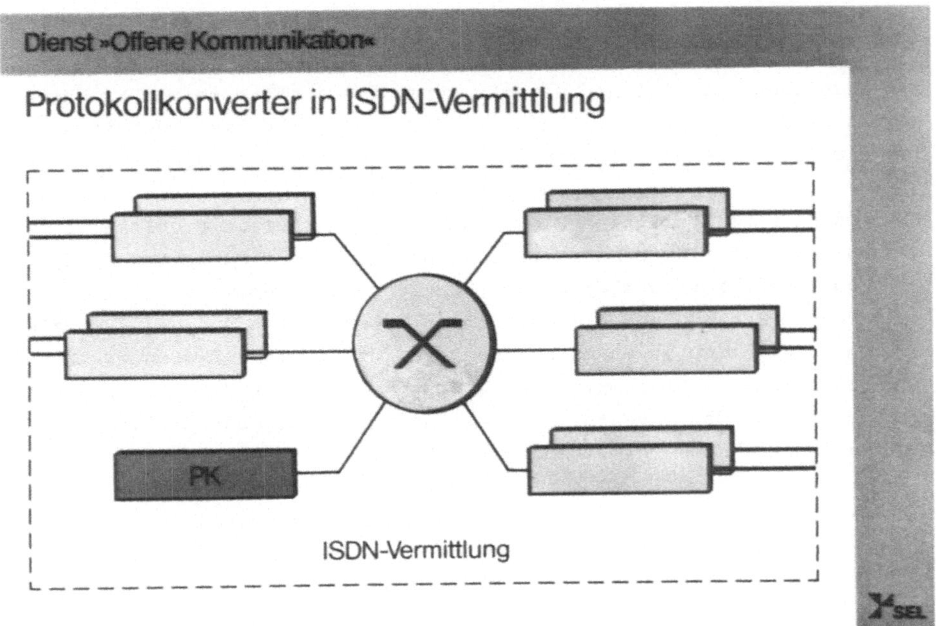

Bild 10

Die Vorteile der hier vorgeschlagenen Protokollkonverter-Lösung liegen
also direkt in herstellerunabhängiger Datenkommunikation, in rascher
Realisierung als Stand-Alone bzw. ISDN-Modul zur Unterstützung heute
vorhandener Terminals. Indirekt liegt der große Vorteil darin, daß ein
erheblicher Anreiz für ein Einheitsprotokoll gegeben ist. Nach einer
denkbaren Einigung über ein solches Einheits-Protokoll würde der Bedarf nach dem Dienst "Offene Datenkommunikation" mit der Realisierung
"Protokollkonverter" dann über der Achse von Lebensdauer bzw. Abschrei-
bungszyklus der Vor-Standard-Systeme auslaufen.

Auswirkungen Offener Kommunikationssysteme

Ein Erreichen der "Offenen Datenkommunikation" hätte meines Erachtens durchgehend positive Auswirkungen auf Benutzer, Volkswirtschaft und für die absehbare neue Infrastruktur.

Für den Benutzer entfallen die eingangs geschilderten Probleme weitgehend. Einheitliche Benutzerprozeduren werden die Akzeptanz steigern. Die günstigere Kostenrelation durch Nutzung der Terminals mit verschiedenen Rechnern und die geringeren Kosten durch Nutzung der öffentlichen Netzeinrichtungen macht das Büro-Informations-System wirtschaftlich attraktiver. Dies bringt uns, zusammen mit der erhöhten Planungssicherheit für den Investor, dem erwünschten Übergang von der Manufaktur zur Fabrik einen großen Schritt näher.

Daß "Konvergenz der Architekturen" mannigfaltige und günstige Auswirkungen auf weite Bereiche haben würde, ist mit dem Hinweis auf das flexiblere know how zu belegen. Man stelle sich vor, daß zum Beispiel im Automobilbau beim Wechsel von einer Marke zur anderen eine komplett neue Ausbildung für den Mitarbeiter nötig wäre - die Konkurrenzfähigkeit der Branche wäre dahin. Warum sollten wir uns diesen Luxus in der Informations- und Kommunikationstechnik leisten, wo wir bis heute diesen Tatbestand als gegeben hinnehmen?

Die Volkswirtschaft muß als ein komplexes System von Rückkopplungsschleifen angesehen werden (Bild 11). Das Optimum neuer Kommunikationssysteme für Hersteller, Benutzer und Betreiber ist nur über gemeinsame Lösungsansätze zu erreichen. Es ist bekannt, daß mit neuen Kommunikationssystemen durch Verwendung moderner Technologien in vielerlei Hinsicht Schrittmacherdienste geleistet werden, daß know how in andere Bereiche der Volkswirtschaft transferiert wird. Neue Kommunikationssysteme ermöglichen erst die oben skizzierte informationsorientierte Wertschöpfung und damit eine gezielte Produktivitätssteigerung.

Angesichts der zunehmenden Bedeutung der Büroarbeit in den informationsorientierten Arbeitsprozessen von Industrie, Verwaltung, Handel, Handwerk und Dienstleistungssektor muß dem "Kommunikations-Anteil" mehr Aufmerksamkeit zukommen.

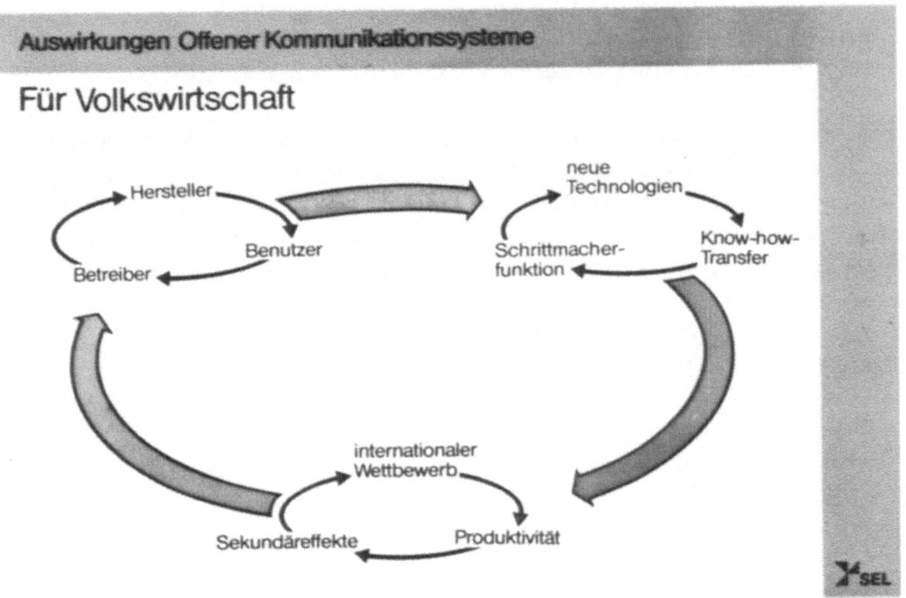

Bild 11

Offene Kommunikationssysteme erfüllen meines Erachtens die Voraussetzung, alle Ziele einer Büroinfrastruktur ausgewogen zu erreichen.
Wir müssen uns deutlich vor Augen halten, daß die Einzelziele von Wirtschaft, Organisation und Technik ohne einen pragmatischen Optimierungs-
prozeß völlig auseinanderlaufen. Jedes Anstreben eines Einzelziels
heißt demnach, die beiden anderen aus den Augen zu verlieren. Offene
Kommunikationssysteme wahren alle Chancen, Wirtschaftlichkeit, men-
schengerechte Organisation und technische Realisierung zugleich zu erreichen. Einen möglichen Vorwurf möchte ich zum Schluß antizipierend
entkräften, nämlich den, daß der Weg über Standard und Norm aus dem
hochinnovativen informationstechnischen Bereich einen weniger viel-

fältigen, von grauen Einheitskästchen geprägten Einheitsbrei schaffen
könnte. Ich meine: Offene Kommunikationssysteme ermöglichen eine
echte Vielfalt der Endgeräte, die bisherige unkoordinierte Vielfalt
erschwert Einsatz und Nutzen von Jahr zu Jahr mehr. Vielfalt gerät
in Gefahr, zum unerwünschten Wildwuchs zu werden.

Eine falsch verstandene Vielfalt bringt mittel- und langfristig keinen
Markterfolg, wenn sie von den Endgeräten und den Zentralrechnern, also
von den geschlossenen Lösungen her, ansetzt. Wenn Vielfalt allerdings
auf legitimierten Standards eines offenen Kommunikationssystems auf-
baut, ist sie ein infrastruktureller Schlüssel zum Erfolg.

Mit dem hier Dargestellten läßt sich meines Erachtens das Motto des
heutigen Tages, nämlich die "Implementierungsstrategien", gut belegen.
Der Weg über Infrastrukturdenken, netzorientierte Ansätze (als Konvergenz von computer- und nachrichtentechnischen Ansätzen) offene
Kommunikation und der Lösungsvorschlag eines temporären Einsatzes von
Protokollkonvertern zur Erreichung dieser Ziele, bedarf zwingend einer
kooperativen Implementierungsstrategie seitens der Industrie, der
staatlichen Stellen und der Forschungseinrichtungen.

Open Communication Systems –
Infrastructure for Information-Oriented Operations

Gerhard Zeidler, Stuttgart

Already since the middle seventies the tendency has been described according to which telecommunication and computer techniques grow more and more together. A look at the present application spectrum confirms the previous prognosis. The different approaches in the fields of communication and computer techniques have been superimposed by the broader use of microelectronics thus bringing them closer together. This becomes particularly obvious in the office areas in industry and administration where the step from "handmade" to automated operations is being made during these years. Already nowadays the scene is characterized by machinery equipment and terminals for telecommunication and computer techniques – but generally as insular solutions only. With increasing numbers, a connection between all these individual insular systems seems to become more and more difficult.

Problem

In the office area it is nowadays frankly admitted that the "classical" communication services (e.g. telephone, telex) and their modern supplements (e.g. telefax, teletex) have a lead over the "classical" computer techniques (e.g. large-scale EDP, Btx typewriter) with regard to access and operation. It is this fact, which dominates a priori any discussion about productivity and efficiency of office work. With regard to the total system, the relation of man – machine does appear not only to economists and organization experts, but also to psychologists and computer experts to be the largest obstacle, more than hardware and software details. Many a user admits that data and text processing becomes attractive as soon as the access to computers is as easy as the access to a telephone. Until that stage has been reached, approaches for office automation systems are rather academic and their value is negligible. The uneasiness originates in the lack of an infrastructure. An intercompany communication system, e.g. a modern office infrastructure, is still "in statu nascendi".

Computer-oriented Approach

The scene is characterized by closed systems, that means insular
solutions, which enable communication between terminals and computers
only if they follow the same producer architecture. Starting always
from a central computer, individual insular systems will be slowly
growing together to form an archipelago. For countrywide or even
worldwide dimensions, these local computer networks can make use of
the public network as a transmission medium. Even without using
public networks, worldwide closed intercompany networks can be built
up with the aid of satellites (e.g. SBS). According to this concept
and depending on the strength of a producer "de facto standards" have
been created. The transition between the individual insular systems of
different producer architectures require enormous efforts for gateways
and is only occasionally being implemented. It is still an open question
wether this method should also be applied in future intercompany communication systems or not.

Telecommunication-oriented Approach

For the telecommunication technology transmission services have become
the starting point. Thus, the data transmission networks Dx-L and Dx-P,
for example, with their user-oriented service features form the basis for
uniformly regulated services with - as is the rule - international standard
for signalling,symbol coding, formats and representations. This approach is
being followed up also by CCITT and CEPT with the aim to enable, by early
agreement, services for multiple and producer-independent use. It has often
been criticized in the past that standards lay far behind technical development, but such criticism is not valid any more; teletex, Btx and ISDN may
serve as examples.

Proposal

A conglomerate of insular systems with different architectures is
burdened with numerous problems. For the improvement of public and intercompany networks telecommunication and computer techniques must, therefore
aim - to an increased degree - at "open communication systems". This means
the build-up of network architectures with standardized services and
protocols which are compatible not only with different system generations

of one and the same producer, but, in particular, also with the systems
of different producers.

For present intercompany communication systems, whose components comprise
digital PABXs and LANs, open communication systems with compatibility between terminals and installations of different producers can be reached by
protocol adaption.

For the higher levels of the communication protocols this is attained by
the installation of additional modules for PABX or LAN - independent from
host computers. For the lower levels, that is for the transmission system,
the ISDN technology offers a considerable chance. The use of ISDN standards
also in the intercompany communication systems will force the introduction
of open systems by terminal compatibility.

Thus, with the conglomerate of local networks and ISDN-compatible PABXs
efficient intercompany communication systems can be built-up. In such
communication systems further modules for additional services - besides
the protocol adaption modules - can be installed for office communication.
Their service features should be user-oriented and producer-independent.

As already described, in public networks open communication systems are
being reached by early standardization. The efforts made in the area of
data communication to standardize the communication protocols in the
different levels constitute a comparable approach . This harmonization
process in the area of data communication is, however, rather lengthy
and complicated. The German PTT network already nowadays has interfaces available, e.g. in the form of packaging/depackaging installations
(PAD) as well as in the form of Btx exchanges. These network interfaces
are decisive steps towards an open communcation system.

A further reasonable step would be the introduction of the novel network service "Open Data Communication". For a first implementation,
protocol converters could be installed which - as a first step - could
form independent units and - at a later stage - could be integrated into
digital ISDN exchanges. Such a network service saves user-specific
adaption efforts and furthermore it can be expected that the network-
-internal protocols, in the course of time, will be incorporated into
terminals and computers of different producers. This would directly fulfill
the preconditions for an open communication system.

Infrastructural Approach

In view of the increasing importance of office work in the various
information-oriented procedures of industry, administration, commerce,
trade and services, more attention must be paid to the communication
part. Open communication systems enable a genuine plurality of terminals.
Their present uncoordinated plurality makes open communication systems
more difficult from year to year. The desired plurality is in danger to
grow wild in a not-intended manner.

A misinterpreted plurality does - neither in the near future nor in the
long run - lead to market success, if the concept is based on terminals
and central computers, i.e. on closed systems. If, however, plurality is
based on authorized standards of an open communication system, then
plurality is a key to worldwide economic success.

Text- und Datenverarbeitung im Büro als Bestandteil des unternehmensweiten Informationssystemkonzeptes

Wolfgang Liebmann, Stuttgart

Die Thematik dieses Kongresses über Bürokommunikation ist von großer
Aktualität. Die Notwendigkeit der Produktivitätssteigerung im Büro ist
unbestritten, die technologischen Möglichkeiten durch gezielten Einsatz von Kapital derartige Produktivitätssteigerungen zu erreichen,
sind weitgehend vorhanden, das Interesse der Firmen, die Produkte zur
Produktivitätssteigerung im Bürobereich anbieten, ist wegen des enor-
men Marktpotentials sehr groß, es scheinen also alle Voraussetzungen
vorhanden zu sein, um eine sehr schnelle Durchdringung der Büros mit
Datenverarbeitungs-Hardware und -Software zu bewirken. Von produkt-
spezifischen Nuancen abgesehen gibt es auch eine sehr konsistente und
einhellige Expertenmeinung darüber, wie denn das berühmte Büro der
Zukunft wohl ausgestattet sein könnte. Wir sehen da Hierarchien von
Datenverarbeitungsnetzwerken, öffentliche Netzwerke, firmeneigene
Netzwerke, geographisch beschränkte, lokale Netzwerke, auf die sich
der Mitarbeiter in einem solchen Zukunftsbüro mit seiner Multifunktion
Datenstation aufschalten kann. Er hat über diese Multifunktion Datenstation Zugang zu den geballten Informationsressourcen eines Unternehmens, eines Landes oder noch größerer Kommunikationseinheiten, ohne
daß er notwendigerweise wissen muß, wo in dem Netzwerk sich denn nun
die von ihm benötige Information befindet. Er kann andererseits die
Ergebnisse seiner Arbeit in Form von Information in das Netzwerk ein-
bringen und so die von ihm geschaffenen Werte den anderen Netzwerk-
teilnehmern zur Verfügung stellen. Es ist selbstverständlich, daß die
dargestellten Informationsnetzwerke als auch die sie steuernden Datenverarbeitungsanlagen und die ihnen angeschlossenen Datenbanken sowohl
codierte, als auch nicht codierte Information verarbeiten können, so
daß unser Büromitarbeiter selbstverständlich die freie Wahl des Mediums
hat, mit dem er seine Arbeit am produktivsten durchführen kann und mit
dem er die Ergebnisse seiner Arbeit kommunizieren will. Sprache, Zeichnungen, Bilder, selbstverständlich farbig, werden von Multifunktions-
Datenstation und dem gesamten Netzwerk genauso verarbeitet wie herkömmliche Bits und Bytes, und es versteht sich von selbst, daß der Mitarbeiter des Büros der Zukunft kein Datenverarbeitungsfachmann ist,
sondern daß alles, was er zur Nutzung des ihm zur Verfügung gestellten
Informationssystem-Potentials benötigt, ihm vom System selbst beige-
bracht wird, wobei das System selbstverständlich auf seine menschlichen
Schwächen eingeht und diese weitgehend toleriert.

Besucht man heute den Arbeitsplatz der etwa 10 Millionen Deutschen,
die in Büros arbeiten, dann ist natürlich nur unschwer festzustellen,
daß wir von diesem Zukunftsbild des modernen Büros noch sehr weit entfernt sind. Als wesentliche Hilfe zur Bürokommunikation empfiehlt sich
dort das Telefon, das - wie ich gleich noch zeigen werde - im Arbeitsablauf unseres Büromitarbeiters eine prädominante Rolle spielt, sowie
Berge von Papier, mehr oder minder bedruckt, und verschiedene Schreib-
utensilien, als da sind Bleistifte, Kugelschreiber, Filzstifte und
dergleichen. Und aus meiner Skizze des heutigen Büros können Sie erkennen, daß ich mich in meinen Ausführungen konzentrieren will auf den-
jenigen Büromitarbeiter, den wir vielleicht im Deutschen am besten mit
dem Kennwort Sachbearbeiter beschreiben können, und den ich gerne in
Äquivalenz setzen möchte zu dem im Englischen für diese Art der Tätigkeit benutzten Begriff "Knowledge-Worker". Der Grund für die Fokussie-
rung auf diesen Sachbearbeiter ist aus Tabelle 1 ersichtlich. Die zeigt
einen Aufbruch der Kostenverursachung in einem typischen Büro, und man
kann aus ihr sehr leicht ableiten, daß der Personenkreis des Sachbearbeiters die interessanteste Zielgruppe für Produktivitätssteigerung
im Büro ist. Anhand einiger technischer Szenarien will ich dann in
meinem Vortrag versuchen, die Meinung unseres Hauses darzustellen zu
der doch sehr schwierigen Frage, welche Implementierungsstrategien denn
nun denkbar wären, um sich vom Büro Istzustand auf das Büro der Zukunft
zuzubewegen.

Bei der Skizzierung eines solchen Implementierungs-Szenarius muß man
sich mit einigen Grundgegebenheiten auseinandersetzen:
1. Den Sachbearbeiter oder "Knowledge-Worker" als homogene Mitarbeiter-
   klasse mit einheitlicher wohlbeschriebener Arbeitsstruktur gibt es
   nicht. Entsprechend der Zielsetzung des Unternehmens, der Tätigkeit
   des Mitarbeiters in diesem Unternehmen, der professionellen Ausrichtung des Mitarbeiters und seiner Tätigkeit bezüglich seiner
   intellektuellen Fähigkeiten, seiner physischen und psychischen Per-
   sönlichkeitsmerkmale ist jeder Sachbearbeiter verschieden, und wirkliche Produktivitätssteigerung kann nur erzielt werden, wenn dieser
   Verschiedenartigkeit Rechnung getragen wird. Das sollte um so mehr
   geschehen, weil ja durch die Vielfalt der Hardware- und Software-
   möglichkeiten, die sich uns bei der Ausstattung eines Sachbearbeiter-
   Büroarbeitsplatzes bieten, eine weitgehende Adaptionsmöglichkeit an
   die funktionellen Bedingungen des Unternehmens und die menschlichen
   Charakteristiken des Mitarbeiters möglich ist.

Bestimmte physische Merkmale sind natürlich allen Sachbearbeitern
gemein: Sie können als menschliche Wesen Information aus dem Daten-
verarbeitungssystem nur akustisch oder visuell empfangen. Dabei eignet sich das Gehör als Informationseingangskanal nur für relativ ein
fache Botschaften, bei der an die Gedächtnis- und Verständnisleistung
des Mitarbeiters nur geringe Anforderungen gestellt werden. Für kom-
plexere Botschaften vom System zum Mitarbeiter eignet sich im Prinzip nur der visuelle Eingangskanal über Schriftzeichen Symbole, Graphiken und Bilder, die dem Menschen über einen Bildschirm oder einen
Drucker - im allgemeinsten Sinne - sichtbar gemacht werden müssen.

Ebenso eignen sich zur Eingabe von Informationen seitens des Mitarbeiters in das System nur der menschliche Tastsinn oder die menschliche Sprache. Die menschliche Sprache als Kommunikationsmedium zu
einer Informationsverarbeitungsanlage ist limitiert wiederum dadurch,
daß der Mensch nur verhältnismäßig einfache Zusammenhänge ausschließlich verbal darstellen kann und daß - im Augenblick noch - die Inter-
pretation der menschlichen Sprache durch eine Datenverarbeitungsanlage zu einem unangemessen hohen und wirtschaftlich nicht vertretba-
ren Aufwand führt. Im Telefon sieht man ja aber, welch ungeheueren
Wert die menschliche Sprache dennoch in der Bürokommunikation hat.
Der Tastsinn eignet sich zur Kommunikation von komplexeren Zusammenhängen, und hier sind es Tastaturen, Lichtgriffel, Joysticks, die
weitgehend an die physischen Fähigkeiten des Mitarbeiters zur Informationseingabe adaptiert sind. Jede Implementierungsstrategie
wird also auf die technischen Basiskomponenten von Lautsprecher,
Mikrophon (z.B. in ihrer Kombination als Telefonhörer), Bildschirm,
Drucker, Tastaturen etc. nicht verzichten können.

Auch in der Tätigkeitsstruktur der Sachbearbeiter gibt es eine Reihe
von Gemeinsamkeiten, denen man bei der Generierung einer Implementierungsstrategie für Bürokommunikation Rechnung tragen kann. Die
Firma Booz Allen hat in einer Studie 1980 ermittelt, durch welche
Hauptarbeitsschwerpunkte sich die Tätigkeit eines typischen Sachbearbeiters auszeichnet. Die Ergebnisse sind in Tabelle 2 dargestellt.
Man sieht, daß etwa die Hälfte der Arbeitszeit für Teilnahme an Besprechungen oder für Telefonate investiert wird. 1/3 der Arbeitszeit
wird geistig kreativer Arbeit gewidmet. 1/4 der Arbeitszeit beschäftigt sich der Mitarbeiter mit weniger produktiven, die Haupttätig-
keit unterstützenden Dingen. Beispiele für derartige unterstützende
Tätigkeiten sind in der Tabelle 3 zusammengestellt. Man sieht an

dieser Tabelle, wie wichtig diese unterstützenden Tätigkeiten für die Durchführung und die Ergebnisdarstellung der Hauptaufgabe des Sachbearbeiters sind, und man kann auch erkennen, was für eine breit gestreute Kompetenz der verschiedesten Disziplinen normalerweise in der Tätigkeit eines Sachbearbeiters integriert sind. Von Tätigkeit zu Tätigkeit wird sich das Schwergewicht zwischen diesen einzelnen Aufgaben verschieben, aber eine Büroautomations-Strategie für einen Sachbearbeiter muß sich eigentlich mit all den aufgezeigten Elementen befassen.

Analysiert man das Hauptarbeitssegment der Besprechungen und Telefonate etwas näher, dann erkennt man, daß ein Sachbearbeiter für einen anderen Mitarbeiter des Unternehmens 70 % der Zeit nicht telefonisch erreichbar ist, weil er sich entweder in einer Besprechung oder selbst mit jemand anderem am Telefon befindet. Und durch das gleiche Phänomen sind etwa 50 % der Telefonatsversuche, die ein Sachbearbeiter unternimmt, nicht erfolgreich, weil sein Kommunikationspartner nicht ansprechbar ist. Die Tragik der Situation ist, daß durch die Art und Weise, wie wir gewohnt sind, das Telefon zu benutzen, für die Kommunikation bestimmter Information die gleichzeitige Anwesenheit, wenn auch räumlich getrennt, der beiden Kommunikationspartner notwendig ist, während für den eigentlichen Prozeß der Informationseingabe des Absenders und die Informationsaufnahme durch den Empfänger in vielen Fällen eine Gleichzeitigkeit der Ereignisse nicht erforderlich ist. Durch Phänomene, wie gleitende Arbeitszeit, Schichtarbeit, Rufbereitschaft, Betriebsstätten in unterschiedlichen Weltzeitzonen ergeben sich hier bei heutiger Nutzung der Kommunikationstechnologie erhebliche Produktivitätsverluste.

In der geistig kreativen Phase seiner Tätigkeit schafft der Sachbearbeiter als Ergebnis seiner Tätigkeit Information, entweder durch Verknüpfung von Informationen, die bereits irgendwo in dem Informationsreservoir des Unternehmens vorhanden sind, oder durch Schaffung von originärer Information aufgrund seiner intellektuellen Leistung. Diese geschaffene Information ist der eigentliche Arbeitsausstoß des Sachbearbeiters, und wenn wir davon ausgehen, daß die Tätigkeit eines spezifischen Sachbearbeiters dem Unternehmen überhaupt von Nutzen ist, dann ist diese von ihm erarbeitete Information der Gegenwert, den das Unternehmen für das an den Sachbearbeiter bezahlte Gehalt erhält. Diese Information kann das Unternehmen aber nur produktiv nutzen, wenn die Voraussetzungen geschaffen sind, daß auch ein anderer "Knowledge-Worker", der diese Information zur Ausführung seiner Tätigkeit benötigen kann, auf die geschaffene Information effektiv zugreifen kann. Eine Implementierungsstrategie zur Produktivitätssteigerung des Sachbearbeiters muß demnach alle 3 Phasen seiner Tätigkeit berücksichtigen, nämlich den Zugriff zu Informationen, die er als Basis für seine eigene Arbeit benötigt, die Generierung von neuer Information und die Verteilung dieser Information an andere Mitarbeiter des Unternehmens.

Im Gegensatz zur reinen Übermittlung von Information zeichnet sich eine Besprechung dadurch aus, daß man durch zeitliche Zusammenführung von Kommunikationspartnern auf jede von einem Sachbearbeiter kommunizierte Information sofort von den anderen Besprechungsteilnehmern eine Reaktion erwarten kann, wodurch man mit hoher zeitlicher Effizienz eine von allen getragene Gesamtlösung erarbeiten kann. Es wird aber im allgemeinen für eine Besprechung als Grundlage für die gleichzeitige Anwesenheit der Kommunikationspartner auch angenommen, daß sie alle am gleichen Ort versammelt sind. Durch optimale Nutzung vorhandener Technologie kann hier eine Entkoppelung der gleichzeitigen Anwesenheit der Kommunikationspartner und der räumlichen Integration der Kommunikationspartner erreicht werden, wodurch erhebliche Produktivitätssteigerungen durch Fortfall von Wegstrecken, Reisen, längerer Anwesenheit am Arbeitsplatz erzielt werden können.

2. Das skizzierte Büro der Zukunft setzt voraus, daß die Struktur der Informationssystemenetzwerke eines Unternehmens mit seiner Organisation und Kommunikationsstruktur kompatibel sind. Um eine derartige Kompatibilität zu erreichen, muß entweder die Organisationsstruktur des Unternehmens an die Netzwerkarchitektur des Büros der Zukunft angeglichen werden, oder die Architektur des Büros der Zukunft muß so flexibel gestaltet sein, daß sie den unterschiedlichsten betrieblichen Organisationsstrukturen Rechnung trägt. Schon aus der Beschreibung dieser beiden Extremsituationen kann man ablesen, daß im allgemeinen beide Wege beschritten werden müssen, um für die gegebenen betrieblichen Verhältnisse ein optimales Kommunikationssystem zu erreichen. Es wird aber praktisch unmöglich sein, ein allgemein gültiges Rezept für eine solche Adaption auszustellen. Von Unternehmen zu Unternehmen wird dieser Adaptionsprozeß mit unterschiedlicher Geschwindigkeit und unterschiedlichen Implementierungsschwerpunkten vor sich gehen. Der sicherste Weg zur Vermeidung von

Fehlinvestitionen und zur optimalen Nutzung dessen, was wir jetzt
schon produktiv auf dem Bürokommunikationssektor einsetzen können,
ist zweifelsohne eine Politik der kleinen Schritte, wo immer eine
quantitative Messbarkeit des bereits Erreichten gegeben ist, und
wo jederzeit Kurskorrekturen vorgenommen werden können. Eine solche
schrittweise Implementierungsstrategie, die zweifelsohne an den
Punkten ansetzen muß, wo der unmittelbar höchste Produktivitätsgewinn zu erwarten ist, birgt natürlich auch die Gefahr, daß sich
innerhalb eines Unternehmens sehr viele Insellösungen bilden, die
dann nur schwer zu einer Kommunikationseinheit zu integrieren sind.
Die Implementierung der kleinen Schritte muß deshalb aufgebaut sein
auf einem Generalkonzept, das aufgrund der gemachten Erfahrungen
jeweils überarbeitet werden kann, das jedoch immer zum Ziel haben
muß, die effektive Zusammenführung des unternehmerischen Kapitals
"Information" zu erreichen.

In dem Gesagten ist ein betrieblicher Lernprozeß impliziert, auf den
im Prinzip auch bei Beratung durch die Anbieter von Bürokommunika-
tionshard- und Software oder bei der Unterstützung durch externe
Berater nicht verzichtet werden kann. Daraus ergibt sich eigentlich
auch, daß es nicht sehr sinnvoll erscheint, auf die technologisch
bessere und preiswertere Bürokommunikationslösung von morgen zu
warten: Der Lernprozeß kann erst dann beginnen, wenn sich das erste
Sachbearbeiterbüro der modernen Bürokommunikationstechnologie ge-
öffnet hat.

3. In unserer heutigen betrieblichen und sozialpolitischen Umgebung
   wird es schwerfallen, den Sachbearbeitern die produktive Nutzung
   von Bürokommunikationstechnologien durch Direktionsanweisung zu
   diktieren. Die Einführung neuer Arbeitsmethoden und die Ausstattung
   von Arbeitsplätzen mit modernen Kommunikationstechnologien ist in
   Deutschland mitbestimmungspflichtig, und Betriebsräte und Gewerk-
   schaften wachen sorgfältig über die Befolgung der entsprechenden
   Gesetze. Aber auch ohne diese gesetzlichen Auflagen müßte eigentlich sichergestellt sein, daß moderne Bürokommunikationstechnologien in einer Form eingeführt werden, die die Akzeptanz beim Benutzer gewährleisten. Wesentliche Schritte, diese Benutzerakzeptanz
   zu garantieren, sind u.a. eine Beteiligung der Sachbearbeiter im
   Frühstadium der Planung für ein Bürokommunikationssystem, der Aufbau eines solchen Systemes in evolutionärer Form auf der Basis dessen was der Sachbearbeiter seither gewohnt war, und das er für gut

erkannt hat, und die Schaffung eines Rückkoppelungmechanismusses, an
dem der Mitarbeiter selbst erkennen kann, wie durch den Einsatz der
modernen Technologien der Wert seines Arbeitsausstosses und seiner
Arbeitskraft für das Unternehmen zu wachsen beginnt. Als Beispiel
für den letzteren Punkt sei das Entwicklungslaboratorium unserer
Firma in Böblingen bei Stuttgart erwähnt, in dem für unseren Konzern
kleinere und mittlere Datenverarbeitungsanlagen entwickelt werden.
Hier hat in einer seit etwa 5 Jahren dauernden Entwicklung jetzt das
Verhältnis zwischen "Knowledge-Workern" (wobei ich in der geschilderten Umgebung zu den Knowledge-Workern auch die Programmierer und
Ingenieure rechne, die die eigentliche Entwicklungsarbeit im Labora-
torium vorantreiben), und vorhandenen Bildschirmdatenverarbeitungs-
stationen den Wert von kleiner als "eins" erreicht, d.h., jeder Knowledge-Worker hat in seinem Büro über sein eigenes Datensichtgerät
Zugriff zu den Datenverarbeitungsressourcen, die er zur Durchführung
seiner Arbeit braucht. Dieser Prozeß, der absolut nicht in einer lang-
fristigen Strategie geplant war, wurde im wesentlichen von der Selbst-
erkenntnis der Knowledge-Worker getragen, daß sich der Wert ihres
Arbeitsbeitrags an den Gesamtzielen des Laboratoriums durch die Nutzung moderner Datenverarbeitungstechnologie steigern konnte.

Aus den dargestellten prinzipiellen Überlegungen kann jetzt relativ
einfach durch die Auswahl von bestimmten Produkten aus unserem Ange-
botsspektrum eine Implementationsstrategie konstruieren, die Grund-
legendes berücksichtigt und sich trotzdem an den individuellen Bedürfnissen eines Betriebes orientieren kann. Ein guter Einstieg in
die Bürokommunikation ist ganz sicher unser Sprachspeichersystem,
dessen wesentliche Eigenschaften in Tabelle 4 beschrieben sind.
Dieses System ist in zweifacher Hinsicht nützlich. Es eliminiert das
Problem der Gleichzeitigkeit der Kommunikationspartner, und es führt
den Sachbearbeiter in einfacher Form von dem gewohnten Kommunikationsmedium Telefon zu einer Vorstufe der Datenverarbeitung am Arbeitsplatz (Funktionstasten, Prioritätsentscheidungen, Ausweitung des
Kommunikationsfeldes).

Das Problem der örtlichen Integration der Mitarbeiter zu einer Besprechung läßt sich am effektivsten durch die Schaffung von Video-
Konferenzzentren in den verschiedenen räumlich voneinander getrenn-
ten Betriebsstätten lösen. Wir haben in der IBM alle unsere internationalen Betriebsstätten durch Video-Konferenzzentren miteinander
verbunden, von denen wir unter Kontrolle unseres Datenverarbeitungs-

systems Serie /1 Ton und Bild übertragen können. Diese Video-Konferenzzentren haben sich besonders bei relativ gut strukturierten Besprechungen (Budget-Planung, Produktspezifikationsdiskussionen, Plan-/Istvergleiche) äußerst gut bewährt.

Der nächste logische Schritt zur Steigerung der Produktivität des Sachbearbeiters ist die Installation eines Bildschirmdatengerätes an seinen Arbeitsplatz. Hier eignen sich die 3278/3279 bzw. 3178, 3179 ganz besonders für den Sachbearbeiter, der für seine Arbeit sehr intensiven Zugriff auf in 370 Datenbanken gespeicherte Daten benötigt. In Zusammenhang mit Daten/Text Softwaremodulen, wie z.B. unserem Softwareprodukt IPDT, kann hier besonders elegant eine Integration dieser Daten in vorkonfigurierte Korrespondenz vorgenommen werden, eine Tätigkeit, die für Sachbearbeiter, die intensiven Kundenkontakt pflegen, charakteristisch ist. Die 3278artigen Bildschirme ermöglichen ferner die Nutzung von PROFS, einem Softwaresystem, das verschiedene wertvolle Sachbearbeiter/Manager-Unterstützungsfunktionen (Kalenderfunktionen, Maillog, Casual Text, kurze Botschaften, Presentation Graphics) an den Arbeitsplatz bringt. In kleineren Betrieben werden die Bildschirme für integrierte Daten und Textbetrieb interessant sein, wie sie an das System /34, /38 oder die Serie /1 anschließbar sind. Eine architektonisch sehr vollkommene Lösung für integrierte Daten- und Textverarbeitung mit vollen elektronischen Speicher- und Verteilungsfunktionen bietet unser Bürosystem 5520, das auch in große 370 SNA Netzwerke integriert werden kann. Dem mehr textorientierten Sachbearbeiter ist wahrscheinlich mit den Bildschirmgeräten unseres 8100-DOSF Text- und Datensystems oder unseres 6580 Schreibsystems am besten gedient. Der 6580 Bildschirmarbeitsplatz kann hier als Vorbild für einen Multifunktionsarbeitsplatz dienen. Der Sachbearbeiter kann z.B. aus der Datenbank unseres Software Produkts DISOSS Dokumente auf seinen Bildschirm abbilden, die er vorher über das Serie /1 Sprachspeichersystem dem Schreibbüro diktiert hat. Er kann Änderungen oder Korrekturen vornehmen und das Schreiben dann zur Verteilung oder zum Druck freigeben. Ihm stehen einfache Rechenfunktionen direkt über eine 6580 zur Verfügung, er kann durch die 327x Emulationsfähigkeit seines Bildschirms aber auch an anspruchsvolleren Problemlösungsdiensten teilnehmen, wie z.B. den APL-Diensten. Ebenso ermöglicht ihm die 327x Emulation den Zugriff auf IMS oder CICS Datenbanken. Eine leistungsfähige Ergänzung dieses 6580 Angebotes ist der IBM 8815 SCANMASTER, mit dem NCI Dokumente gelesen, codiert und elektronisch unter DISOSS abgespeichert und dort wieder aufgerufen, an andere

SCANMASTER-Systeme verteilt und dort wieder in Hard-Copies reprodu-
ziert werden können. Der 6580 Sachbearbeiter kann auf seinen Bildschirm eine Liste der in DISOSS gespeicherten Dokumente anfordern,
die gewünschte Dokumentenauswahl treffen, und dann das gewünschte
Dokument auf einen in der Nähe seines Büros befindlichen SCANMASTER
ausdrucken lassen. Durch den TELETEX Anschluß der 6580 ist eine Teilnahme an diesem wichtigen Postdienst direkt vom Sachbearbeiterbüro
oder seinem Sekretariat ebenfalls möglich.

Last not least will ich den IBM Personal Computer als wichtiges
strategisches Bildschirmgerät für den Sachbearbeiter erwähnen. Mit
dem P/C kann er sich ein weites Spektrum von Text-, Rechen-, Problem-
lösungs-Präsentationsdiensten erschließen, und er hat auch durch die
Kommunikationsfähigkeit des P/C und seine 327x Fähigkeit den Zugriff
auf Dienste, die auf 4300 oder 370 DV-Systemen installiert sind. Durch
die Bildschirmtextfähigkeit kann der Sachbearbeiter auch an diesem
wichtigen öffentlichen Informationsdienst teilnehmen. Durch die Kombination der Rechneneinheit des P/C mit einem 327x Bildschirm kann man
die beschriebenen Dienste auch an existierende 327x Bildschirmplätze
nachrüsten. Zusammenfassend kann dann gesagt werden, daß sich durch
die Bereitstellung von Text- und Datendiensten für den "Knowledge-
Worker" dem Bürkommunikationsmarkt ein sehr großes Potential öffnet,
daß eine Planung für solche Produktionshilfen in das Gesamtkonzept
der Informationsverarbeitung eines Betriebes eingebettet sein muß,
und daß die Zeit jetzt reif ist, diese Grundlage für ein umfassendes
Bürokommunikationssystem zu legen.

T A B E L L E 1

KOSTENSTRUKTUR EINES "BÜROS"

ERSTELLUNG VON SCHRIFTSTÜCKEN	5 %
SEKRETARIATSARBEITEN	20 %
SACHBEARBEITUNG	60 %
MANAGEMENT	15 %

AUFGABENSTRUKTUR DES SACHBEARBEITERS:

INFORMATIONSVERARBEITUNG	80 %

T A B E L L E   2

WIE VERBRINGT EIN SACHBEARBEITER SEINEN ARBEITSTAG?

IN BESPRECHUNGEN UND
AM TELEFON: 46 %

LESEN: 8 %

INFORMATIONSANALYSE: 8 %

ERSTELLUNG VON DOKUMENTEN: 13 %

UNTERSTÜTZENDE TÄTIGKEITEN: 25 %

T A B E L L E   3

UNTERSTÜTZENDE TÄTIGKEITEN

ANDERE MITARBEITER SUCHEN

INFORMATION SUCHEN

HANDSCHRIFTL. NOTIZEN / SCHRIFTSTÜCKE
KORREKTUR LESEN

ERSTELLEN VON PRÄSENTATIONEN u. GRAPHIKEN

KOPIEREN, ABLEGEN, WIEDERAUFFINDEN VON DOKUMENTEN

BESPRECHUNGEN ORGANISIEREN / VERLEGEN

" ..... BITTET UM RÜCKRUF"

" ..... HAT ZURÜCK GERUFEN"

T A B E L L E 4

IBM SPRACHSPEICHERSYSTEM

GRUNDFUNKTIONEN

- ABRUFEN: AUSWÄHLEN EINER NACHRICHT

- ANHÖREN DER AUSGEWÄHLTEN NACHRICHT

- AUFNEHMEN: SPRECHEN EINER NACHRICHT AN EINEN ANDEREN BENUTZER ODER ALS ERINNERUNG FÜR SICH SELBST

- ABSENDEN DER NACHRICHT AN EINEN ANDEREN BENUTZER ODER AN SICH SELBST

- BESTIMMUNG PERSÖNLICHER DATEN:

  MITTEILUNG AN DAS SYSTEM, WO MAN SICH BEFINDET, WIE MAN ERREICHT WERDEN KANN

  VERTEILER FÜR DIE VERTEILUNG VON NACHRICHTEN ERSTELLEN

  EIGENE TELEFON-NUMMERN UND KENNWÖRTER ÄNDERN, WAHL DER GEWÜNSCHEN SPRACHE

Text and Data Processing in the Office as a Component of the Corporate Information System Concept

Wolfgang Liebmann, Stuttgart

Starting from the concept of the "Office of the Future", the discussion
turns to implementation strategies with which progress can be made
from the present state of office communication toward the long-term
goal of the "Office of the Future". The knowledge worker has been
chosen as the focus of these considerations, since he represents the
area in which the greatest increase in productivity is to be anticipated
as a result of effective office communication.

Three important factors have to be taken into account in the description
of such implementation strategies:

-   The person of the knowledge worker with his physical and psychological
    capabilities, his individual needs, his professional orientation,
    the nature of his work and his position in the company structure.

-   The necessity for compatibility between the organizational structure
    of a company and the structure of its information system network.

-   The creation of an atmosphere of general acceptance for office
    communication hardware and software by the knowledge worker and
    the statutory representatives of his interests.

Starting with these basic facts, the IBM product spectrum can be used
to create technical scenarios which meet the individual requirements
for a knowledge-worker workstation.

The principal aim must be the equipment of the workstation with multifunction
video terminals, with the aid of which access can be obtained to an
adequate range of the office communication services required by the
knowledge worker.

Integration von Kommunikationsformen im Büro

Gert Lorenz, Nürnberg

1. Heutige Situation im Büro

Vergangenheit und Zukunft werden in Bild 1 scherzhaft dargestellt.
Für alle Aufgaben, wie schreiben, lesen, sprechen, hören, diktieren,
suchen und finden wird jeweils ein spezielles Bürogerät benutzt:
das Telefon, die Schreibmaschine, das Diktiergerät, der Aktenordner,
der Textautomat, das Datenterminal. Für jede Tätigkeit wird ein se-
pariertes Gerät benutzt.

Bild 1

Dieses Bild des liebenswürdigen Chaos ist ein Greuel für den Ratio-
nalisierungsfachmann. Rationalisierung heißt die Bürotätigkeiten
segmentieren. Rhythmisierung und Terminisierung der Arbeitsabläufe
sind als Folge notwendig. Schreibarbeiten und Dateneingabe werden
von anderen Verwaltungsaufgaben abgespalten. Es entstehen zentrale
Schreibbüros und zentrale Dateneingabestellen.

Die Rationalisierung im Büro bzw. im Dienstleistungsbereich kann zu
Kostensenkungen führen. Durchlaufzeiten werden gesenkt, Wartezeiten
minimiert und das organisatorische "Lager" verringert. Bei diesen
Veränderungen sind Formblätter einzuführen, Briefe und Diktat sind

zu normieren. Die gesamte Kommunikation hat sich einer Normierung
zu unterwerfen. Im Extremfall wird sich die Kommunikation im Büro
geografisch, zeitlich und quantitativ nur noch starr vollziehen
können.

Die konsequente Rationalisierung im Büro nach dem Prinzip der Seg-
mentierung und Rhythmisierung führt zu weniger Flexibilität. Geringere Anpassungsfähigkeit an sich verändernde Umweltwünsche, Forderungen des Marktes oder technische Innovationen sind die Folge.
Gerade diese Flexibilität wünscht eine innovative Volkswirtschaft,
eine Gesellschaft mit hohem Lebensstandard, und fordert eine inter-
nationale Konkurrenzsituation. Der Dienstleistungsbereich muß intel-
liegent, anpassungsfähig und flexibel sein.

Ein Widerspruch ergibt sich: Rationalisierung und Flexibilität lassen sich nicht ohne weiteres miteinander in Einklang bringen. Als
Fazit können wir festhalten: Die Integration der Kommunikation im
Büro geschieht heute durch den Menschen. Wo der Mensch aus Ratio-
nalisierungsgründen ersetzt wird, muß dafür in der Regel eine Ein-
schränkung in der Flexibilität in Kauf genommen werden.

2. Ursachen der Veränderung und deren Ziele

Die Alternative Rationalisierung oder Flexibilität steht heute nicht
mehr im Vordergrund. Die Optionen der"Mikroelektronik" lösen diesen
Widerspruch auf. Flexibilität kann durch Technologie erzeugt werden,
womit der Widerspruch Effektivität gegen Flexibilität aufgelöst wird.
Eine Integration der Kommunikation im Büro ist dann erst sinnvoll
und birgt darüberhinaus das Potential der Effizienzverbesserung.
Die Mikroelektronik bietet in unbegrenzter Quantität "elektronische
Funktion", die in Form von logischen Schaltungen und Mikroprozes-
soren verfügbar ist und für jeden Anwendungszweck spezifisch programmiert werden kann. Aus Standardgrundmustern kann der Benutzer
anwendungsspezifische Elektronik selber entstehen lassen. Eine neue
Technologie ermöglicht die gewünschte Flexibilität.

Die Mikroelektronik bietet noch mehr: Aus der "elektronischen Funktion" werden Speicherelemente gebildet und aneinandergereiht. Zusammen mit den optischen Speichertechnologien stehen praktisch unbegrenzte Speicherkapazitäten für alle Informationsarten zur Ver-

fügung.

Die Glasfasertechnik bietet schließlich zusammen mit den optischen
Bauelementen in unbegrenzter Quantität "Übertragungskapazität."

Die praktisch unbegrenzte Verfügbarkeit der "elektronischen Funktion" macht es technisch und wirtschaftlich möglich, die Übertragung, Verarbeitung und Speicherung aller Signale unabhängig von
ihrer ursprünglichen Signalform nur noch in digitaler Darstellung
durchzuführen. Die Digitalisierung der Sprache, der Texte, der festen und bewegten Bilder ist eine entscheidende Voraussetzung für
die Integration der Informationsformen in dem Kommunikationsnetz,
in den Endgeräten und damit in der Kommunikation im Büro.

Diese vier Optionen der Mikroelektronik und der Glasfasertechnik

- die praktisch unbegrenzte Quantität programmierbarer elektronischer Funktionen
- die praktisch unbegrenzte Quantität elektronischer Speicherkapazität
- die praktisch unbegrenzte Quantität Übertragungskapazität und als
  Folge
- die Digitalisierung aller Informationsarten

bieten ein organisatorisches Potential für mehr dezentralisierte
Intelligenz, die zu einer größeren Flexibilität führt und damit auch
eine Steigerung der Effektivität und Effizienz ermöglicht. Programm-
mierbare Elektronik bedeutet, daß die Endgeräte auf den jeweiligen
Anwendungsbedarf adaptiert werden können. Die Resource elektronische
Funktion eröffnet die Möglichkeit, daß Endgeräte mit Mikroprozes-
soren und Speichern "intelligent" werden. Die Resource Übertragungskapazität bedeutet, daß die Endgeräte unabhängig von einer räumlichen Trennung miteinander Informationen austauschen können. Dies
führt zur Dezentralisierung der Informationsverarbeitung.

Die Resource Speicherkapazität bedeutet die Pufferung aller Informationen an jedem beliebigen Ort zu jeder beliebigen Zeit. Damit
wird die zeitliche Entkoppelung von Arbeitsabläufen bzw. die Dechronisation als Pendant zur Dezentralisation möglich. Nach der Digitalisierung aller Informationsarten kann die Kombination der Informa-

tionsdarstellungen und der Übergang von einer Informationsdarstel-
lung in eine andere Darstellung durchgeführt werden. In einem Arbeitsablauf lassen sich somit verschiedene Informationsarten mischen.
Das führt zu der Konsequenz, daß alle Informationsarten an einem
Arbeitsplatz für einen integralen Arbeitsablauf zur Verfügung stehen
und segmentierte und zentralisierte Teilbereiche entfallen können.

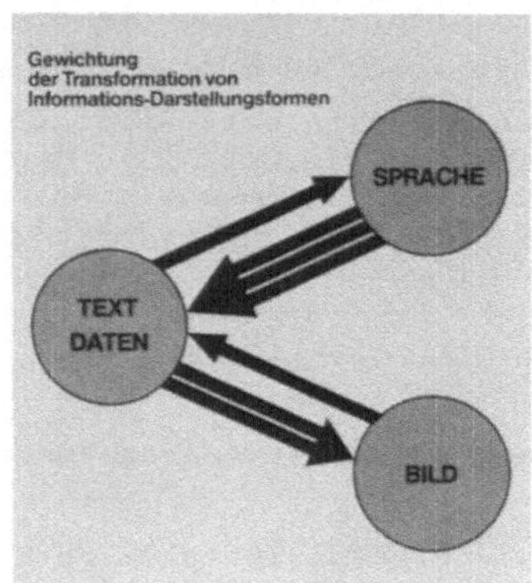

Bild 2

Die Transformation der Informationsarten ist für die Integration in
der Bürokommunikation von unterschiedlicher Bedeutung (Bild 2). Für
die integrierte Bürokommunikation hat der Übergang von der gesprochenen Information zu der Darstellungsform Text oder Daten das größte Gewicht. Häufig kommt der Übergang von Text bzw. Daten in die
Darstellungsform Bild vor. Seltener ist die Transformation einer
bildlichen Darstellung in Text oder Daten. Die Transformation von
Texten und Daten in die Sprache werden wir in speziellen Anwendungen
antreffen. Vernachlässigen kann man wahrscheinlich die Umsetzung von
Sprache in Bild und umgekehrt. Können die Übergänge zwischen den verschiedenen Darstellungsformen verwirklicht werden, so sind damit wesentliche Forderungen der integrierten Kommunikation erfüllt.

Die Ziele für eine integrierte Bürokommunikation können wir so zu-
sammenfassen:

In einem integrierten Kommunikationssystem muß die Information in
unterschiedlichen Darstellungsformen (Sprache, Text, Daten, Bild)
verarbeitet, gespeichert, abgegeben und empfangen werden können.
Es muß möglich sein, innerhalb eines Informationsaustausches verschiedene Darstellungsformen miteinander zu kombinieren und inein-
ander zu transformieren. Nach einmaliger Informationseingabe soll
die Information im Kommunikationssystem flexibel verfügbar sein und
beliebig ergänzt werden können.

Um diese Zielvorgaben zu erreichen, sind im Büro die folgenden Veränderungen einzuführen:

1. Intelligente multifunktionale Büroarbeitsplätze für alle Infor-
    mationsarten, die Informationen darstellen, verarbeiten und
    speichern können.
    Voraussetzung: Mikroprozessoren, Speicher und programmier-
                      bare logische Funktionen

2. Dezentralisation der intelligenten Arbeitsplätze, die mitein-
    ander kommunizieren.
    Voraussetzung: Integrierte Kommunikationsnetze; Standardi-
                      sierung der Übertragungsprozeduren und Proto-
                      kolle und damit Kompatibilität der Endgeräte.

3. Dechronisation der Arbeitsabläufe bei entschärften Gleichzei-
    tigkeitserfordernissen.
    Voraussetzung: verteilte Speicherkapazität

4. Flexible Arbeitsplätze durch programmierbare Elektronik.
    Voraussetzung: Standardisierung der Software und program-
                      mierbare elektronische Funktion.

Diese Voraussetzungen werden alle durch die Mikroelektronik erfüllt.

Aus diesen vier Veränderungen ergeben sich unmittelbar drei abgelei-
tete Konsequenzen:

1. Die Anforderung an die Qualifikation des Menschen am Arbeits-
    platz steigt. Die heutige Diskussion über die Frage des Quali-
    fikationsaufbaues oder -abbaues ist vom Ansatz her falsch. Die

aufgestellten Ziele setzen eine höhere Qualifikation voraus. Der Qualifikationsaufbau ist ein Indikator dafür, mit welchem Nachdruck wir diese Veränderungen wollen.

2. Die Effizienz der gesamten Organisation wird durch Flexibilität, Intelligenz und Dezentralisation gesteigert.

3. Die Effektivität wird größer, denn programmierbare Elektronik wird einfache Handhabungen und Steuerungsaufgaben übernehmen können.

3. Vereinfachung der Arbeitsabläufe durch multifunktionale Arbeitsplätze

Realistisch muß festgestellt werden, daß wir bis heute noch keinen wesentlichen Fortschritt in der Integration der Kommunikation im Büro gemacht haben. An einem typischen Beispiel, das wir in abgewandelten Formen überall im Geschäftsleben vorfinden, soll die Vielzahl der unterschiedlichen Endgeräte und Kommunikationswege aufgezeigt werden, die eine qualifizierte Fachkraft heute im Büro einsetzen kann und muß (Bild 3).

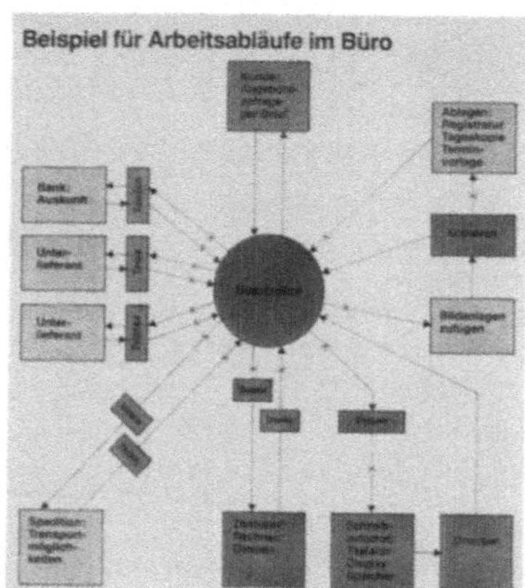

Bild 3

Der Bearbeiter erhält per Brief eine Angebotsanfrage von einem Kunden. Einen erheblichen Teil des Briefinhaltes gibt der Bearbeiter über eine Tastatur in einen zentralen Rechner ein, in dem Informationen über den Kunden und betriebsinterne Informationen abgespeichert sind. Über Tastatur und Display kann der Bearbeiter weitere Informationen für die Ausarbeitung des Angebotes in den Rechner eingeben und vom Rechner abfragen. Beispielhaft sind einige weitere Arbeitsabläufe angegeben, für die der Bearbeiter jeweils ein anderes Endgerät zu bedienen hat: das Telefon, die Telexmaschine, das Telexgerät, eine Tastatur und ein Sichtgerät für den Bildschirmtextdienst.

Hat der Bearbeiter nun alle Informationen unter Nutzung der verschiedenen Kommunikationsmöglichkeiten zusammengetragen, kann er den Text diktieren. Auf einem Schreibautomaten mit Tastatur, Display, Speicher und Drucker wird das Angebot geschrieben. Nach erforderlichen Korrekturen und Ergänzungen stellt der Bearbeiter Texte und Bildanlagen zusammen. Von dieser kompletten Unterlage werden für den Empfänger und die verschiedenen Ablagen Kopien erstellt. Entsprechend der weiteren Verwendung werden die Kopien manuell unter Berücksichtigung der jeweiligen Anforderung abgelegt.

Das Beispiel macht deutlich, daß der Bearbeiter eine Vielzahl von Geräten einsetzt. Dabei kann er bei der Benutzung einer Kommunikationsmöglichkeit nicht auf Informationsdarstellungen zurückgreifen, die er bei einem anderen Informationsaustausch schon verwendet hat. Den Übergang zwischen zwei Informationsdarstellungen hat der Bearbeiter durch wiederholte Eingabe durchzuführen. An den verschiedenen Bediengeräten werden teilweise gleiche Basisinformationen ein- und ausgegeben. Bei der Mehrfacheingabe werden vergleichbare Arbeitsabläufe wiederholt. Das betrachtete Beispiel ist nur ein Teil der Arbeitsabläufe, für die auf dieselben Informationen zurückgegriffen wird. Rückfragen, Auftragserteilung, Auftragsabwicklung und weitere Vorgänge bis zur Wartung werden in ähnlicher Weise abgewickelt.

Die Betrachtung der Arbeitsabläufe zeigt, auf welche Probleme wir bei der Informationsverarbeitung und Informationsweiterleitung treffen:

232

- Nichtkompatible Kommunikationsmöglichkeiten führen zu einer Vielzahl von Endgeräten
- Informationen müssen für die unterschiedlichen Kommunikationsmöglichkeiten und Bearbeitungsvorgänge jeweils neu eingegeben werden.
- Informationen können nicht in eine andere Darstellungsform über-
  geführt werden.

Integrierte Bürokommunikation bedeutet den Übergang von monofunktio-
nalen Arbeitsplätzen auf modulare multifunktionale Arbeitsplätze.
Die Mehrzahl der heute im Büro benutzten Kommunikationsgeräte ist
im nächsten Bild zusammengestellt. (Bild 4)

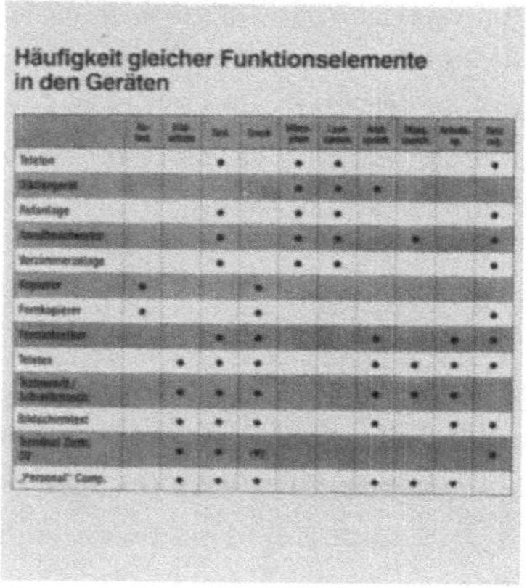

Häufigkeit gleicher Funktionselemente in den Geräten

Bild 4

Diese Geräte werden in die wesentlichen Funktionselemente wie Bildschirm, Drucker usw. aufgegliedert. Wir treffen auf 10 verschiedene
Funktionselemente. Insgesamt werden in diesem Beispiel 58 Funktionselemente benötigt. Die häufigste Wiederholung ergibt sich bei der
Tastatur und dem Funktionselement für den Zugang zum Kommunikationsnetz. Durch Integration läßt sich ein multifunktionaler Arbeitsplatz
realisieren, in dem alle aufgeführten Funktionselemente enthalten
sind. Grob gerechnet ergibt dies eine Reduzierung des Geräteaufwan-
des auf ein sechstel. Dieser Vorteil wird noch vergrößert, wenn auch
die Baugruppen Netzteil, zentrale Prozessoreinheit und Gehäuse einbezogen werden.

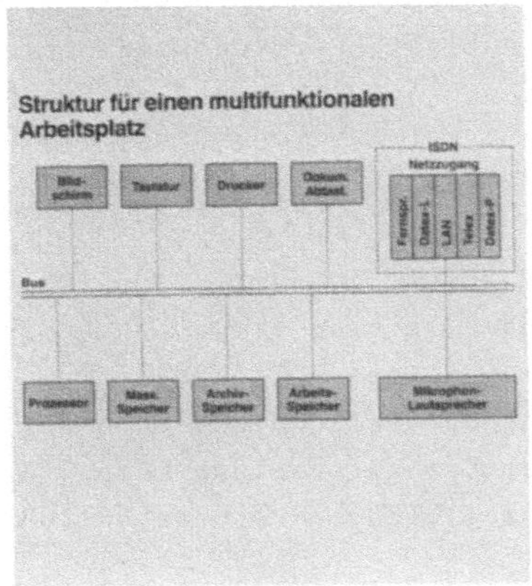

Bild 5

Im nächsten Bild (Bild 5) ist ein multifunktionaler Arbeitsplatz
dargestellt. Wesentliche Bausteine sind der Bus, der Prozessor mit
Steuerfunktionen sowie die aufgeführten Funktionselemente. Die Funk-
tionselemente sind periphere Einrichtungen mit der Fähigkeit, nach
Anstoß durch den Prozessor Daten über den Bus zu transportieren,
Daten zu verarbeiten und unterschiedlich zu interpretieren. Der Block
"Drucker" erhält z.B. einen Datenstrom aus dem Arbeitsspeicher zum
Zwecke der Darstellung. Zusätzlich benötigt er Information, ob diese
Daten als Teletex, Faksimile, Bildschirmtextinformation oder sonstige
Daten zu interpretieren sind. Damit ist der Drucker in der Lage,
unter Verwendung eines passenden Zeichengenerators die ankommenden
Daten aufzubereiten und in der gewünschten Form darzustellen.

Besonderes Interesse verdient der Block "Netzzugang". Er enthält
entsprechend der heutigen Situation bis zu fünf getrennt funktio-
nierende Einrichtungen für den Zugang zu den verschiedenen Kommunikationsnetzen. Diese netzorientierten Einrichtungen verfügen über
soviel Intelligenz, daß sie weitgehend selbständig die jeweiligen
Kommunikationsprotokolle abwickeln können.

Die Zukunft ist durch den gestrichelt gekennzeichneten Block "ISDN"
angedeutet. Die Einführung dieses dienstintegrierenden Netzes macht

es möglich, über einen Netzzugang alle Dienste abzuwickeln. Dabei
werden die transportorientierten Protokollebenen dienstunabhängig
sein, und die oberen Ebenen unter Verwendung von Dienstkennungen
dienstspezifisch ausgestaltet sein. Die Produkte dafür sind in Entwicklung und werden ab 85/86 zur Verfügung stehen.

Nicht zu übersehen sind zusätzliche Probleme. Bei Mehrfachnutzung
eines Funktionselementes sind eine Vielzahl von Anforderungen zu
erfüllen. Ein gemeinsam genutzter Bildschirm muß für Textverarbei-
tungsaufgaben einfarbige Darstellung und hohe Auflösung, für Bild-
schirmtextanwendung aber Farbdarstellung haben. Gefordert wird also
ein Bildschirm mit hochauflösender Farbdarstellung.

Bisher wurde der multifunktionale Arbeitsplatz unter dem Gesichts-
punkt der gerätetechnischen Zusammenfassung und der Möglichkeit der
Mehrfachnutzung der Funktionselemente betrachtet. Darüber hinaus
kann die Integration aber auch zu einer Erweiterung der Leistungsfähigkeit und des Bedienungskomforts führen. Das Multifunktionster-
minal bietet mehr als die Summe der Möglichkeiten der einzelnen
Funktionselemente.

Eine Schwäche der Textverarbeitungsgeräte und der damit möglichen
Telekommunikation besteht darin, daß eine Kombination von Text mit
Zeichnungen oder Vorlagen, die als Kopien vorhanden sind, nicht möglich ist. Fernkopierer können zwar Vorlagen übertragen, jedoch nur
in einer Form, die für eine Weiterverarbeitung in einem Kommunikationssystem nicht geeignet ist. Zielvorgabe für ein Multifunktions-
terminal sollte es daher sein, Text und Faksimileinformation in einem Gerät verarbeiten, speichern und für den Informationsaustausch
aufbereiten zu können.

Fehlerquellen lassen sich eliminieren und der Bedienungskomfort kann
verbessert werden, wenn man Funktionsabläufe für das Fernsprechen
und den Bildschirmtextdienst in einem Endgerät kombiniert. Die Nutzung des Telefons kann in der Verbindung mit den Leistungsmerkmalen
des Bildschirmtextdienstes attraktiver werden. Aus einer Vielzahl
von Möglichkeiten nur ein einfaches Beispiel: Über Bildschirmtext
wird die Nummer eines gewünschten Fernsprechteilnehmers ermittelt.
Nachdem die Nummer auf dem Display erscheint, kann der Wählvorgang
automatisch durchgeführt werden. Eine erneute Eingabe der Teilneh-
mernummer über die Tastatur des Fernsprechapparates entfällt.

4. Rechnerunterstützung bei der Integration der Darstellungsformen

Der erste Schritt zur Mehrfachnutzung der dezentralisierten Intelligenz und damit zur Integration der Bürokommunikation ist getan: Rechner und insbesondere Mikrocomputer führen auch Textbe- und -verarbeitung durch. In einem doppelten Sinne werden Datenverarbeitung und Textverarbeitung in einem Computersystem integriert: Einerseits können beide Aufgaben an _einem_ Arbeitsplatz ausgeführt werden, andererseits lassen sich Daten aus beiden Bereichen miteinander kombinieren. Für Daten- und Textqualität ist der Drucker mit verschiedenen Druckgeschwindigkeiten ausgestattet. Die Druckausgabe erfolgt sowohl mit der Auflösung für Daten (Matrix 9 x 9; 300 Zeichen pro Sekunde), als auch in der Qualität für Korrespondenz (Matrix 18 x 25; 80 Zeichen pro Sekunde). Zusätzlich verfügt der Drucker über einen ladbaren Zeichengenerator, der verschiedene Schriftarten unterstützt. Auch in einem Brief können die Schriftarten verändert werden. Das Bild von dem integrierten Arbeitsplatz für Daten- und Textverarbeitung macht auch die Aufgabe für die Zukunft deutlich: die Integration des Sprachsignales. Die Übertragung der gesprochenen Information vom Diktiergerät in das Textverarbeitungssystem wird durch den Bearbeiter durchgeführt. Ziel der Integration muß es sein, auch die gesprochene Information und Bilder in dem System verarbeiten und kombinieren zu können.Die Nutzung der über das öffentliche Netz angebotenen Informationen wird über spezielle Anpassungen ermöglicht. Für den Bildschirmtextdienst ist in dem Arbeitsplatz ein spezieller Code enthalten. Der Zugang zum Teletexdienst wird über den Teletexadapter hergestellt.

Der nächste vollzogene Schritt auf dem Wege zur integrierten Bürokommunikation ist die Vernetzung der Arbeitsplätze. Über eine Busleitung werden dialogfähige multifunktionale Rechner mit verschiedenen funktionalen Geräten verbunden. In kleineren Systemen, in denen nur Text und Daten mit Geschwindigkeiten bis zu 100 kbit/s über Entfernungen bis maximal 1 km zu übertragen sind, wird die normale Telefonleitung benutzt. Ist auch die Übertragung von Festbildern in das Kommunikationssystem einzubeziehen, so werden breitbandigere Busleitungen erforderlich. In diesem Fall kommen für Bitraten im Bereich bis zu einigen 100 Mbit/s Koaxialkabel oder Glasfasern zum Einsatz.

Auf dem Übertragungsmedium wird ein serieller Bitstrom übertragen.
Die Datenpakete werden durch die Adressen des Senders und Empfängers
markiert. Von den adressierten Stationen werden die Daten übernommen.

Für den Zugriff auf den Übertragungskanal stehen zwei Zugriffsmetho-
den vor einer internationalen Standardisierung: das Token access-
und das CSMA/CD-Verfahren (Carrier Sense Multiple Acess with
Collision Detection). Mit der Verabschiedung dieser Standards ist
die Voraussetzung geschaffen, daß verschiedene Büroarbeitsplatzsy-
steme miteinander kommunizieren können. Die Struktur des Bussystems
hat gegenüber anderen Strukturen den Vorteil, daß eine dezentrale
Steuerung ohne zentrale Überwachung durchgeführt wird. Das System
bietet die Eigenschaft, daß die Anzahl der angeschlossenen Stationen leicht erweitert werden kann,und der Ausfall einer Station das
Gesamtsystem nicht beeinträchtigt. Die auf den Übertragungskanal
eingekoppelten Informationen stehen praktisch gleichzeitig allen be-
rechtigten Stationen zur Verfügung.

Da die Computersysteme mit Adapter für Teletex und Codec für Bildschirmtext ausgestattet sind, können diese Kommunikationsformen im
LAN und über den Gatewayserver auch mit dem öffentlichen Netz ausgeführt werden.

Zwei Beispiele für die Integration verschiedener Informationsformen,
die durch die Leistungsfähigkeit eines multifunktionalen Computersystems kombiniert mit der optischen Speichertechnik möglich werden,
sollen an dieser Stelle erwähnt werden.

Kernstück eines Systems für die integrierte Verarbeitung von Text,
Daten und Festbild ist die optische Speicherplatte DOR (Digital
Optical Recording).

Bei dieser Speichertechnologie wird die Information mittels Laser-
strahl in eine Platte mit einer speziellen Tellurlegierung einge-
schmolzen. Die so gespeicherte Information kann beliebig oft gelesen und erweitert, aber nicht geändert werden. Mit dieser Technologie können auf einer Platte von 30 cm Durchmesser pro Seite 10 Milliarden Bit abgespeichert werden. Die Speicherung von Dokumenten mit
Text und Bild kann nicht in dem Codierverfahren erfolgen, das allgemein in der EDV verwendet wird. Damit lassen sich keine Graphiken,

Bilder, Unterschriften u.ä. darstellen. Für die Integration solcher
Darstellungen in den Text benötigt man ein Verfahren, bei dem das
Dokument - wie bei einem Fernsehbild - punktweise abgetastet, digitalisiert und als Datenstrom abgespeichert wird. Für eine gute Bildqualität ist die Auflösung in 64 Bildpunkte pro mm^2 erforderlich,
was einen Datenstrom von ca. 4 Mill. Bit pro Seite ergibt. (entsprechend high-resolution mode nach CCITT) Dieser Datenstrom wird durch
einen Kompressionsalgorithmus durchschnittlich auf 6 - 8 % seiner
ursprünglichen Länge komprimiert und dann auf der DOR-Platte abgespeichert. Bei diesem Codierverfahren werden auf einer DOR-Platte
bei beidseitiger Benutzung ca. 60 000 DIN A 4 Seiten abgespeichert.
Bei reiner alphanumerischer Speicherung ist etwa das 10-fache Spei-
chervolumen verfügbar. Eine Zusammenschaltung dieses Massenspeichers
mit einem multifunktionalen Computersystem und zugehöriger Peripherie zeigt Bild 6.

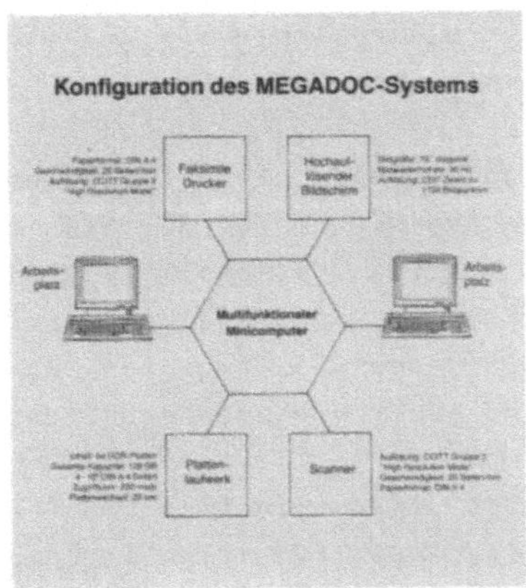

Bild 6

Das Massenspeichersystem mit 64 DOR-Platten bietet die Kapazität von
ca. 4 Mill. DIN A 4 Dokumenten im direkten Zugriff. Bei aufliegender
Bildplatte hat das Speichersystem eine durchschnittliche Zugriffs-
zeit von 200 msec. Muß die DOR-Platte im Massenspeicher gesucht und
aufgelegt werden, beträgt die Antwortzeit ca. 20 sec. Bei Mehrplatz-
anwendungen ergibt sich eine durchschnittliche Reaktionszeit von
2 bis 3 sec am Arbeitsplatz.

Erfaßt werden die Dokumente über einen Scanner, der beliebige Dokumente bis zu DIN A 4 Größe mit einer Geschwindigkeit von 20 Seiten/ min abtastet und digitalisiert. Die Auflösung folgt den CCITT-Empfehlungen für hochauflösende Geräte, nämlich 2287 Zeilen mit je 1728 Bildpunkten; das ergibt die bereits genannten 4 Mill. Bildpunkte pro DIN A 4 Dokument. Dieses Auflösungsvermögen ist auch Charakteristikum der übrigen peripheren Geräte. Zur Anzeige von Dokumenten ist es der hochauflösende Bildschirm in DIN A 4 Format. Die Erstellung der gewünschten Kopien erfolgt auf einem Drucker, der mit einer Geschwindigkeit von 20 Seiten pro min die Dokumente in Faksimile Qualität wieder ausdruckt.

Für die Steuerung dieser Hardware-Komponenten wird eine dedizierte Systemlösung mit einem leistungsfähigen Rechner und spezieller Systemsoftware zur Steuerung der Geräte und der Verwaltung der DOR-Platten eingesetzt. An solche Systeme können dann 12 - 16 Arbeitsplätze mit hochauflösenden Bildschirmen angeschlossen werden, so daß mehrere Sachbearbeiter gleichzeitig auf das elektronische Archiv von bis zu 8 Mill. Dokumenten zugreifen können.

Eine spezielle Applikationssoftware steuert letztendlich das Registrieren und Wiederfinden von Dokumenten über logische Verknüpfung von Suchbegriffen. Damit hat man das komplette dedizierte System für Speichern, Wiederauffinden und Darstellen von Originaldokumenten mit verschiedenen Informationsdarstellungen bei wahlfreiem Zugriff, schnellem Wiederfinden und hoher Wiedergabequalität.

Ein weiteres Beispiel zeigt die Kombination von festem und bewegtem Bild durch den Einsatz eines multifunktionalen Computersystems in Verbindung mit der Bildplatte "Laser Vision" (Bild 7). Auf der Bildplatte werden Bildinformationen und Tonkonserven gespeichert. Als Bewegtbild oder Einzelbild steht die Bildinformation zur Verfügung. Pro Seite steht eine Spielzeit von 30 Minuten zur Verfügung, wobei verschiedene Geschwindigkeiten für die Bildwiedergabe, Bildadressierung und Indexkontrolle möglich sind. Auf einer Platte können ca. 52 000 Bilder individuell angesprochen werden. Bei gleichbleibender Bildqualität kann die Bildfolgefrequenz bis auf 1 Bild alle 4 Sekunden reduziert werden. Ohne diese Zusatzfunktionen ist die doppelte Spielzeit möglich. Der Computer ruft die gewünschten Bild- oder Tonfolgen ab und kombiniert diese mit Daten aus dem Bildschirmtext oder dem Computersystem. Durch die Computerunterstützung ist ein multi-

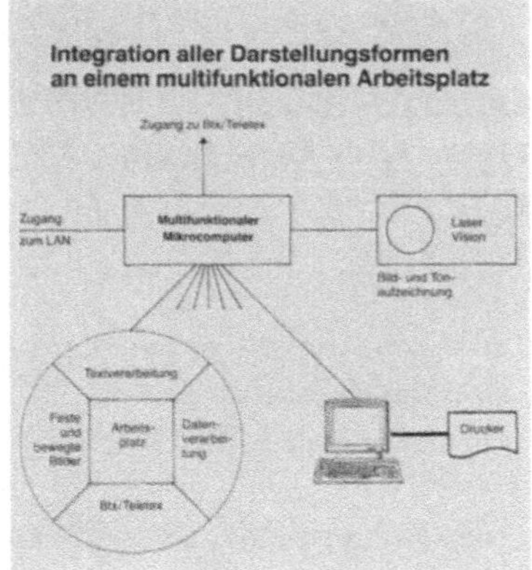

Bild 7

funktionaler Arbeitsplatz entstanden mit direktem Zugriff auf Audio-
signale, Bewegtbild, Grafik, Text und Daten. Über Bildschirmtext ergibt sich ein offener Verarbeitungs- und Informationsverbund zwischen
dem Computer am Arbeitsplatz und der Computerleistung, die über ein
öffentliches Netz dem Teilnehmer zur Verfügung gestellt wird. Zahlreiche Anwendungen in Dienstleistungsunternehmen, im technisch-wis-
senschaftlichen Bereich, in der Ausbildung und im kommerziellen Bereich sind möglich. Die Flexibilität dieses Informationsverbundes
verdeutlicht allein folgendes Beispiel: langlebige Informationen
werden als Bildinformation auf der interaktiven Bildplatte gespeichert und mit aktuellen kurzlebigen Informationen aus dem Bildschirmtextdienst kombiniert.

(Quelle für Bild 1 - 7 Philips Kommunikations Industrie AG)

5. Zusammenfassung

Die Optionen der Mikroelektronik
- programmierbare elektronische Funktionen
- Speicherkapazität
- Übertragungskapazität

führen zu
- intelligenten multifunktionalen Büroarbeitsplätzen
- Dezentralisation der Büroarbeitsplätze
- Dechronisation der Arbeitsabläufe

Sie stellen die Bausteine für die integrierte Bürokommunikation,
deren evolutionäre Entwicklung eingesetzt hat, zur Verfügung.

Zukunftperspektiven für die Integration der Dienste in einem Netz
und in den Endgeräten wurden aufgezeigt.
Die Integration wird in folgenden Schritten erfolgen:
- Text und Daten
- Text, Daten und feste Bilder
- Text, Daten, feste und bewegte Bilder
- Text, Daten, feste und bewegte Bilder, Sprache

Dargestellt wurde die Integration von Text und Daten am Beispiel eines Mikrocomputer-Systems einschließlich Teletex- und Bildschirmtext-
Fähigkeit. Die Vernetzung von Büroarbeitsplätzen über ein BUS-System
wurde erläutert. Die Integration von Daten, Text und Festbildern
wurde im MEGADOC-System verwirklicht, das insbesondere für die Archivierung mit schnellem Zugriff auf Schriftstücke geeignet ist.
Ferner wurde die Integration von bewegten Bildern, Daten und Text
durch die Kombination eines Mikrocomputers mit einem Bildplatten-
system dargestellt.

Integration of Office Communication Media

Gert Lorenz, Nürnberg

For each of the tasks arising in an office, such as speaking, listening,
writing, dictating, reading and filing, we currently employ a separate
device: the telephone, the typewriter or the word processor, the dictation
machine, the terminal, the data input device and the file. For separate
activities we have separate devices and communication networks, in
which the exchange of information is carried out in the separate forms
of speech, data, text, static and live pictures.

We are confronted by the problem that rigorous office   rationalization
based on the principle of segmentation and routinization leads to
less flexibility and reduced adaptability. But flexibility has such
a decisive influence when dealing with information in an innovative
national economy and a society with a pronounced need for communications.
Hitherto it has not been possible to harmonize rationalization and
flexibility. At present it is humans who integrate communications
and transform the ways in which information is represented. This involves
many activities which are non-creative and not worthy of human beings.
If one wished to speed up work procedures and increase the efficiency,
it was usually necessary to accept restricted flexibility.

The options provided by microelectronics permit the contradiction
between efficiency and flexibility to be resolved. Microelectronics
offer to an almost unlimited degree the resources necessary for dealing
with this task: electronic functions, storage capacity as necessary
and practically unlimited transmission capacity. Differences in the
signal representation from the various information sources can be
overcome with high-performance electronic functions: digital signals
are then available at the output of all signal sources for processing,
transmission and storage. With these options, the requirements are
met for combining and interchanging information in the form of speech,
data, text and graphics. All forms of information are then available
at the workstation for integrated processing. Segmented and centralized
sections are eliminated.

These possibilities lead to the following objectives for the integration
of office communications:

1. Intelligent multifunctional devices in which the signals in all
   forms of information presentation can be processed, displayed
   and stored.

2. Decentralization of the intelligent workstations, with the physical
   separation counterbalanced by the communication capabilities of
   the devices.

3. De-syncronization of the work processes by distributed storage
   capacities.

4. Flexible workstations in which adaptation to differing requirements
   is affected by standardized software.

These objectives can be approached from two starting points.

Breaking down the terminal into functional elements with corresponding
structures for interconnection leads to the possibility of multiple
use of the individual functional elements. The accumulation of devices
at the workstation can be reduced in this way. An example is used
to demonstrate what savings are possible by multiple utilization.
Flexibility and expandibility of a multifunction system are ensured
by a bus structure.

The path to integrated office communications will require more than
just the sum of the possibilities offered by the individual functional
elements. More powerful electronics will make possible the combination
of information representations in one device. Manipulation and progressive
use of information available in the system can be carried out with
modest additional information. Error sources and routine work are
reduced in this way. This path is elucidated using the combination
of text and static pictures and the link-up between videotex and telephony
as examples.

A second path to the integration of information processing in the
office is opened up by the increasing power of computers. In addition
to data processing and storage, the computer will take over text editing
and processing tasks. The significance of the computer for integrated
communications in a closed system becomes clear in the concept of
the local area network (LAN). Using new technologies, such as the
video long-play disk or the digital optical record, combinations of
various information representation can be carried out. Examples show
how text, graphics and live pictures can be combined and storage problems
for mixed presentation of text and static pictures can be solved.
The inclusion of speech in the integration of the various forms of
presentation will be the last step along this path.

In spite of the rapid technological development, this transition will
take an evolutionary course. When new technologies are introduced
into the office scene, they must be compatible with the organizational
structure, the work processes and the work content. In contrast to
the tenancy hitherto of increasing the productivity of office staff
by means of aids, the integration of office communication with multifunctional
systems aims at the more economic execution of complex tasks and at
increasing the efficiency of qualified personnel.

Telekommunikation zwischen den Büros – heute und künftig

Hans Baur, München

1. Einleitung

Die treibende Kraft für die Entwicklung der Telekommunikationstechnik war von jeher die Wirtschaft, d.h. die Telekommunikation zwischen den Büros, und sie wird es auch bleiben. Für die Wirtschaft
ist die Telekommunikation in jeder Form unverzichtbar, um schnell,
wirtschaftlich und konkurrenzfähig Geschäfte abwickeln zu können.

Der überwiegende Anteil des Verkehrsvolumens aller Telekommunikationsdienste wird deshalb von der Wirtschaft erbracht. Beispeilsweise beim
Fernsprechnetz sind zwar nur etwa 40 % aller Anschlüsse geschäftlich
genutzt, sie tragen jedoch mit fast 60 % zum Gesamtverkehrsaufkommen
bei (Bild 1). Und die "Nonvoice-Dienste", wie Telex, Teletext, Telefax und Datenfernübertragung, werden praktisch ausschließlich geschäftlich genutzt, was verständlich ist, weil Texte, Daten und
Bilder im allgemeinen ja die sachliche und juristische Grundlage
einer Geschäftsabwicklung sind.

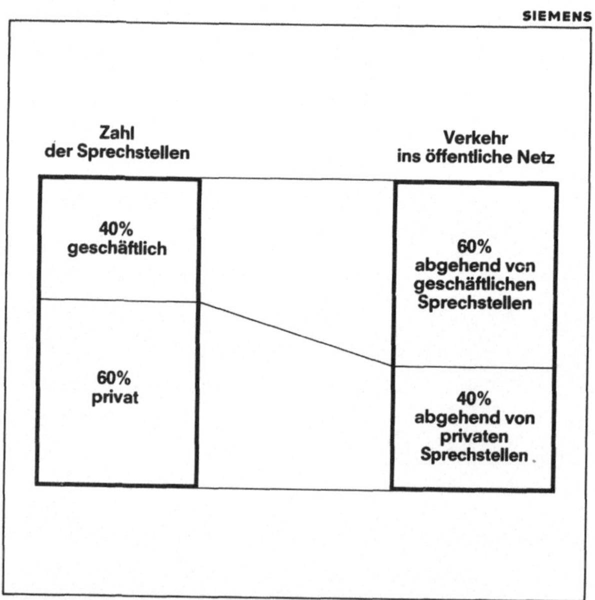

**Bedeutung des geschäftlichen Fernsprech-
verkehrs**
Bundesrepublik Deutschland   Bild 1

Außerdem ist zu berücksichtigen, daß auch das von privaten Telefonen ausgehende große Verkehrsvolumen eine nicht zu vernachlässigende geschäftliche Komponente hat, weil ja der Privatteilnehmer auch privaten Geschäften nachgeht wie z.B. der Organisation seiner Freizeit, der Organisation des Einkaufs usw., also Dingen, die geschäftliche Kommunikation darstellen.

2. Telekommunikation zwischen den Büros – heute

Sowohl den Geschäfts- wie auch den Privatteilnehmer interessiert an der Telekommunikation im allgemeinen weniger die Technik des Gesamtsystems als vielmehr die Terminals, deren Handhabung und welche Dienste damit zu erzielen sind. Diese Dienste hängen jedoch entscheidend davon ab, was die Netze zwischen den Büros bzw. den Teilnehmern zu leisten vermögen. Wir wollen uns deshalb die Technik der Telekommunikationsnetze hier einmal verdeutlichen.

Das Bild 2 zeigt zunächst, wann welche grundsätzlichen Netzarten entstanden sind. Man kann daraus folgendes ableiten:

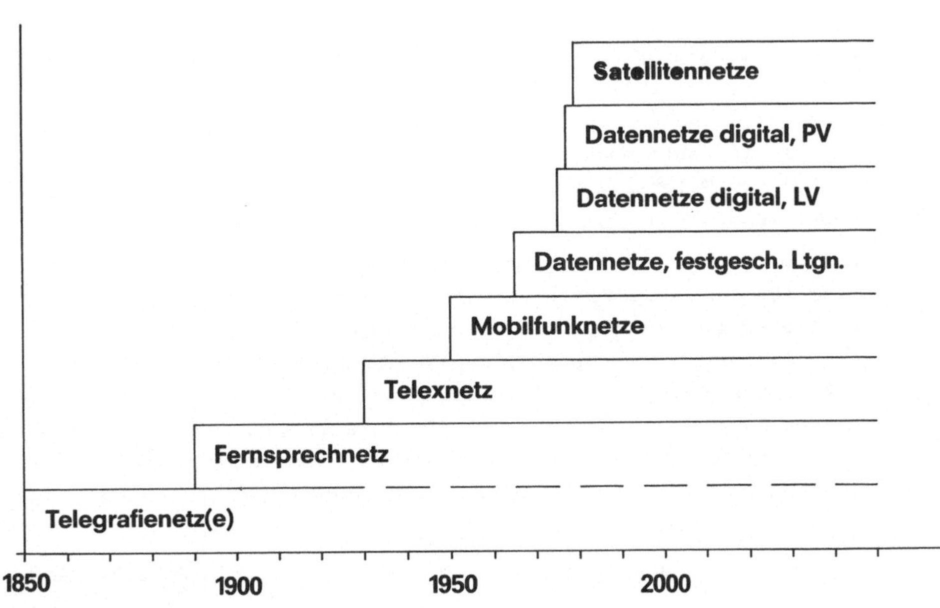

Entwicklung der Kommunikationsnetze   Bild 2

1. Aus technischen und wirtschaftlichen Gründen sind in den Grunddiensten für Sprache, Text und Daten entsprechend angepaßte, eigenständige Netze entstanden, wobei die ursprünglich an sie gestellten Bedingungen nicht auch heute noch gültig sein müssen, sondern durch neue Anforderungen wesentlich verändert sein können.

2. Die Netze entsprechen aus technischen und physikalischen Gründen nur teilweise der Grundforderung der Telekommunikation, nämlich daß jeder Teilnehmer an einem Netz jeden anderen zu jeder Zeit erreichen können muß. Mobilfunk- und Satellitennetze sind z.B. aus physikalischen Gründen regional begrenzt und können nur über terrestrische Netze zusammengekoppelt werden, was bis jetzt für einige dieser Netze nicht geschehen ist. Auch Datennetze sind oft bestimmten Bedürfnissen einer Region oder eines Landes angepaßt und damit teilweise regional begrenzt. Als weltweit "offene" Kommunikationsnetze - d.h. Netze, die weltweite Verbindungsmöglichkeit "jeder mit jedem" erlauben und ihre Dienste nach international standardisierten Kommunikationsprotokollen abwickeln - sind bisher nur das Fernsprech-, Telex- und Teletexnetz zu sehen.

3. Wir stehen heute noch ziemlich am Anfang der Entwicklung und Ausbreitung der Datennetze. Ein Kriterium dafür ist z.B. der noch relativ hohe Anteil festgeschalteter Leitungen, die ursprünglich auch beim Fernsprech- und Telexnetz verwendet, dort inzwischen aber praktisch voll durch Wählverbindungen abgelöst wurden. Der Anfangszustand der Entwicklung kann auch daraus abgelesen werden, daß es bis heute noch kein weltweites Datennetz gibt - wenn man einmal vom Telexnetz absieht, das jedoch kaum als Datennetz angesehen werden kann.

4. Mit der Paketvermittlungstechnik ist ein neues Telekommunikationsnetz für den Datenverkehr entstanden. Hauptgrund war die höhere Wirtschaftlichkeit, da die Leitungswege stets nur für die Zeit des Informationstransportes zur Verfügung gestellt werden. Allerdings kamen - wie stets bei Neuentwicklungen - weitere technische Zusatzleistungen hinzu, die dazu beigetragen haben, die Paketvermittlungstechnik durchzusetzen. Eine wesentliche Zusatzleistung ist z.B. die Geschwindigkeitsanpassung für unterschiedliche Terminals.

Wegen der großen Ausdehnung der USA (immerhin ist die Strecke San Francisco-Boston beinahe doppelt so lang wie die Strecke Lissabon-Helsinki) und der durch Paketvermittlungstechnik erzielbaren Ersparnisse an Fernleitungen sind paketvermittelte Datennetze in den

USA entstanden und dort weiter verbreitet als in Europa. Dies gilt im Prinzip auch für die Satellitennetze. In Japan wiederum sind z.B. wegen der japanischen Schrift eigene Telekopiernetze entstanden, da das Telekopieren für die Übertragung japanischer Schriftzeichen am besten geeignet ist.

In der Bundesrepublik haben wir mit unseren Kommunikationsnetzen nach 2 Weltkriegen mittlerweile wieder zum internationalen Standard aufgeschlossen. Beim Telexnetz, das in Deutschland entwickelt und dort zuerst (vor genau 50 Jahren!) eingeführt wurde, stehen wir an der Spitze der Anschlußdichte in der Welt; beim Fernsprechnetz sind wir an 14. Stelle mit 49 % Sprechstellendichte hinter dem dichtesten Netz Schweden (83 %). Auch hinsichtlich der landesweit gebotenen Text- und Datendienste steht die BRD mit dem Integrierten Text- und Datennetz IDN (Bild 3) wohl mit an der Spitze der Entwicklung, insbesondere wenn wir in die Diskussion mit einbeziehen, daß noch 1983 der flächendeckende 64 kbit/s-Datenverkehr ermöglicht und festgeschaltete Leitungen bis zu 34 Mbit/s angeboten werden sollen.

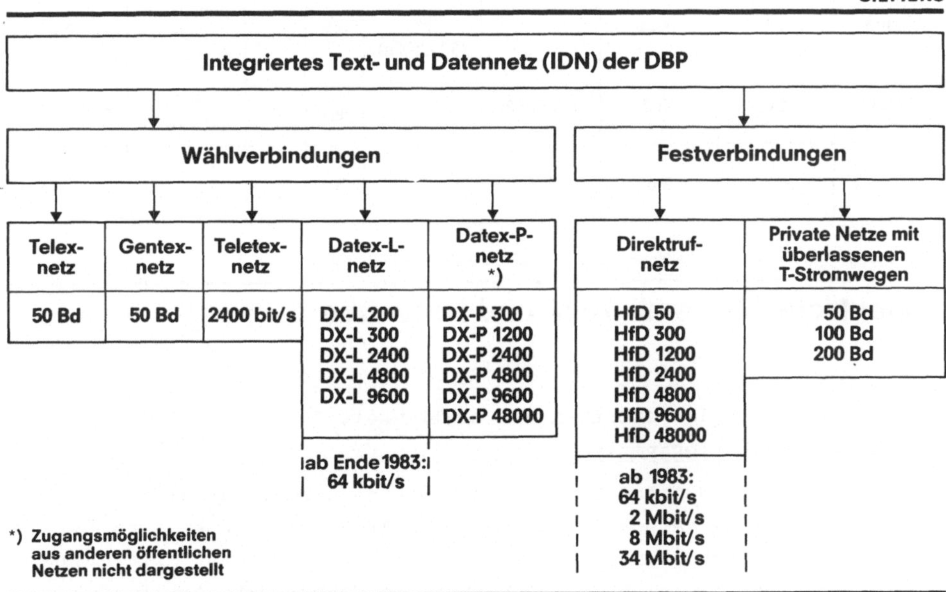

Verbindungsmöglichkeiten im IDN Bild 3

In einem anderen Bild (Bild 4) haben wir versucht, die Telekommunikationsleistungen der BRD noch etwas detaillierter mit denen anderer Industrieländer zu vergleichen um zu zeigen, daß die Telekommunikationstechnik in der BRD tatsächlich auf einigen Gebieten Spitzenreiter ist, z.B. mit der Einführung des Teletexdienstes 1981 und des erwähnten flächendeckenden, leitungsvermittelten Dienstes mit 64 kbit/s ab Ende 83/Anfang 84.

SIEMENS

Land	Fernsprech-netz bis ... kbit/s	Festgeschal-tete Ltgn. bis ... kbit/s	Leitungsvermittelt, digital		Teletex 2,4 kbit/s		Paketverm. bis ... kbit/s	Teilnehmernetz für DFÜ mit Satelliten
			bis ... kbit/s	64 kbit/s	L	P		
D	4,8	48 34000 (83/84)	9,6	(83/84)	(81)	–	48	(86) DFS (84) ECS
GB	4,8	48 (83)	–	(84)	–	(83)	48 (81)	(85/86) UNISAT (84) ECS
FRA	4,8	2000	9,6	(85)	–	(84)	48 (80)	(85) TELECOM (84) ECS
USA	4,8	1544	–	(84) (56 kbit/s)	(83)	–	9,6	(81) SBS
CAN	4,8	19,2	9,6 (19,2)	–	(82)	–	9,6 (56 kbit/s)	(81) ANIK
Japan	4,8	9,6	9,6	–	(83)	(83)	9,6 (83)	(83) CS-2A

L Leitungsvermittelt   P Paketvermittelt   O Jahr der Inbetriebnahme

Öffentliche Netze für Text- und Datenübertragung

Bild 4

3. Neue Technologien eröffnen die Möglichkeit für neue Telekommunikationsnetze

Seit im Jahr 1938 von Mr. Reeves bewiesen wurde, daß alle Informationen digital verschlüsselt dargestellt werden können, träumen die Nachrichtentechniker von einem einheitlichen Netz für alle Dienste, wissend, daß ein einheitliches Netz die Chance hat, billiger zu werden als viele einzelne. Obwohl schon in vielen Vorträgen und Veröffentlichungen das Thema Technologie in der Kommunikationstechnik behandelt worden ist, möchte ich hier nochmals darauf hinweisen, daß die Voraussetzung, um diesen Traum der Nachrichtentechnik

realisieren zu können, die Entwicklung der Halbleitertechnik gewesen
ist. Seit es möglich wurde, - nämlich praktisch seit heute - höchstintegrierte Schaltkreise aus Standardbausteinen im sogenannten Zel-
lendesign auf der Ebene des Siliziums mit einem CAD-Verfahren zusam-
menzusetzen, lassen sich höchstintegrierte Elektronik-Bausteine auch
bei kleinen Volumen kurzfristig und wirtschaftlich realisieren. Damit
ist nun auch die Möglichkeit gegeben, das analoge Fernsprechnetz durch
ein wirtschaftlich vergleichbares, digitales zu ersetzen.

Natürlich ist nicht nur die mögliche Integration aller Kommunikationsdienste in einem einzigen Netz (Integrated Services Digital Network,
ISDN) der Grund für die Digitalisierung des Fernsprechnetzes, sondern
es sind in erster Linie die wirtschaftlichen Gründe: Erwarten wir
doch, daß ein komplett digitales Fernsprechnetz - ohne zusätzliche
ISDN-Leistungsmerkmale - merklich billiger sein wird als ein analoges.

Eine zweite neue Technologie, die z.Zt. besonders in der Presse viel
Beachtung findet, ist die Glasfasertechnologie. Der Glasfaser gehört
in jedem Fall die Zukunft: Sie ist praktisch abhörsicher und elek-
trisch nicht beeinflußbar, sie kann im Prinzip mehrere Zehnerpoten-
zen mehr Informationen als z.B. ein Kupferkoaxialkabel übertragen,
und ein Glasfaserkabel wiegt im Vergleich zum Kupferkoaxialkabel nur
etwa ein Zwanzigstel (12 Fasern-bzw. 12 Tuben-Kabel). Allerdings
sind die benötigten Bauteile wie elektrooptische Wandler und optische
Filter noch längst nicht ausgereift, so daß die theoretisch mögliche
hohe Übertragungsleistung der Lichtwellenleiter heute nur zu einem
ganz geringen Bruchteil genutzt werden kann (ca. 40 GHz · km). Trotzdem läßt sich die Glasfaser heute im Fernleitungsnetz bereits wirtschaftlich einsetzen; für den Einsatz im Teilnehmeranschlußnetz ist
sie zur Zeit noch zu teuer.

Übrigens, nachdem der Glasfaser die Zukunft gehört und dies auch alle
Fachleute bestätigen, sollte man es ihnen überlassen, auch bei den
Rundfunkverteilnetzen den Übergang von der Koaxialkabel- zur Licht-
wellenleitertechnik selbst festzulegen. Sollte die Lichtwellenleiter-
technik während der gesamten Einführungszeit solcher Verteilnetze
technisch und wirtschaftlich noch nicht geeignet sein, so kann man
die Verlegung eines Verteilnetzes mit Koaxialkabeln durchaus vertreten. Erstens haben nämlich alle der Bundesrepublik vergleichbaren
Länder ebenfalls Verteilnetze mit Koaxialkabeln und bauen sie weiter
aus, und zweitens ist die benötigte Investitionsmenge vergleichsweise
gering: Das integrierte Glasfaser-Breitbandnetz z.B., auf das ich
später noch zu sprechen komme, erfordert etwa 10 mal höhere Investitionen (Bild 5), und auch für neue Personenkraftwagen wird in der

BRD jährlich 1 1/2 mal so viel ausgegeben, wie für das gesamte Kabel-
fernsehnetz in Koaxialkabeltechnik notwendig wäre.

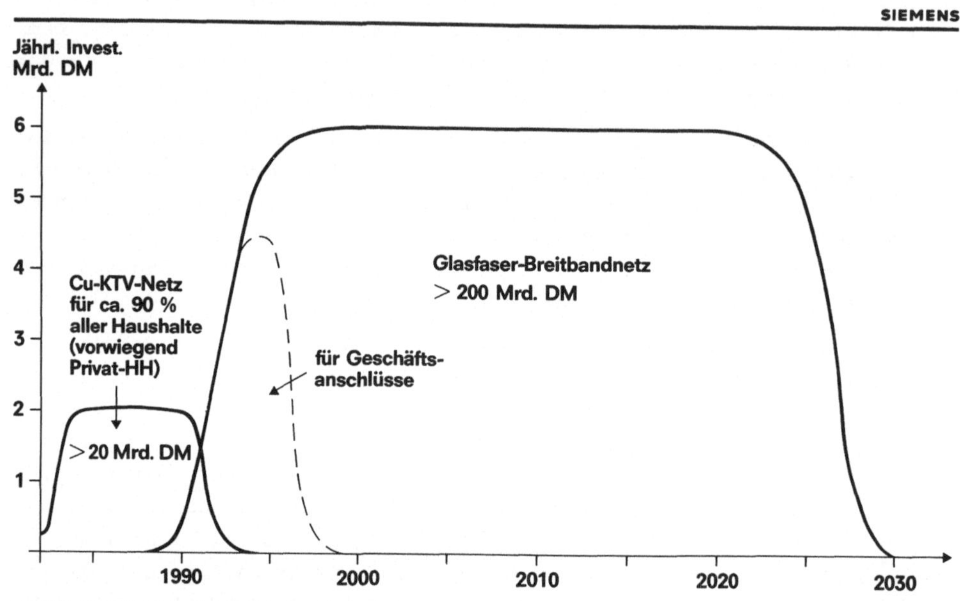

Investitionsmodell für Breitbandnetze
in der Bundesrepublik Deutschland

Bild 5

4. <u>Telekommunikation zwischen den Büros - künftig</u>

Um die durch moderne Technologien gebotenen Chancen zur Weiterentwicklung der Netze sinnvoll zu nutzen, ist es notwendig, sich
über die an ein künftiges Kommunikationsnetz zu stellenden Anforderungen im klaren zu sein (Bild 6). Dabei sollte man in erster
Linie die Wünsche des Teilnehmers berücksichtigen, da ja den Teilnehmer - wie bereits erwähnt - nicht die Netze interessieren, sondern die Dienste, die damit geboten werden.

4.1 Das Netz muß die Grundbedingung der Telekommunikation, nämlich
weltweite Kommunikationsmöglichkeiten "jeder mit jedem", zu jeder
Zeit erfüllen. Dies bedeutet, daß viele Vermittlungsstellen und
Übertragungsstrecken mit einheitlichen Schnittstellen (Kommunikationsprotokollen) hintereinandergeschaltet werden müssen; dabei
sind (hauptsächlich im internationalen Verkehr) auch Satelliten-

strecken zu berücksichtigen. Außerdem muß das Gesamtsystem eine
hohe Rufnummernkapazität besitzen.

**Anforderungen an ein künftiges Kommuni-
kationsnetz**   Bild 6

4.2 Das Netz muß für die gewünschten Kommunikationsarten von Sprache,
Text, Daten und Bild eine akzeptable Verbindungsaufbauzeit haben.
Die höchsten Anforderungen stellen hier die Datenverarbeiter: Sie
möchten möglichst null Sekunden. Diese Forderung rührt daher, daß
für den Dialog mit und zwischen Rechnern lange Verbindungsaufbau-
zeiten nicht akzeptiert werden können (was unter anderem auch zum
Prinzip der Paketvermittlung mit virtuell stehenden Verbindungen
geführt hat).

4.3 Die Zeit zur Rekonstruktion einer Information soll möglichst kurz
sein. Das heißt, daß z.B. eine zur Unterstützung eines Telefonge-
spräches gewünschte Telekopie so schnell bei dem Gesprächspartner
vorliegen muß, daß der Kommunikationsfluß nicht unterbrochen wird.
Diese Forderung resultiert dann in einer entsprechend hohen Übertragungsleistung des Netzes.

4.4 Die Tarife der Nonvoice-Dienste sollten vergleichbar und so billig wie für den Fernsprechverkehr sein, damit die auch für Text-, Daten- und Bildkommunikation gegebene hohe Leistungsfähigkeit des Netzes entsprechende Attraktivität erhält. Heute liegen z.B. die monatlichen Grundgebühren der verschiedenen Dienste in folgenden Relationen zueinander:

Fernsprechanschluß	= 1
Telexanschluß	= 2,4
Datex-L/P 4,8 kbit/s	= 10
Datex P 48 kbit/s	= 67

Ähnliche Gebührenrelationen ergeben sich bei festgeschalteten Datenleitungen. Die Einführung der nutzungszeitabhängigen Tarifierung durch die Deutsche Bundespost ist als erster Schritt im Sinne einer Harmonisierung der Tarife zu sehen.

4.5 Der Teilnehmer sollte in Zukunft alle Dienste über einen einzigen Anschluß - d.h. über eine "Kommunikationssteckdose" - geboten bekommen, die wie eine Kraftsteckdose gehandhabt und in jedem Zimmer angebracht werden kann.

4.6 Der Anschluß muß so eingerichtet sein, daß die zukünftige Telekommunikation noch mehr der natürlichen Kommunikation entspricht, d.h. parallel zur Sprache muß eine Text/Daten/Bild-Kommunikation möglich sein, weil der Mensch ja neben sprechen und hören auch sehen und schreiben kann.

5. Das ISDN als das zukünftige Telekommunikationsnetz zwischen den Büros

In dem vom CCITT vorgeschlagenen Integrated Services Digital Network (ISDN) sehen wir ein Netz, das durch konsequente Einführung digitaler Techniken von Teilnehmer zu Teilnehmer als künftiges Einheitsnetz für alle Telekommunikationsdienste dienen kann (Bild 7) und die oben genannten Anforderungen in idealer Weise erfüllt. Die dazu bisher erarbeitete Standardisierung sieht auf der Teilnehmerleitung zwei voneinander unabhängige 64 kbit/s-Transportkanäle sowie einen 16 kbit/s-Signalisierungskanal vor, in dem z.B. auch Fernmeß- und Fernwirkdaten übertragen werden können. Zwischen den Vermittlungsstellen wird die Signalisierung nach dem CCITT-Verfahren Nr. 7 übertragen. Die Vermittlungs- und Übertragungstechniken selbst sind weitgehend nach den für die Fernsprechtechnik bestehenden CCITT-Empfehlungen digitaler Techniken spezifiziert.

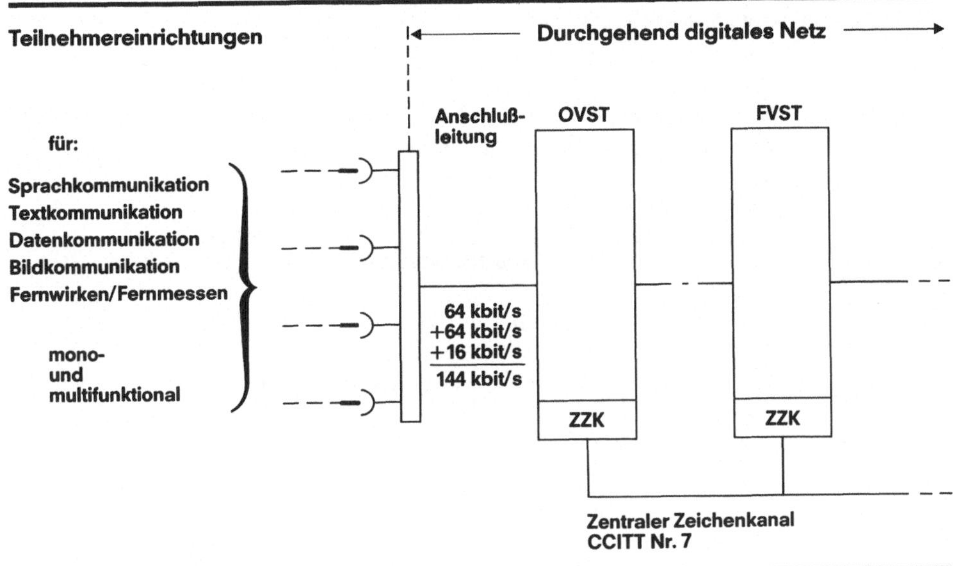

ISDN
Dienstintegriertes Digitalnetz

Bild 7

Zur Realisierung der Breitbandkommunikation benötigen wir parallel
zum Schmalbandkanal, wie wir die 64 kbit/s-Verbindung nennen, einen
transparenten, "fernsehfähigen" Breitbandkanal mit bis zu 140 Mbit/s
Transportleistung. Dazu ist ein Glasfaseranschluß pro Teilnehmer sowie ein entsprechendes Glasfasernetz für die Orts- und Fernverbin-
dungsleitungen erforderlich. Die Signalisierung kann auf der Teil-
nehmeranschlußleitung über den erwähnten 16 kbit/s-Signalisierungs-
kanal und im Verbindungsleitungsnetz zwischen den Vermittlungen
über den Zentralen Zeichenkanal nach CCITT Nr. 7 laufen.

Ein solches Netz erfüllt nahezu alle vorher genannten Forderungen
und bietet darüber hinaus weitere neue Telekommunikationsleistungs-
Merkmale. Die Forderung nach weltweiter universeller Kommunikationsmöglichkeit "jeder mit jedem" wird dadurch erfüllt, daß das ISDN
das Fernsprechnetz substituiert und die Nonvoice-Dienste integriert.
Eine weltweite Verbindung wird maximal etwa 10 Vermittlungsstellen
durchlaufen; die Rufnummernkapazität wird 16 Rufnummern umfassen
und damit die bis zum Jahr 2000 geschätzte 1 Milliarde Teilnehmer
am Fernsprechnetz leicht realisieren können.

Rechnerisch ergibt sich im ISDN ohne Berücksichtigung von Satelliten-
strecken eine maximale Verbindungsaufbauzeit von ca. 2 Sekunden, womit lediglich die Anforderungen der Datenverarbeiter bei Dialogver-
kehr nicht immer erfüllt werden können (Bild 8a). Für besondere Aufgaben muß man ggf. auf ein spezielles Netz, z.B. auf ein weltweites
Paketvermittlungsnetz ausweichen, unabhängig davon, was immer dies
kosten wird.

SIEMENS

	Zeit für Herstellen der Verbindung		
	Heute realisiert	Wunsch	ISDN
Sprache Fernsprechen	bis ca. 20 Sek.	wenige Sek.	← erfüllt
Text Telex	5…60 Sek.	wenige Sek.	← erfüllt
Teletex	0,5…2 Sek.	← erfüllt	← erfüllt
Daten Stapelverkehr	0*)…5 Sek.	< 5 Sek.	← erfüllt
Dialogverkehr	0*)…5 Sek.	mögl. 0 Sek.	← weitgehend erfüllt
Bild Telefax (allein)	bis ca. 20 Sek.	← erfüllt	← erfüllt
Telefax zur Gesprächsunter-stützung	–	wenige Sek.	← erfüllt
Fernzeichnen	–	wenige Sek.	← erfüllt
Bewegtbild (Fernsehnorm)	–	wenige Sek.	–

*) Festverbindung

Zeitliche Anforderungen in der Telekommunikation

Bild 8a

Die Forderungen nach schneller Rekonstruktionszeit der Information
und entsprechend höherer Übertragungsleistung werden vom (Schmal-
band-)ISDN fast alle erfüllt (Bild 8b,c). Man erkennt, daß die für
die digitale Verschlüsselung der Sprache notwendigen 64 kbit/s
eine sehr leistungsfähige Basis für die überwiegende Menge aller
Telekommunikationsdienste darstellen. Lediglich für Bewegtbilder
in Fernsehqualität und Daten-Stapelverkehr mit sehr hoher Übertra-
gungsgeschwindigkeit werden Übertragungsleistungen bis zu 140 Mbit/s
benötigt. Diese lassen sich durch das oben erwähnte zusätzliche
Breitband-Glasfasernetz realisieren.

SIEMENS

	Zeit bis zur Rekonstruktion der Information beim Empfänger		
	Heute realisiert	Wunsch	ISDN
Sprache Fernsprechen	0 ($<$ 0,5) Sek.	← erfüllt	← erfüllt
Text Telex	Minuten pro Brief	evtl. schneller	–
Teletex	Sekunden pro Brief	← erfüllt	← erfüllt
Daten Stapelverkehr	bis Stunden pro Stapel	z. T. schneller	← erfüllt
Dialogverkehr	Sekunden	$<$ 1 Sek.	← erfüllt
Bild Telefax (allein)	60...180 Sek.	schneller	← erfüllt ($<$ 10 Sek.)
Telefax zur Gesprächsunterstützung	–	wenige Sek.	← erfüllt ($<$ 10 Sek.)
Fernzeichnen	–	$<$ 1 Sek.	← erfüllt
Bewegtbild (Fernsehnorm)	–	synchron mit Sprache	–

Zeitliche Anforderungen in der Telekommunikation

Bild 8b

SIEMENS

	Übertragungsleistung		
	Heute realisiert	Wunsch	ISDN
Sprache Fernsprechen	analog	64 kbit/s	← erfüllt
Text Telex	50 bit/s	höher	← erfüllt
Teletex	2400 bit/s	← erfüllt	← erfüllt
Daten Stapelverkehr	bis 48 kbit/s	← erfüllt / Ausn. bis Mbit/s	← erfüllt / ← nicht erfüllt
	bis 48 kbit/s	← erfüllt / Ausn. bis Mbit/s	← erfüllt / ← nicht erfüllt
Bild Telefax (allein)	bis 4800 (bit/s)	schneller	← erfüllt
Telefax zur Gesprächsunterstützung	–	$\geq$ 64 kbit/s	← erfüllt
Fernzeichnen	–	ca. 64 kbit/s	← erfüllt
Bewegtbild (Fernsehnorm)	–	34 Mbit/s[*] bis 140 Mbit/s	← nicht erfüllt

[*] bei Redundanzreduktion

Zeitliche Anforderungen in der Telekommunikation

Bild 8c

Auch eine günstigere Tarifierung der Nonvoice-Dienste ist im ISDN technisch begründet; realisieren muß sie die Verwaltung. Und schließlich erfüllt ISDN die gewünschte Verbundkommunikation über einen einzigen Anschluß. Darüber hinaus werden weitere, neue Kommunikationsdienste geboten, z.B. die Sichtschirm- oder Display-Anzeige der in der Verbindung auftretenden Ereignisse (Rufnummer des Anrufers, Gesprächsgebühren, Bedienerführung) sowie Anrufumleitung, Konferenzgespräche usw. Und nebenbei wird durch die quasi 4drähtige Anschlußleitung bis zum Teilnehmer ein neues "Freisprechgefühl" vermittelt, weil der bisher übliche Rückkopplungs- oder Sprachsteuereffekt praktisch entfällt.

Da das Signalisierungsverfahren wesentlich die Leistungsfähigkeit des Systems beeinflußt, sei hier kurz die ISDN-Signalisierung mit derjenigen heutiger Datenübertragung nach V.- und X.-Empfehlungen des CCITT verglichen (Bild 9). Man erkennt, daß sich das ISDN-Verfahren hinsichtlich seiner Leistungsfähigkeit (Nutzbitrate, transparenter Transport- und Signalierungskanal) sehen lassen kann, und daß der erwähnte Steckdosenbetrieb möglich ist (mehrpunktfähige Konfiguration, Fernspeisung).

SIEMENS

Merkmal \ Schnittstelle	V (V.21, V.23, V.26 bis...)	X (X.20, X.21, X.25,...)	S (ISDN)
Betriebsweise	Synchron Asynchron Halbduplex	Synchron Asynchron Halbduplex Duplex	Synchron Duplex
Konfiguration	Punkt-zu-Punkt	Punkt-zu-Punkt	Mehrpunktfähig
Reichweite	20...50 m	< 1000 m	150 (400) m
Nutzbitrate	10...4,8 kbit/s	50...48 kbit/s	2×64 kbit/s +16 kbit/s } transp.
Zahl der Schnittstellenleitungen	20 + 11 2 Stecker 25polig	5 bzw. 11 1 Stecker 15polig	4 1 Stecker 8polig
Fernspeisung	Nein	Nein	Ja
Codierung	Binär	Binär	AMI
Signalisierung	Zustandssignal (+/−) über spezielle Leitungen	Zeichenorientiert + Zustandssignal in Nutzkanal und spez. Leitungen bzw. Paketmodus (HDLC) im Nutzkanal	Messageorientiert (HDLC) in getrenntem Signalkanal (D)

Signalisierungsverfahren für Datenübertragung

Bild 9

Eine der wichtigsten Leistungen des ISDN ist meines Erachtens die
bereits erwähnte Multifunktionalität, auf die ich hier noch etwas
näher eingehen möchte. Das rapide Anwachsen elektronischer Datenbanken, die zunehmende Abhängigkeit vieler Entscheidungen von solchen Daten, aber auch ihr steigender Nutzen auf allen Gebieten des
täglichen Lebens werden dazu führen, daß wir Informationen aus elektronischen Datenbanken künftig immer mehr in unsere Kommunikation
mit einbeziehen. Dies gilt sowohl für den Geschäfts- wie auch für
den Privatteilnehmer und bedeutet für die Kommunikationstechnik,
daß der Informationszugriff parallel zum Gespräch möglich sein muß.

Natürlich kann man ein Gespräch auch unterbrechen, um sich zwischen-
zeitlich Informationen zu besorgen, es entspricht aber nicht der
natürlichen Kommunikation, bei der man während des Gespräches ständig Informationen aus irgendwelchen Unterlagen entnehmen und diskutieren kann. In unserem Haus wurde deshalb quasi als erstes multifunktionales Terminal das Bildschirmtelefon "Bitel" (Bild 10) entwickelt, das mit zwei Anschlüssen versehen werden kann und somit
neben dem Telefonieren das gleichzeitige, kontinuierliche "Blättern"
in Bildschirmtext-Datenbanken erlaubt.

Bildschirmtelefon   Bild 10

Die Netzhersteller erwarten von den Endgeräteherstellern, daß sie für das ISDN entsprechend leistungsfähige, multifunktionale und verbundkommunikationsfähige Terminals entwickeln, die die hohe Leistung dieses Netzes zu nutzen gestatten und die gewünschte natürlichere und "vollständigere" Telekommunikation ermöglichen. Zu fragen wäre noch, ob ein ISDN-Teilnehmer grundsätzlich ein Universalterminal bekommen soll (Bild 11), das sämtliche Sprach-/Text-/Bild- und Datendienste des ISDN realisieren kann. Nach meiner Meinung ist ein solches Gerät als ISDN-Standard-Hauptanschluß sehr zweckmäßig, da ein ISDN-Teilnehmer nicht vor jeder Verbindung fragen oder im Telefonbuch nachschlagen möchte, ob sein Partner auch alle Dienste senden und empfangen kann wie er selbst. Außerdem wird dann eine wirtschaftliche Massenproduktion solcher Terminals möglich sein. Dies schließt nicht aus, daß auch Spezialterminals entstehen können, die auf bestimmte Arbeitsplätze zugeschnitten und für deren Kommunikationsbedarf besonders komfortabel gestaltet sind.

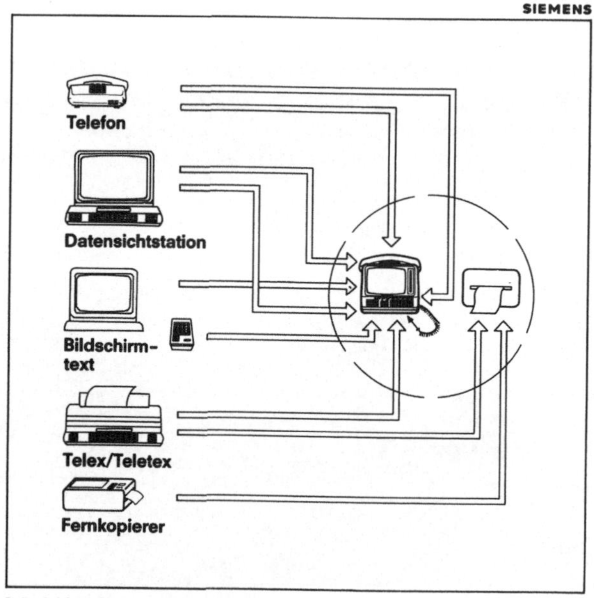

Multifunktionales Terminal   Bild 11

Viele, auch erfahrene Kommunikationstechniker sehen die Implementierung des ISDN im wesentlichen in der Zusammenfassung aller heute bestehenden Kommunikationsnetze. Gerade dieses kann jedoch nicht richtig sein, da das ISDN durch die Neukonzeption eines einheitlichen Transportsystems und eines sehr anpassungs- und leistungsfähigen Signalisierungssystems in der Lage ist, wirklich neue Leistungen und in der Zukunft gewünschte Dienste zu erbringen. Die Neuorientierung des ISDN erscheint deshalb zweckmäßig, weil sich zwar der Fernsprechdienst im Prinzip nicht mehr, die Text-, Bild- und Datendienste aber mit Sicherheit noch sehr wesentlich weiterentwickeln werden, wofür das ISDN mit seiner Leistungsfähigkeit und Flexibilität die geeignete Basis darstellt.

Selbstverständlich kann man überlegen, ob außer dem notwendigen Netzübergang zum bestehenden Fernsprechnetz auch solche zu den verschiedenen Datennetzen gemacht werden sollen. Das Wort "Netzübergang" spricht sich relativ leicht aus, Netzübergänge zu realisieren ist jedoch nach unserer Erfahrung ein "hartes Brot" und außerdem nur dann sinnvoll, wenn diese auch international standardisiert sind, damit nicht durch unterschiedliche Behandlung der meist notwendigen Informationsreduktionen verschiedene, neue Dienst-Untervarianten entstehen.

Wir sind deshalb der Meinung, daß die Einbindung vorhandener Dienste und Netze in das ISDN sehr sorgfältig überlegt und die Zahl der Übergänge so gering wie möglich gehalten werden sollte. Ob zum Beispiel das ISDN einen Zugang zum Paketvermittlungsnetz erhält, ist in der Bundesrepublik fraglich, u.a. auch deshalb, weil sich bei den relativ kurzen Entfernungen und der hohen Einwohnerdichte keine Kosten- bzw. Gebührenvorteile für den Paketvermittlungsdienst ergeben und dieser durch den leitungsvermittelten Dienst des tarifgünstigen ISDN substituiert werden könnte.

6. Voraussichtliche Entwicklung der Kommunikationsnetze in der Bundesrepublik Deutschland

Kommunikationsnetze benötigen im allgemeinen viele Jahre für ihre technische Entwicklung und mehrere Jahrzehnte für die Realisierung eines völlig flächendeckenden Netzes. Das folgende Bild (Bild 12) soll Ihnen zeigen, wie wir die Entwicklung der öffentlichen Kommunikationsnetze in der Bundesrepublik Deutschland bis zum Jahre 2000 sehen.

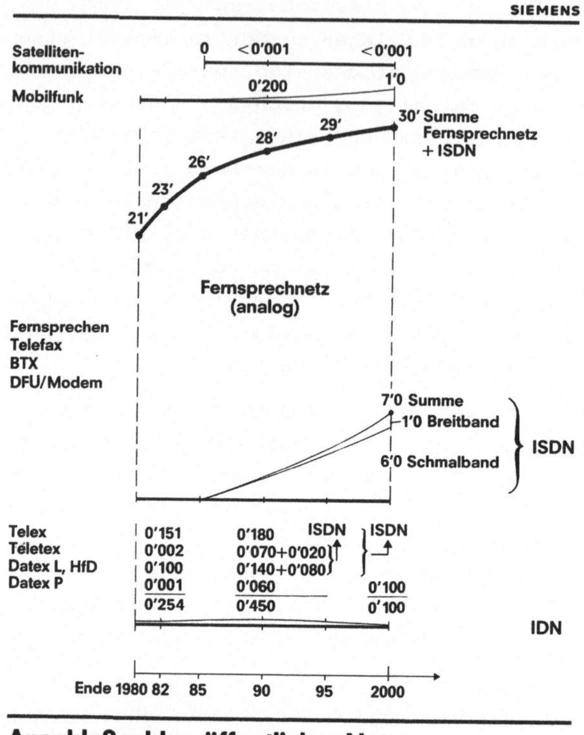

Anschlußzahlen öffentlicher Netze
in der Bundesrepublik Deutschland (in Millionen)   Bild 12

Das Fernsprechnetz wird sich demnach noch weiter entwickeln, allerdings nicht mehr so stürmisch wie bisher, und allmählich in das ISDN übergehen. Im Jahre 2000 wird das Fernsprechnetz und das ISDN insgesamt ca. 30 Millionen Teilnehmer haben. Wir schätzen, daß von diesen 30 Millionen ca. 7 Millionen ISDN-Teilnehmer, und davon wiederum ca. 1 Million mit Breitbandkommunikationsmöglichkeiten sein werden. Diese Zahlen halten wir nicht für pessimistisch, sondern eher für optimistisch. Das ISDN für die "Schmalband"-Kommunikation wird als eine Art Overlaynetz zum Fernsprechnetz entstehen, wobei die ISDN-Teilnehmer in das übliche Rufnummernsystem mit eingebunden werden. Um möglichst früh eine bundesweite Flächendeckung für das ISDN zu erreichen, ist das Fernnetz vorrangig zu digitalisieren. Bei der Breitbandkommunikation rechnen wir zunächst mit einem langsameren Anstieg der Teilnehmerzahlen, so daß hierfür ein zweites Overlaynetz entstehen wird.

Da das ISDN den Durchschalteteil des IDN substituieren wird, nehmen
wir an, daß die heutigen leitungsvermittelten Dienste des IDN allmählich vom ISDN aufgesogen werden und daß somit bis zum Jahr 2000
praktisch nur noch der Paketvermittlungsdienst übrigbleibt. Er wird
jedoch, wie schon gesagt, kostenmäßig einem heftigen Angriff des
ISDN ausgesetzt sein.

Das Mobilfunknetz wird sich - ebenfalls optimistisch gesehen - auf
ca. 1 Million Teilnehmer erhöhen, vorausgesetzt daß es gelingt, durch
Hochintegration von Bauteilen, vor allem für das Terminal im Auto,
dem Teilnehmer ein preisgünstiges Angebot zu machen.

Die Satellitenkommunikation wird zwar kein umfangreiches Netz bieten
und kein sehr großes Wachstum haben, sie wird aber in der Bundesrepublik Deutschland wie auch in anderen Ländern dazu dienen, kurzfristig und flexibel im ganzen Land den Erstbedarf an neuen Kommunika-
tionsdiensten höherer Transportleistung zu decken. Auch die schnelle
flächendeckende Einführung des ISDN kann damit unterstützt werden.
Ein Satellit ist darüber hinaus besonders gut für die abschattungs-
freie Verteilung von Fernseh- und Hörfunksendungen geeignet. Längerfristig wird die Satellitenkommunikation allerdings durch ein landes-
weites Glasfaserkabelnetz einen harten Konkurrenten bekommen. Trotzdem ist die Flexibilität und der schnelle flächendeckende Service
des Satelliten nicht zu schlagen, weshalb wir der Meinung sind, daß
wir auch in der Bundesrepublik immer ein - wenn auch kleines - Satel-
litennetz haben sollten.

7. Zusammenfassung und Ausblick

Weltweite Ausbreitung und betrieblich offene Kommunikation bieten
heute nur das Fernsprechnetz (für Sprachkommunikation und begrenzte
Text-/Daten-/Bildkommunikation) sowie das Telexnetz (für begrenzte
Text- und Datenkommunikation). Um die steigenden Anforderungen - insbesondere der Bürokommunikation - nach mehr Leistung, Natürlichkeit
und Vollständigkeit der Kommunikation zu realisieren, erscheint ein
für alle Kommunikationsdienste einheitliches, digitales Netz (ISDN)
auf der Basis des digitalisierten Fernsprechnetzes als ideale Lösung.

Bei der Implementierung des ISDN sind zwar die vorhandenen Netze,
Dienste und Terminals - soweit notwendig - zu berücksichtigen. In
der Hauptsache sollte aber das ISDN nach neuer Konzeption auf moderne
Dienste, mehr Leistung und größere Wirtschaftlichkeit ausgerichtet
sein, da wir es ja nicht für eine kurze Übergangszeit, sondern für

einen längeren Zeitraum der Zukunft schaffen wollen. Die notwendigen
Entscheidungen und Standardisierungen sollten sehr sorgfältig erarbeitet und in erster Linie auf die Anforderungen und Wünsche ge-
schäftlicher wie privater Benutzer ausgerichtet werden, damit sich
das ISDN wirklich zur optimalen Lösung für die Kommunikation der
Zukunft entwickeln kann.

Telecommunication between Offices – Now and in the Future

Hans Baur, München

1. <u>Introduction</u>

    - The economy is the driving force for the development of
      telecommunications

    - Traffic volume and growth of private and business communication

2. <u>Telecommunication between offices – today</u>

    - Telecommunication services

    - Development of public communication networks

    - State of the networks in the Federal Republic of Germany

3. <u>New technologies open up the possibility of new
   communication networks</u>

    - Microelectronics as prerequisite for digitizing the telephone
      network

    - Glass fiber technology as prerequisite for high
      transmission capacity

    - Cable TV networks must not wait for glass-fiber
      developments

4. Telecommunication between offices - future

- Requirements from a future telecommunication network
  o Worldwide communication - everyone with everybody
  o Short call set-up times
  o High transmission capacity
  o Favorable tariffs
  o All services via one connection
  o Integrated communication

The ISDN as the future telecommunication network between offices

- ISDN concept for narrowband communication,
  addition for wideband communication

- ISDN fulfills all requirements listed under 4. and offers
  other new features

- ISDN has a particularly powerful signaling system

- ISDN makes demands on the development of new terminal equipment

- Integration or network junction to existing data networks?

Probable development of telecommunication networks in the Federal Republic of Germany

- Quantitative prediction for the various networks up to the
  year 2000

Lehren aus der Praxis:
Neue Forderungen an Bürokommunikationssysteme

Peter Hoschka, St. Augustin

I. Erfahrungen und Lehren

Es wird über einige Erfahrungen berichtet, die beim praktischen Einsatz von Bürokommunikationssystemen gesammelt worden sind. Der Bericht behandelt nur Systeme zur Textkommunikation, also Systeme zum Austausch von Nachrichten in schriftlicher Form. Betrachtet werden fortgeschrittene Systeme, die nicht nur ein einfaches Postverteilungssystem, sondern darüberhinausgehende Leistungen wie gute Texteditoren, leistungsstarke Archive, Unterstützung von Konferenzen usw. anbieten. Der Bericht stützt sich nicht nur auf Literatur, sondern auch auf eigene persönliche Erfahrungen. Die GMD verwendet seit über einem Jahr das System KOMEX, das in der GMD selbst entwickelt worden ist (vgl. Pankoke-Babatz 1983). KOMEX wird gegenwärtig von rund 100 Mitarbeitern regelmäßig und aktiv für einen Teil der innerbetrieblichen Kommunikation genutzt. Alle Vorstandsmitglieder der GMD und viele Instituts- und Abteilungsleiter sind an dem Versuch beteiligt. Im Monat werden zur Zeit rund 2.500 Nachrichten über das System ausgetauscht.

Bei einem Bericht über die bisherigen Erfahrungen interessiert vor allem die Frage, wofür die neuen Kommunikationssysteme tatsächlich genutzt werden und ob und wie sich das Kommunikationsverhalten dadurch verändert. Diese Fragen können heute noch nicht wirklich abschließend beantwortet werden; denn es erfordert Zeit, bis der Umgang mit einem neuen Kommunikationsmedium eingeübt ist. Es müssen neue Verhaltensgewohnheiten und Kommunikationskonventionen entwickelt, erprobt und dann gelernt werden. Dennoch stimmen die bisherigen Praxiserfahrungen in einigen Punkten recht gut überein (vgl. u.a. Center for Information Technology 1981, Hiltz 1978, Olson 1982, Palme 1981, Picot 1982). Folgende Beobachtungen erscheinen besonders bemerkenswert:

1. Die Systeme werden überwiegend für die "kleine" Kommunikation eingesetzt. Kurze Nachrichten und Hinweise, Erinnerungen, Termin-
vereinbarungen, einfache administrative Angelegenheiten, Vor- und
Nachbereitung von Sitzungen dominieren bei der Nutzung. Demgegenüber sind lange Auseinandersetzungen über inhaltliche und schwieri-
ge Komplexe relativ selten und recht schwierig über dieses Medium
abzuwickeln. Auch die Konsensbildung ist erschwert. Diese Befunde
gelten vor allem für kleine Gruppen: hier läuft vorwiegend infor-
melle, spontane Kommunikation aus dem aktuellen Bedarf an Information und Koordination im täglichen Betrieb. Bei großen Gruppen
tritt demgegenüber der Aspekt der schnellen und gleichmäßigen Informationsversorgung aller Mitglieder in den Vordergrund.

2. Weitgehend einig ist man sich auch in dem Befund, daß die Bürokommunikationssysteme zum Teil die Kommunikation über andere Medi-
en, insbesondere Telefongespräche und Vermerke, ersetzen, und daß
der andere Teil der Kommunikation zusätzlich ist, das heißt über
andere Medien gar nicht entstehen würde. Substitution erfolgt vor
allem dort, wo Nachrichten des Bürokommunikationssystems schneller
bearbeitet werden als die anderer Medien; dies ist zum Beispiel bei
Personen der Fall, die über Telefon schwer erreichbar sind, aber
ihre Nachrichten aus dem System regelmäßig bearbeiten. Zusätzliche
Kommunikation entsteht einmal durch die bequeme Möglichkeit der
Verteilung von Nachrichten an mehrere Teilnehmer; in die gleiche
Richtung wirkt die Einfachheit, mit der Nachrichten beantwortet
werden können. Zum anderen werden aber auch zusätzliche Informationen ausgetauscht über Inhalte und Anlässe, die einen Telefonanruf
oder gar einen Brief oder Vermerk nicht zu lohnen scheinen. Insofern entsteht durch das neue Medium einerseits eine neue Qualität
von Information, andererseits aber auch zusätzliche Quantität und
damit die Gefahr der Informationsüberlastung.

3. Der Kommunikationsstil in Bürokommunikationssystemen unterscheidet
sich vom Stil anderer Medien in zweifacher Hinsicht. Sprachlich und
grammatikalisch ist der Stil in Bürokommunikationssystemen häufig
weniger formal und legerer als bei sonstiger schriftlicher Kommunikation; teilweise wird sogar nur Telegrammstil verwendet, was bequem ist, aber auch die Gefahr von Mißverständnissen sachlicher und
persönlicher Natur in sich birgt. Zum anderen reagieren die Teilnehmer in Bürokommunikationssystemen teilweise spontaner als bei
anderer schriftlicher Kommunikation. Auch dies schafft einerseits

neue Möglichkeiten, birgt aber andererseits auch die Gefahr über-
eilter Reaktionen und daraus resultierender Mißstimmung. In stili-
stischen Fragen herrscht noch viel Unsicherheit über die geeigneten
Formen. Die Herausbildung entsprechender Konventionen für Bürokommunikationssysteme wird noch einige Zeit erfordern, da hierfür
längere und breitere Praxiserfahrungen notwendig sind als sie heute
vorliegen.

4. Die Einführung eines Bürokommunikationssystems ist viel schwieriger
   als die Einführung eines Systems, das sich nur an einen einzelnen
   Benutzer wendet. Allein schon deshalb, weil hier eine ganze Gruppe
   sich in ihrem Verhalten koordinieren muß. Daher muß für jedes Bürokommunikationssystem eine sorgfältige Einführungsstrategie erarbeitet werden. Es ist nicht damit getan, ein solches System einfach
   zur Verfügung zu stellen und die Nutzung sich selbst entwickeln zu
   lassen. Die Vereinbarungen und Konventionen unter den Benutzern,
   welche Aufgaben sie wie über das neue Medium abwickeln wollen, müssen zumindest in Ansätzen vorab entwickelt werden. Die Einführungsphase eines Bürokommunikationssystems sollte nicht zu knapp bemes-
   sen sein und reichliche Hilfe und Unterstützung der Benutzer vorse-
   hen (vgl. Tucker 1982). Auf zwei Punkte sei noch besonders hingewiesen. Für den erfolgreichen Einsatz eines Systems ist unabding-
   bare Voraussetzung, daß für den einzelnen Teilnehmer über das System ein ausreichend großes Kommunikationsvolumen abgewickelt werden kann. Dies wird vor allem dadurch erreicht, daß eine große Zahl
   von Teilnehmern über das System erreichbar ist; alternativ kann als
   Ersatz dafür eine intensive Kommunikation in einer kleinen Gruppe
   herangezogen werden. Viele Einführungsversuche von Bürokommunikationssystemen sind daran gescheitert, daß gegen dieses Gebot der "kritischen Masse" verstoßen wurde. Es wird dringend von
   Versuchen abgeraten, bei denen einige wenige Arbeitsplätze, womög-
   lich noch auf dem gleichen Stockwerk, miteinander über ein Bürokommunikationssystem verbunden werden. Ebenso sind überall dort
   Schwierigkeiten aufgetreten, wo die technischen Geräte nicht bequem
   zugänglich, das heißt vor allem arbeitsplatznah aufgestellt waren.
   Die Aufstellung der Geräte an einigen zentralen Stellen ist nicht
   ausreichend. Beide Punkte, möglichst viele Teilnehmer und arbeits-
   platznahe Geräteaufstellung, erhöhen die finanziellen Ein-
   stiegsbarrieren in Bürokommunikationssysteme. Nach bisheriger Erfahrung ist es jedoch besser, auf die Einführung eines Systems ganz
   zu verzichten als das System zu klein zu dimensionieren.

Die Benutzer selbst nennen als besondere Vorteile der Bürokommunikationssysteme: Bessere Erreichbarkeit schwer erreichbarer
Personen, raschere Bearbeitung der Nachrichten durch Empfänger, Einfachheit und Geschwindigkeit der Nachrichtenverteilung an mehrere Empfänger, zeitliche Unabhängigkeit der Kommunikationspartner. Als Nachteile werden empfunden: Teilweise entstehende Informationsüberlastung,
Schwierigkeit der Abhandlung kontroverser und argumentativer Auseinandersetzungen, Doppelgleisigkeit zu anderen Kommunikationsmedien,
technische Zusatzausstattung in den Büros. Schließlich wird von einigen bemängelt, daß die Systeme letztlich doch nicht mehr seien als Systeme zum Austausch von Texten zwischen Personen; die Systeme seien
der konventionellen Bürokommunikation zu eng nachgebildet und würden
damit der Bürowelt kein wirklich neues Instrumentarium erschließen.
Einige lehnen diese Art von Systemen auch aus prinzipiellen Gründen
ab, da sie befürchten, daß damit eine ganze Menge menschlicher und sozialer Probleme wie zunehmende Isolation, steigende Kontrolle etc.
verbunden sind.

II. Neue Forderungen

Aus den Erfahrungen der Praxis und insbesondere aus den kritischen
Einwänden können einige Forderungen an die nächste Generation von
Bürokommunikationssystemen abgeleitet werden:

1. Die heutigen Systeme unterstützen sehr gut die Produktion von Nachrichten und deren Verteilung. Dagegen werden die *Empfänger* von
   Nachrichten vergleichsweise wenig unterstützt; dieser Mangel wird
   dort besonders lästig, wo ohnehin die Gefahr der Informationsüberlastung besteht. Es gibt eine Reihe von Vorschlägen, wie dieses
   Problem gemildert werden kann. Von großer Bedeutung ist die Art,
   wie das System dem Benutzer einen Überblick über die eingegangene
   Post verschafft. Dies reicht von der Information, ob überhaupt Post
   eingegangen ist, bis zu den Strukturierungs- und Darbietungsmög-
   lichkeiten der einzelnen Nachrichten. Die heute meist übliche Art,
   daß sich der Benutzer erst einmal in das System einschalten muß und
   dann lediglich die Zahl der eingegangenen Nachrichten erfährt, wird
   allgemein als nicht ausreichend empfunden. Forderungen in diesem
   Zusammenhang sind unter anderem: automatische optische Anzeige ei-

nes Posteingangs am Gerät, Einführung verschiedener Postarten (zum
Beispiel eilig, wichtig, vertraulich, persönlich, normal), über-
lappte Anzeige mehrerer Nachrichten zum Überfliegen des Anfangs,
Unterstützung beim Diagonallesen einer Nachricht; die weitestgehen-
de Forderung ist die nach der automatischen Analyse des Betreffs
einer Nachricht oder gar des ganzen Textes nach bestimmten vom Empfänger vorgebbaren Regeln und daraus abgeleitet eine Verteilung der
Post. Ein anderer Vorschlag zur Reduktion des Risikos einer Informationsüberlastung ist die Beschränkung der Erreichbarkeit von
Personen durch die explizite Vergabe von Zugangsberechtigungen. Einige der genannten Vorschläge sind zum Teil heute schon realisiert,
viele andere Lösungen sind denkbar. Die nächste Generation vor
Bürokommunikationssystemen sollte deutlich mehr Leistungen für der
Empfänger anbieten (vgl. Denning 1982).

2. Die Schwierigkeiten, komplexe Diskussions- und Konsensfindungs-
prozesse über Bürokommunikationssysteme abzuwickeln, legen die Frage nahe, ob in den Systemen nicht zusätzlich ganz andere Instrumente benötigt werden als sie heute üblicherweise angeboten werden.
Die heutigen Systeme leisten im Kern wirklich nicht mehr als der
Austausch von Texten zwischen Personen. Darüberhinausgehende Unterstützung wird nicht gegeben: etwa bei der Strukturierung eines Problems in Teilaufgaben, bei der Verteilung von Aufgaben, bei der
Produktion alternativer Lösungen, bei der Konsensfindung, bei der
Zusammenfassung von Teillösungen usw. Unter dem Stichwort Group
Decision Support Systems wird neuerdings mit Systemen experimen-
tiert, die für die Unterstützung solcher Aufgaben geeignete Methoden enthalten. Man greift hier zurück auf bekannte Verfahren, die
überwiegend in den 60er Jahren unter der Bezeichnung Kreativitäts-
und Problemlösungstechniken entwickelt worden sind (brainstorming,
nominal group technique, Delphi-Methode, Metaplan etc.). Gegenwärtig wird die Brauchbarkeit solcher Systme noch in Form des com-
puterunterstützten Konferenzraums getestet, bei der alle Teilnehmer
im selben Raum anwesend sind; hier fungiert der Computer als Medium
ähnlich wie ein Flip Chart oder ein Tageslichtprojektor, allerdings
mit mehr als nur der Darstellungsfunktion. Solche Systeme sind auch
in räumlich verteilter Form vorstellbar. Allerdings ist es gegenwärtig eine offene Frage, wie solche Systeme ausgestattet werder
müssen und ob und für welche Aufgaben sie nützlich sind (vgl. Huber
1982, 1983, Wagner 1982).

Ein anderer Ansatz geht ausdrücklich davon aus, daß das Wesen von Kooperation in Organisationen nicht im Austausch von Texten besteht. Ein System zur Unterstützung von Kooperation müsse vielmehr die Initiierung, Verwaltung und Kontrolle von *Vereinbarungen* zwischen organisatorischen Rollenträgern unterstützen. Das System muß die Teilnehmer in die Lage versetzen, Verantwortung für die Erledigung von Aufgaben anzubieten, zuzuweisen, zu akzeptieren, abzulehnen, zurückzugeben und zu erfüllen. Das System muß Überblicke über die Zusammenhänge zwischen Vereinbarungen, Aufgaben und deren gegenwartigen Stand geben können. Man benötigt nicht nur Kommunikationsprotokolle, sondern Protokolle über Problemlösungszustände. Hier wird eine völlig andere konzeptionelle Grundlage für Bürokommunikationssysteme gefordert (vgl. Holt 1981).

3. Die heutigen Bürokommunikationssysteme enthalten nur geringes Wissen über die ablaufende Kommunikation und über die Strukturen in den sie benutzenden Organisationen. Die Systeme kennen im wesentlichen nur die Adressen der Teilnehmer, einige Zugriffsmerkmale und Verkettungen in den Archiven und vielleicht noch Termine für Wiedervorlagen, Abwesenheitszeiten und ähnliches. Aufgrund ihres geringen Wissens sind Bürokommunikationssysteme in hohem Maße auf Angaben von Benutzern angewiesen und können relativ wenig selbständig veranlassen. Hier sollten künftige Systeme mehr bieten, zumal die Instrumente zum Teil schon entwickelt sind. Ein Ansatz sind die sogenannten Büroprozedursprachen, mit denen Abläufe und Bürovorgänge beschrieben und dann vom System selbst veranlaßt und gesteuert werden können. Ein Beispiel ist das aktive Formular, das sozusagen selbst weiß, welche Stationen es zu durchlaufen hat, welche Arbeiten an dem Formular von den verschiedenen Bearbeitern vorgenommen werden müssen beziehungsweise dürfen, welche Voraussetzungen vor Weiterleitung zur nächsten Station erfüllt sein müssen etc. In Systemen dieser Art läßt sich reichhaltiges organisatorisches Wissen abbilden, so daß auch eine entsprechend qualifizierte Unterstützung bei der Steuerung organisatorischer Abläufe möglich ist (vgl. Kreifelts 1982).

Noch weit darüber hinaus gehen Überlegungen mit Hilfe von Verfahren des Knowledge Engineering Aufbau- und Ablauforganisationen so darzustellen, daß die Beschreibungen symbolisch verarbeitbar sind und damit die Systeme durch selbständiges Schlußfolgern erforderliche Aktionen ableiten und einleiten können (Fox 1982). Die Anwendung

solcher Verfahren der Künstlichen Intelligenz im Rahmen von Bürokommunikationssystemen steht allerdings noch in den allerersten Anfängen. Es erscheint jedoch ziemlich sicher, daß die Systeme der
nächsten Generationen über wesentlich mehr organisatorisches Wissen
verfügen werden als die heutigen Systeme.

Es gibt noch eine ganze Reihe anderer wichtiger Forderungen, die hier
nicht im einzelnen behandelt worden sind: Flexibilität und Anpaßbar-
keit der Systeme an Organisationen und Personen, Integration von Text,
Formular, Graphik und Sprache (Multimedialität), Gewährleistung der
Nachvollziehbarkeit und Revisionsfähigkeit von Vorgängen und anderes
(Krückeberg 1982). Der hier abgehandelte Katalog von Forderungen hat
aber bereits deutlich gemacht, daß auf dem Gebiet der Bürokommunikationssysteme noch viel Entwicklungsarbeit zu leisten ist. Andererseits zeigen aber die Erfahrungen mit diesen Systemen in der
Praxis, daß auch mit den heute verfügbaren Bürokommunikationssystemen
schon eine nützliche Unterstützung der Arbeit in Organisationen geleistet werden kann.

III. Literatur

Center for Information Technology, Stanford University: Evaluation of
the Terminals for Managers (TFM) Program at Stanford University, Interner Bericht, 1981

P.J. *Denning:* Electronic Junc, in: Communication of the ACM, Vol.25,
1982, S.163-165, 398-400

M.S. *Fox:* The Intelligent Management System, in: Proceedings of the
Working Conference on Process and Tools for Decision Support,
Laxenburg, 1982

S.R. *Hiltz*, M. Turoff: The Network Nation, London, 1978

A.W. *Holt*, P.M. Cashman: Designing Systems to Support Cooperative
Activity: An Example from Software Maintenance Management, in: Proceedings COMPSAC 81, IEEE Computer Society, 1981, S.184-191

G.P. *Huber:* Group Decision Support Systems as Aids in the Use of
Structured Group Management Techniques, in: Transactions of the Second
International Conference on Decision Support Systems, San Francisco ,
1982

G.P. *Huber:* The Design of Group Decision Support Systems, in: Proceedings of the 16th Annual Hawaii International Conference on System
Sciences, 1983, S.437-444

Th. *Kreifelts:* Anwenderanforderungen an ein Bürokommunikationssystem,
München 1982

Th. *Kreifelts:* Coordination Procedures: A Model for cooperative office
processes, in: Proceedings der GI-Konferenz "Kommunikation in verteil-
ten Systemen", Berlin, 1983

F. *Krückeberg*, P. Wisskirchen: Entwicklungstendenzen auf dem Gebiet
der Bürokommunikation, in: Informatik Spektrum, 1982

M.H. *Olson*, H.C. Lucas: The Impact of Office Automation on the Organization: Some Implications for Research and Practice, in: Communica-

tion of the ACM, Vol.25, 1982, S.838-847

J. *Palme:* Experience with the use of the COM computerized conferencing system. Swedish National Defense Research Institute, FoA1 report, Stockholm, 1981

U. *Pankoke-Babatz:* Experimental Use of KOMEX in the GMD, in: Computer Compacts, Vol.1, 1983

A. *Picot:* Bürokommunikation und technologische Entwicklung, in: Office Management, Heft 3, 1982, S.238-246

R. *Reichwald* (Hrsg.): Neue Systeme der Bürotechnik, Berlin, 1982

J.H. *Tucker:* Implementing Office Automation: Principles and an Electronic Mail Example, in: Proceedings of Conference on Office Information Systems (SIGOA), Philadelphia, 1982, S.93-100

G. *Wagner:* Group Decision Support Systems Experiments and Implication, in: Proceedings of the Working Conference on Processes and Tools for Decision Support, Laxenburg, 1982

Lessons from Experience:
New Requirements for Office Communication Systems

Peter Hoschka, St. Augustin

Experience obtained using advanced office communication systems is
reported. The systems considered offered not merely a simple mail
distribution facility but also more advanced services, such as filing,
retrieval, conferences, etc. Among other things the report is based
on experience gained by GMD (Society for Mathematics and Data Processing)
with the computer conference system KOMEX, which has been in use at
GMD for more than a year.

A necessary condition for the successful employment of a system is
that a sufficiently large volume of communication is handled via this
medium. Many attempts at introduction have failed because this law
of the "critical mass" was contravened. The successful practical tests
have shown that the system is mainly used for "small" communications;
the exchange of short messages predominates by a wide margin, particularly
in small groups. In contrast, the aspect represented by the rapid
and uniform distribution of information to all members comes to the
forefront in large groups. There is substantial agreement that the
systems partly replace communication via other media, in particular
telephone calls and notes, and that the other part of the communication
is additional, that is to say would not arise via other media. The
following are frequently quoted as the particular advantages of advanced
office communication systems: better availability of persons who are
difficult to get hold of, quicker processing of the message by the
receiver, simplicity and speed of message distribution to several
receivers, temporal independance of the communicating partners.

The following are considered to be the disadvantages: the information
overload which can occur at times and, associated with that, the limited
support offered to the receiver of messages by the systems; considerable
problems arise if a controversial and argumentative discussion is
to be carried out via the systems; the necessary additional technical
equipment in the office is also found by some to be irksome. Finally
there is general criticism that the systems are really nothing more

than systems for the interchange of texts between persons; the systems
have been too closely modeled on conventional office communication
and are consequently incabable of yielding really new equipment for
the office.

A few requirements for the next generation of office communication
systems can be derived from practical experience, and in particular
from the critical comments that have been made:

1. The support offered to the message receiver must be improved.
    A few suggestions toward this end are, for instance: introduction
    of various categories of message (urgent, secret, personal, etc.);
    a facility for limiting the electronic accessibility of persons
    in accordance with their position in the organization; intelligent
    support for "skimming" a message; the most far reaching requirement
    is that for automatic analysis of the content of a message, or
    even the entire text, to provide a basis for the distribution
    of received mail.

2. In view of the difficulties associated with supporting long
    argumentative processes aimed at reaching agreement and decision
    making, it is right to ask whether additional instruments, quite
    different to those normally offered today, are required in the
    office communication systems. In this context, for instance, one
    can think of special instruments for forming a consensus, techniques
    for cooperative problem structuring as well as the support of
    certain group discussion techniques (such as Metaplan, nominal
    group technique, etc.). The computer would then become a communication
    instrument similar to the flip chart or the daylight projector.

3. The systems must be equipped with more knowledge of the communication
    taking place and of the structures of the organizations which
    use them. A starting point to this end is provided by office procedure
    languages with which the steps of an office process are described
    and can be checked and initiated by the system itself. A further
    possibility are systems which, in addition to the exchange of
    text, are responsible for the execution of processes and relevant

agreements between the cooperating persons, keeping up-to-date
and checking for correctness and completeness. Looking much further
ahead are attempts using the methods of knowledge engineering
to represent the structural and process organization in such a
way that the description can be processed symbolically, and thus
the systems can derive and initiate necessary actions by independent
deduction.

Anwendererfahrungen

Friedrich Baur, Friedrichshafen

Bei in vielen Branchen weltweit stagnierendem Wachstum bieten bekanntlich auch die neuen Techniken der Informationsverarbeitung und der Kommunikation einige Chancen, die betriebswirtschaftliche Seite der Unternehmen günstiger zu gestalten.

Intensive Bemühungen um diesen Sektor sind dabei gerade in Deutschland sehr wichtig, weil unsere weltweite Konkurrenz schon aus anderen Quellen, wie z. B. den günstigeren Arbeitskosten in Japan und der "economy of scale", sowohl in Japan wie auch in den USA, erhebliche Vorteile zieht.

Hinsichtlich der beiden, für ein Unternehmen wichtigen Automatisierungsstoßrichtungen, nämlich der in der Mitarbeiterschaft gedanklich schon seit alters her weitgehend akzeptierten Fabrikautomatisierung und der noch wenig gewohnten Büroautomatisierung hat sich in jüngster Zeit im Büro unverhältnismäßig viel bewegt. Wobei dann natürlich zu fragen ist, inwieweit diese Bewegung echten Fortschritt darstellt.

Nach wie vor verwirrt die Anwender nämlich

I.   die Problematik, wie man in einer Planungsphase feststellen kann, was sinnvollerweise, d. h. mit wirtschaftlichem Effekt automatisiert werden soll (Bilder 1 und 2),

II.   die Vielzahl der technischen Geräte, die in der Lösung der jeweiligen Systemteilaufgaben einerseits und in den Anschlußmöglichkeiten unter sich selbst andererseits inkompatibel sind, sowie die schnelle Veränderung der technischen Lösungsansätze (Bild 3),

III. die Verhaltensweise der Mitarbeiter in Akzeptanzfragen (Bild 4).

Versucht man einer Lösung dieser 3 Grundsatzfragen nahe zu kommen, so lassen sich zum <u>Themenkreis I</u> folgende Wege finden:

1. Pragmatisches Vorgehen, z. B. auf der Basis vorhandener technischer
   Möglichkeiten (- Probieren -)

2. Befragung der Chefs und der Mitarbeiter (- Fragen -)

3. Systemanalytisches Vorgehen, z. B. auf der Basis kybernetischer Mo-
   dellvorstellungen (- Denken -)

4. Installation von Pilotprojekten (- intelligentes Probieren in ausgewählten Testbereichen -)

5. Mischvorgehen nach 1. - 4.

<u>zu 1.:</u>

Beim pragmatischen Vorgehen auf der Basis technischer Geräte geht man
einerseits von den erweiterten Möglichkeiten zentraler EDV aus, z. B.
hinsichtlich Text- und Bildverarbeitung für komplexe Aufgabenstellungen
sowie für die 'Elektronische Post'. Darüber hinaus sind Präsentations-
graphik und erweitertes CAD/CAM besonders wichtige Gebiete. Obwohl
beispielsweise die ZF schon seit 14 Jahren die graphische Datenverarbeitung intensiv betreibt, sind für die heutige, schnellere Entwicklung und Fertigung noch erhebliche Rationalisierungspotentiale zu sehen. Entsprechende Arbeiten laufen.

Zusätzliche Perspektiven eröffnen sich mit der Entwicklung dezentraler
Elektronik. Sprachspeichersysteme, Tischrechner, Speicherschreibma-
schine und Faksimile-Einrichtungen sind nur einige Hinweise darauf,
womit sich die Unternehmen in Zukunft noch mehr beschäftigen müssen.
Für die Verbindungstechnik zwischen allen Geräten gibt es schließlich
ebenfalls Alternativen: Das klassische Telefon- und Datennetz einerseits und andererseits moderne breitbandige Ringleitungen, auf denen
die Nachrichten im Zeitmultiplex oder als Informationspakete oder Bus-
strukturen versandt werden. Kenntnisse über all diese Techniken sind
vom Unternehmen zu erwerben.

<u>zu 2.:</u>

Bei der Befragung von Chefs und Mitarbeitern sind die Probleme so ge-
lagert, daß die Fragetechnik neutral sein muß und nicht schon bestimm-

te Lösungen erzeugen darf. Aufwand ist zu treiben. Gut gefragt ist hier schon nahezu gewonnen. Geeignete Beratungsfirmen können hilfreich sein.

zu 3.:

Beim systemanalytischen Vorgehen ist eine kritische Arbeitsplatzanalyse notwendig, die als Voraufgabe zu lösen ist. Gleichwertigkeit und entsprechende Stückzahlen der Arbeitsplätze einerseits und konzentrierte Komplexität an wenigen Stellen andererseits, müssen hier notwendige Orientierung geben. Im übrigen sind hier Kenntnisse aus den Bereichen Kybernetik, Entscheidungstheorie und Organisationswesen notwendigerweise mit einzusetzen. Dies ist eine neue Herausforderung an die bisher existierenden Organisations- und EDV-Abteilungen. Neue Einstellung und Schulung sind notwendig.

zu 4.:

Aus den bisher beschriebenen Aktivitäten sind Schwerpunkte ableitbar, in denen voraussichtlich die am schnellsten realisierbaren und die kosteneffektivsten Automatisierungen relativ leicht durchzusetzen sind. Dafür sind im Sinne einer Erprobung Pilotprojekte zu definieren und in ihrem Ablauf, bestehend aus Installation und Betrieb, kritisch zu überwachen und gegebenenfalls zu beschleunigen. Bearbeitungsgeschwindigkeit und Informationsqualität sind Kenngrößen von Bedeutung sowie darüber hinaus Anwenderreaktionen und Kosteneffektivität.

zu 5.:

Für viele operationelle, neuartige Büros wird die Mischung an Erkenntnissen aus 1. - 4. tragend sein. Ein Info-Chef, der diese Teilerkenntnisse richtig zusammenkombiniert, ist zumindest vorübergehend, in jedem Fall aber heute und sofort dringend notwendig. Bei der ZF wurden entsprechende Veranlassungen getroffen.

<u>zu II.:</u>

Es empfiehlt sich die Zusammenarbeit mit einigen wenigen, weltweit tätigen Geräteherstellern. Die Erkenntnisse der Außenwelt werden zweckmäßigerweise in konkurrierenden Angeboten hereingeholt. Firmenauswahl, Firmenleistungsfähigkeit sowie die vom Anwender aufzubauende "challenge" sind die wesentlichen, hier zu definierenden Aktionen.

<u>zu III.:</u>

Die Aus- und Weiterbildung hat sich auf alle Ebenen eines Unternehmens zu erstrecken. Vom Vorstand bis zum Betriebsrat sind geeignete Schulungsmaßnahmen notwendig. Die ZF hat ein solches Schulungsprogramm aufgestellt.

Zusammenfassend ist festzustellen, daß die ZF große Anstrengungen unternimmt, mit dem Büro der Zukunft "fertig zu werden". Derzeit bemüht sie sich, ausgeprägte technische Kenntnisse zu erwerben, systemanalytisches Denken, organisatorischen Weitblick, gepaart mit Einfühlungsvermögen in gewachsene Strukturen und soziale Verantwortung aufzubringen und das Bemühen um ausbildungsfähige und -willige Mitarbeiter zu verstärken. Das wesentlichste bei den verschiedenen Lösungsansätzen scheint mir zu sein, daß ein stetiger und spürbarer Veränderungswille, der von den Chefs ausgeht und auf alle betroffenen Mitarbeiter ausstahlt, erkannt werden kann.

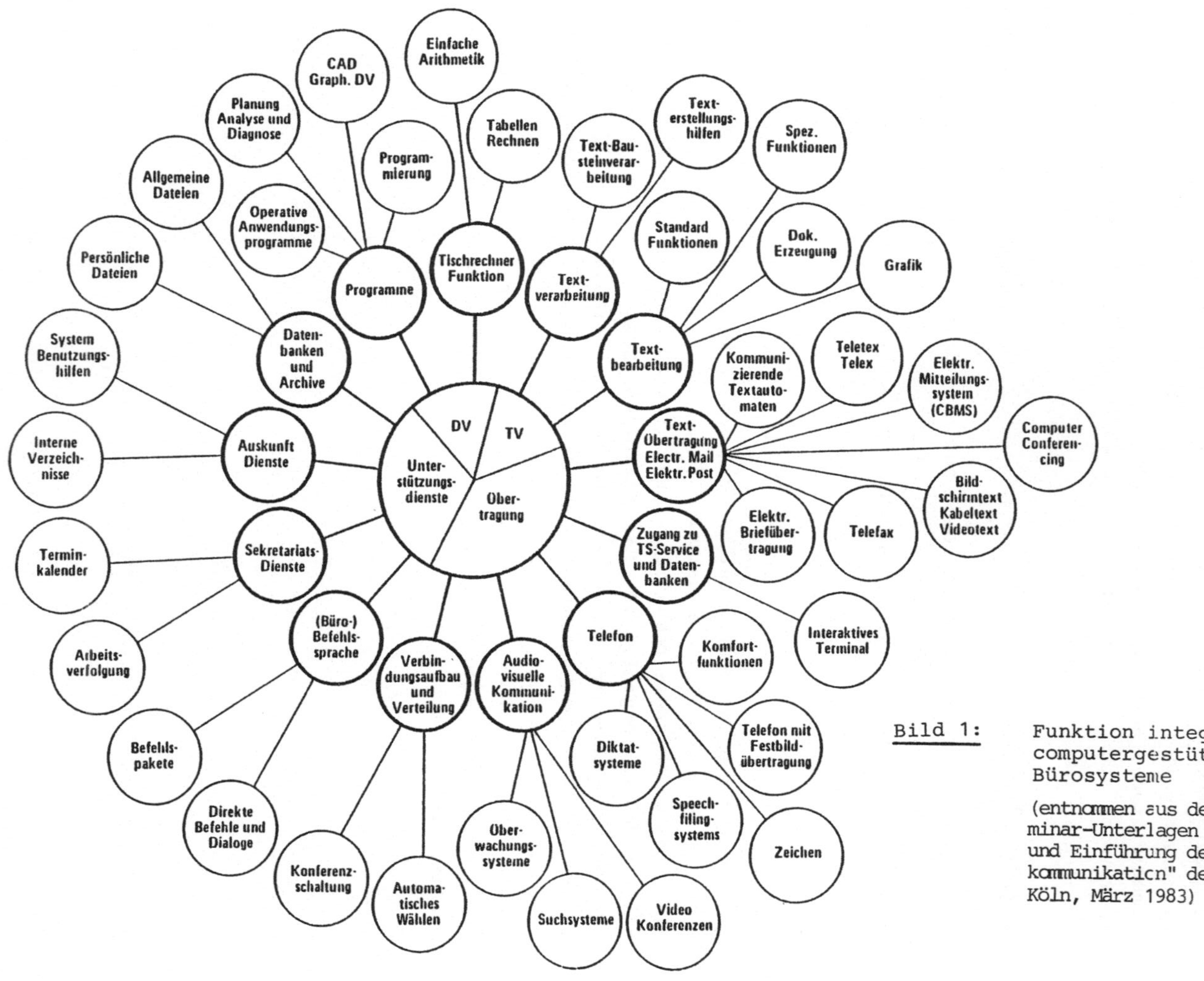

<u>Bild 1:</u>   Funktion integrierter, computergestützter Bürosysteme

(entnommen aus den Fachseminar-Unterlagen "Planung und Einführung der Bürokommunikation" des BIFOA, Köln, März 1983)

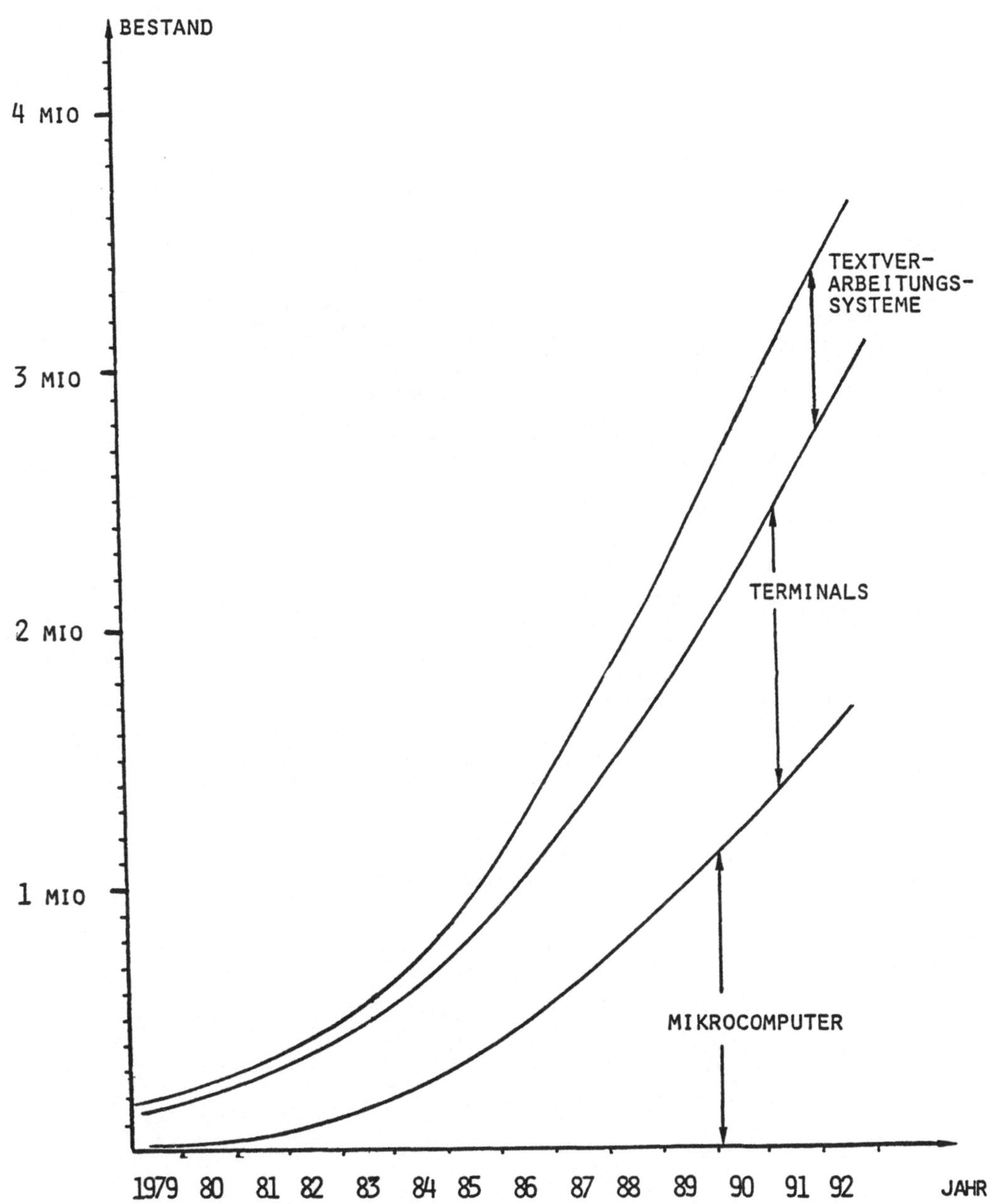

Bild 2: Zunehmende Verbreitung elektronischer Arbeits-
platz-Systeme/-Geräte

(entnommen aus den Fachseminar-Unterlagen "Planung und
Einführung der Bürokommunikation" des BIFOA, Köln, März 1983)

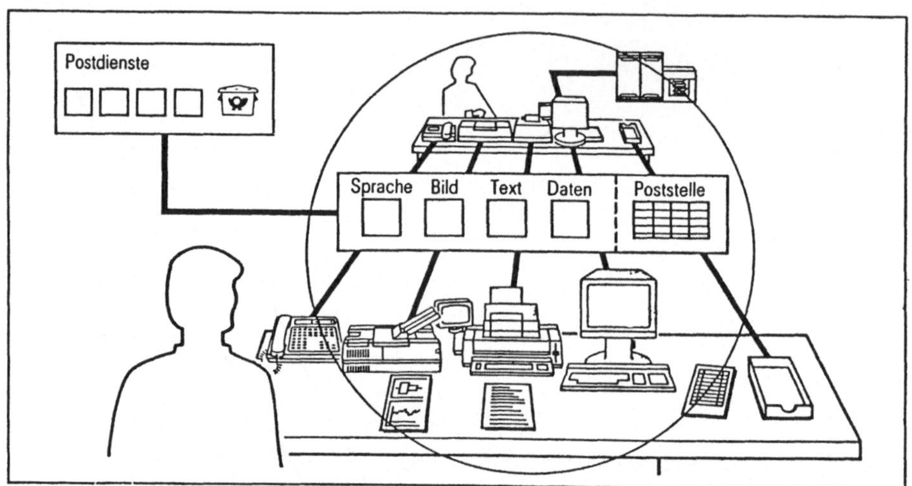

Die Anwendung spezialisierter Kommunikationsendgeräte als Hilfsmittel für die Bürotätigkeit führt zu einem unzumutbaren »Gerätepark« am Arbeitsplatz

Bild 3:   Geräte-Vielfalt
          (Graphik: Siemens)

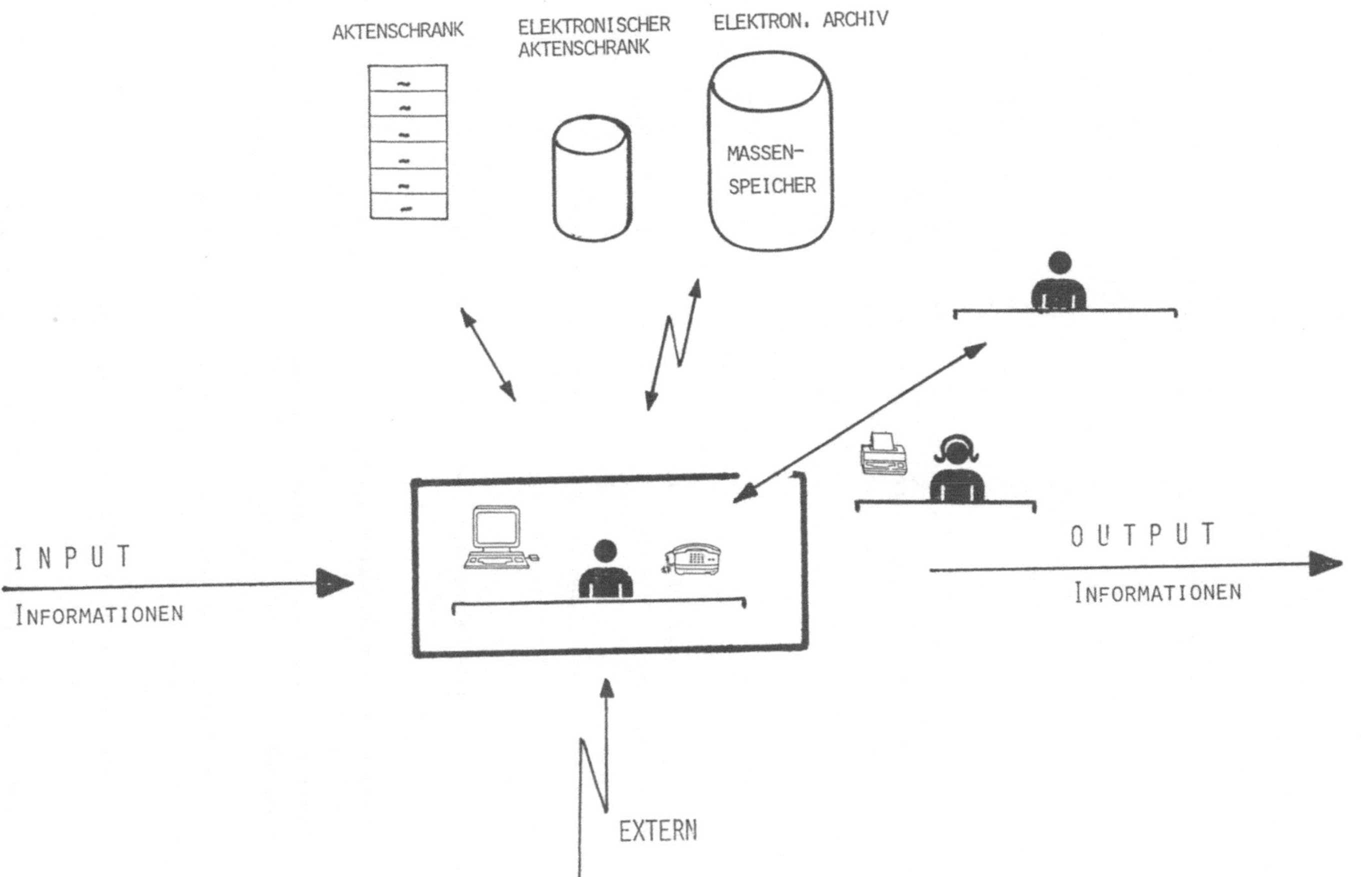

<u>Bild 4:</u> Schematisierte Darstellung eines Sachbearbeiter-Arbeitsplatzes

User Experience

Friedrich Baur, Friedrichshafen

In the field of office automation it is noticeable that in recent
times there have been many attempts to provide better solutions than
hitherto. From the user viewpoint it becomes progressively clearer
that three substantial obstacles prevent swift action:

I.   The problem of establishing what can be automated to produce
     increased efficiency.

II. The problem of rapid change in the technical equipments and
     systems employed.

III. The problem of acceptance by employees of the changes resulting
     from office automation.

Possible solutions to problem area I can be found in the following
activities:

1.   Pragmatic use of technical equipment.

2.   Consultation of managers and staff regarding
     improvements.

3.   The use of systems analysis, taking into account all relevant
     scientific knowledge.

4.   Preparation and installation of pilot projects on the basis
     of knowledge gained from the previously mentioned activities.

5.   Introduction into daily operations in suitable steps, taking
     into account experience gained from the pilot projects.

Solutions to II make close contact with many suppliers and their products
absolutely indispensable.

Solutions to III are to be obtained by means of intensive training,
further education and discussion.

In the Zahnradfabrik Friedrichshafen the tasks described are pursued
briskly and continuously with the objective of strengthening the companies
capabilities, so that it continues to remain competitive in the world
market.

Liste der Autoren
Index of Authors

Dr. Friedrich B a u r
Vorsitzender des Vorstandes der
Zahnradfabrik Friedrichshafen AG
Löwentaler Str. 100

7990 Friedrichshafen 1

Dr. Hans B a u r
Mitglied des Vorstandes der
Siemens AG
Hofmannstr. 51

8000 München 70

Robert B e z i l l a
Vice President of Marketing
Gallup Organization Inc.
53 Bank Street

Princeton, New Jersey

U. S. A.

John D i e b o l d
The Diebold Group Inc.
430 Park Avenue

New York, N. Y., 10022

U. S. A.

Dr. Peter H o s c h k a
Institut für Planungs- und
Entscheidungssysteme der
GMD - Schloß Birlinghoven
Postfach 1240

5205 St. Augustin 1

Dr. Wolfgang L i e b m a n n
IBM Deutschland GmbH
Postfach 80 08 80

7000 Stuttgart 80

Dr. Gert L o r e n z
Philips Kommunikations
Industrie AG
Thurn- u. Taxis-Str. 10

8500 Nürnberg

Addie M a t t o x
Director
The Mattox Group
830 Laguna Road

Pasadena, CA 91105

U. S. A.

Prof. Dr. Renate M a y n t z
Institut für Angewandte Sozial-
forschung - Universität zu Köln
Greinstr. 2

5000 Köln 41

Prof. Dr. Ralf R e i c h w a l d
Hochschule der Bundeswehr
Fachbereich Wirtschafts- und
Organisationswissenschaften
Werner-Heisenberg-Weg 39

8014 Neubiberg

Dr. Dieter v. S a n d e n
Mitglied des Vorstandes der
Siemens AG
Hofmannstr. 51

8000 München 70

Dr.-Ing. Roland S c h w e t z
Prokurist im Zentralbereich
Betriebswirtschaft Organisation
der Siemens AG
Wittelsbacher Platz 2

8000 München 2

George R. S e r p a n
Vice President
Marketing Planning for AT & T
International
Mount Kemble Ave. - Route 202
P. O. Box 7000

Basking Ridge, New Jersey 07920

U. S. A.

Dr. Jacques V a l l e e
Burr, Egan, Deleage & Co.
Three Embarcadero Center
Twenty-Fifth Floor, Suite 2560

San Francisco, California 94111

U. S. A.

Prof. Dr. Dres. h. c. E. W i t t e
Vorsitzender des Vorstandes
MÜNCHNER KREIS
Barerstr. 14

8000 München 2

Dr. Gerhard Z e i d l e r
Mitglied des Vorstandes der
Standard Elektrik Lorenz AG
Hellmuth-Hirth-Str. 42

7000 Stuttgart 40

Teilnehmer am Workshop
Participants in the Workshop

Moderator: Prof. Dr. Norbert S z y p e r s k i
Vorsitzender des Vorstandes der
Gesellschaft für Mathematik und Datenverarbeitung
Postfach 12 40

5205 St. Augustin

Teilnehmer/
Panel Members: Paul D r e c h s e l
Regierungsdirektor
Bundesverwaltungsamt - Bundesstelle
für Büroorganisation und Bürotechnik
Habsburger Ring 1

5000 Köln 1

Anton H i n t e r d o b l e r
Handwerkskammer
Niederbayern/Oberpfalz
Nikolastr. 10

8390 Passau

Dipl.-Volkswirt Bernd L e i ß n e r
Volkswagen AG
Organisation

3180 Wolfsburg

Ernst M e i s s n e r
Direktor der
Allianz Versicherungs AG
Königinstr. 28

8000 München 44

Band/Volume 5

Neue Formen der Datenkommunikation
New Forms of Data Communication

Vorträge des am 1./2. Juli 1980 in München
abgehaltenen Symposiums
Proceedings of a Symposium Held in Munich,
July 1/2, 1980
Herausgeber/Editor: **G.Seegmüller**
1981. XIV, 159 Seiten (72 Seiten in Englisch)
DM 48,-. ISBN 3-540-10736-3

Das Buch behandelt die Technik, die Probleme
und die Anwendungsmöglichkeiten neuer Daten-
kommunikationsmedien und -einrichtungen. Dazu
zählen besondere Breitbanddienste über Kabel,
Glasfaser und Satelliten. Es handelt sich um die
redigierten Vorträge, welche auf dem Symposium
des Münchner Kreises am 1. und 2. Juli 1980 von
Fachleuten aus den USA, Kanada und Europa
gehalten wurden. Die Vorträge zeichnen sich aus
durch hohen aktuellen Informationsgehalt bei
gleichzeitiger guter Lesbarkeit auch für nicht auf
diesem Gebiet Tätige.

Band/Volume 6

Kommunikation über Satelliten
Communication via Satellites

Vorträge des am 23./24. Oktober 1980 in
München abgehaltenen Kongresses
Proceedings of a Congress Held in Munich,
October 23/24, 1980
Herausgeber/Editors: **W.Kaiser, U.Lohmar**
1981. XIV, 219 Seiten (47 Seiten in Englisch)
DM 58,-. ISBN 3-540-10751-7

Mit dem Kongreß, der diesem Band zugrunde liegt,
wollte der Münchner Kreis über die aufsehenerre-
genden neuen Möglichkeiten der Satellitenkommunikation und deren Nutzungsformen unter möglichst vielen Gesichtspunkten informieren und
einen Beitrag zur Klärung der noch offenen Fragen
leisten. Da die Referate in deutscher oder in englischer Sprache, jeweils mit Simultanübersetzung,
vorgetragen wurden, ist auch dieser Band weitgehend zweisprachig gestaltet. Jedem Vortrag in deutscher Originalfassung ist eine gekürzte Darstellung
in englischer Sprache beigefügt und umgekehrt.

Band/Volume 7

Telekommunikation als Berufschance
Professional Changes in Telecommunications

Vorträge des am 19./20. April 1982 in München
abgehaltenen Kongresses
Proceedings of a Congress Held in Munich,
April 19/20, 1982
Herausgeber/Editor: **W.Kaiser**
1982. XV, 348 Seiten (etwa 40 Seiten in Englisch)
DM 68,-. ISBN 3-540-11726-1

Die innovative Kraft der Telekommunikation wirkt
sich nicht nur in der Technik, sondern auch in der
Berufswelt aus. Davon sind Ingenieure der Informationstechnik, im Bereich der elektronischen
Medien tätige Journalisten und andere Medienbe-
rufe gleichermaßen betroffen.
Der Münchner Kreis behandelt mit diesem Kongreß die heutige Berufssituation, sammelt Aussagen zur weiteren Entwicklung des Bedarfs und
zeigt berufliche Chancen für die Zukunft auf. Die
Telekommunikation und im weiteren Sinne die
Informationstechnik eröffnen nicht nur Möglichkeiten für wirtschaftliches Wachstum und neue
Arbeitsplätze, sondern bedingen auch neue oder
zumindest stark veränderte Berufsbilder.

Band/Volume 8
W.Kaiser

Interaktive Breitbandkommunikation

**Nutzungsformen und Technik von Systemen mit
Rückkanälen**
Unter Mitarbeit von *H. Armbrüster, H. G. Bauer,
K. Brepohl, J. Gerlach, H. T. Hagmeyer, L. J. Issing,
H. Knüttel, H. Krahmer, W. Kurz, P. Mahnkopf,
R. Schnee, R. Scholz, W. J. Thurl, W. Tinnefeldt,
G. Vogt, M. Welzenbach, B. Wiest*

1982. IX, 192 Seiten
DM 48,-. ISBN 3-540-11895-0

Inhaltsübersicht: Einführung und Überblick. – Formen der Rückkanalnutzung. – Technische Gestaltung. – Gesichtspunkte des Datenschutzes. – Breit-
bandkommunikationsanlagen mit Rückkanälen im
Ausland. – Einige Angaben zu den Systemkosten.
– Glossar. – Literaturverzeichnis. – Liste der Auto-
ren. – Sachverzeichnis.

Springer-Verlag Berlin Heidelberg New York Tokyo